今すぐ使えるかんたん **PLUS⁺**

ドロップボックス
Dropbox &
グーグルドライブ
Google Drive &
ワンドライブ
OneDrive &
エバーノート
Evernote

PDF

Movie

Music

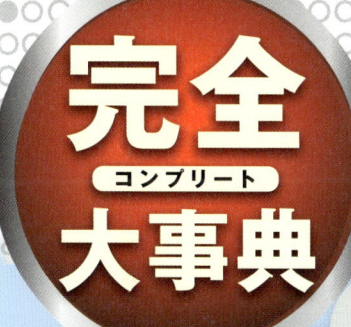
完全
コンプリート
大事典

Office

Photo

技術評論社

CONTENTS

序章 クラウドストレージサービスでできること

- Section 001 クラウドストレージサービスとは? ... 14
  クラウドストレージサービスとは?
- Section 002 ファイルをガンガン保存するならDropbox ... 15
  Dropboxの特徴
- Section 003 気づいたメモをすばやく残すならEvernote ... 16
  Evernoteの特徴
- Section 004 GoogleサービスとGoogle Drive ... 17
  Google Driveの特徴
- Section 005 Officeファイルの保存&編集ならOneDrive ... 18
  OneDriveの特徴
- Section 006 クラウドストレージサービスの選び方 ... 19
  自分に合ったクラウドストレージサービスを選ぶ
- Section 007 クラウドストレージとしての使い方 ... 20
  クラウドストレージとして使う／
  クラウドストレージサービス上のファイルを共有・公開する
- Section 008 クラウドメモとしての使い方 ... 22
  Evernoteをクラウドメモとして使う
- Section 009 クラウドフォトアルバムとしての使い方 ... 24
  クラウドフォトアルバムとして使う

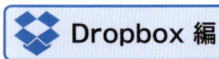

第1章 Dropboxの基本操作

- Section 010 Dropboxとは? ... 26
  Dropboxとは?／Dropboxでできること
- Section 011 Dropboxのアカウントを作成する ... 28
  新規アカウントを作成する
- Section 012 Web版Dropboxの基本画面 ... 30
  Dropboxにログインする／Dropboxの基本画面
- Section 013 Web版Dropboxの使い方 ... 32
  Dropboxにファイルを保存する／Dropboxのファイルを閲覧する／
  Dropboxからファイルをダウンロードする／Dropboxのファイルを削除する
- Section 014 Windows版Dropboxをインストールする ... 36
  Windows版Dropboxをダウンロードする／Windows版Dropboxをインストールする

Section 015 **パソコンでファイルを同期する** ー 39
パソコンでファイルを同期する／ファイルが同期されているかを確認する
Section 016 **Dropboxのファイルを共有する** ー 42
ファイルを共有する／フォルダを共有する／共有されたファイルを保存する
Section 017 **共有フォルダを作成する** ー 46
共有フォルダを新規作成する／既存のフォルダを共有する／
共有フォルダへの招待を承認する
Section 018 **共有するユーザーを追加／削除する** ー 50
共有フォルダにユーザーを追加する／共有しているユーザーを削除する
Section 019 **共有ファイルの作業状況を確認する** ー 52
イベントを表示して作業状況を確認する／共有しているフォルダの作業状況を確認する
Section 020 **ファイルやフォルダの共有を解除する** ー 54
ファイルの共有を解除する
Section 021 **ファイルの更新履歴を確認する** ー 56
ファイルの更新履歴を確認する
Section 022 **Dropboxのファイル保存先を変更する** ー 57
フォルダの場所を変更する
Section 023 **iPhone版Dropboxをインストールする** ー 58
iPhone版Dropboxをインストールする／iPhone版Dropboxを設定する
Section 024 **Android版Dropboxをインストールする** ー 60
Android版Dropboxをインストールする／Android版Dropboxを設定する
Section 025 **スマートフォンでDropboxのファイルを閲覧する** ー 62
Andoroidスマートフォンでファイルを閲覧する／iPhoneでファイルを閲覧する
Section 026 **スマートフォンでDropboxにファイルをアップロードする** ー 64
Androidスマートフォンでファイルをアップロードする／iPhoneでファイルを同期する
Section 027 **スマートフォンにDropboxのファイルを保存する** ー 66
Androidスマートフォンにファイルを保存する

第2章 Dropboxの活用

Section 028 **PDFファイルやOfficeファイルを閲覧する** ー 68
PDFファイルを閲覧する／Officeファイルを閲覧する
Section 029 **Officeファイルを編集する** ー 70
Officeファイルを編集する
Section 030 **カタログやプレゼン資料を管理する** ー 72
カタログを作成する／プレゼン資料を作成する
Section 031 **テンプレートファイルをDropboxに置く** ー 74
テンプレートファイルを保存する／保存したテンプレートファイルを使用する
Section 032 **ビジネス文書のバックアップとして利用する** ー 76
誤って上書きしたファイルを取り戻す
Section 033 **ファイルにコメントを付ける** ー 77
コメント機能を利用する

Section 034	**大容量のファイルをDropbox経由で送信する**	78
	公開機能を使って大容量ファイルを送信する／大容量ファイルを受け取る	
Section 035	**GmailでDropboxのファイルのリンクを添付する**	80
	Gmail版Dropboxを利用する	
Section 036	**指定したURLのファイルをDropboxにダウンロードする**	82
	ダウンロードしたいファイルのURLを入力する	
Section 037	**メールでDropboxに保存する**	84
	Send To Dropboxにアカウントを登録する／メールでDropboxにファイルを保存する	
Section 038	**Dropbox Automatorでファイルを自動変換する**	86
	Dropbox Automatorでファイルを自動変換する	
Section 039	**スクリーンショットをDropboxに自動保存する**	88
	スクリーンショットを自動的に保存する	
Section 040	**WebページをPDFファイルにして保存する**	89
	Web2PDFでWebページをPDF化して保存する	
Section 041	**iPhoneでPDFに注釈をつける**	90
	Dropboxと＜Adobe Acrobat＞アプリを連携させる／PDFに注釈をつける	
Section 042	**スマートフォンでOfficeファイルを編集する**	92
	AndroidスマートフォンでOfficeファイルを編集する／iPhoneでOfficeファイルを編集する	
Section 043	**AndroidスマートフォンのSDカードとDropboxを同期する**	94
	Androidスマートフォン内のフォルダをDropboxに同期する	
Section 044	**Dropbox連携アプリを使う**	96
	おすすめ連携アプリ	

第3章 Dropboxの便利技

Section 045	**Dropboxのフォルダにファイルをアップロードしてもらう**	98
	ファイルリクエストを使用する	
Section 046	**削除してしまった文書を復元する**	100
	削除したファイルやフォルダを表示する／削除したファイルやフォルダを復元する	
Section 047	**同期しないフォルダを設定する**	102
	同期しないフォルダを設定する	
Section 048	**同期フォルダ以外のフォルダを同期する**	103
	Dropbox Folder Syncを使う	
Section 049	**無料で容量を増やす**	104
	Dropboxの7つの課題を確認する	
Section 050	**有料プランを利用する**	106
	Dropbox Proにアップグレードする	
Section 051	**共有期間を設定する**	107
	共有期間を設定する	
Section 052	**共有ファイルを読み取り専用にする**	108
	共有フォルダのメンバーに読み取り専用権限を設定する	

Section 053 **共有ファイルにパスワードをかける** ……………………………………………………… 109
　　　　　共有ファイルにパスワードを設定する
Section 054 **デバイスのリンクを解除する** …………………………………………………………… 110
　　　　　デバイスのリンクを解除する
Section 055 **デジカメ写真をDropboxに保存する** ………………………………………………… 112
　　　　　デジカメ写真を手動で保存する／デジカメ写真を自動で保存する
Section 056 **スマートフォンの写真をDropboxに自動保存する** ………………………………… 116
　　　　　カメラアップロード機能で写真を自動保存する（Android）／
　　　　　カメラアップロード機能で写真を自動保存する（iPhone）
Section 057 **アルバムを作成・閲覧する** ……………………………………………………………… 120
　　　　　アルバムを作成する／アルバムを閲覧する
Section 058 **作成したアルバムを公開する** …………………………………………………………… 122
　　　　　アルバムを公開する／公開用URLを確認する
Section 059 **アルバムの写真をFacebookにアップロードする** ………………………………… 124
　　　　　Dropboxに保存した写真をFacebookに自動でアップロードする
Section 060 **2段階認証でセキュリティを強化する** ………………………………………………… 126
　　　　　2段階認証を有効にする
Section 061 **パスワードを変更する** …………………………………………………………………… 129
　　　　　パスワードを変更する
Section 062 **キャッシュを削除する** …………………………………………………………………… 130
　　　　　キャッシュを削除する

Evernote 編

第1章 Evernoteの基本操作

Section 063 **Evernoteとは？** ………………………………………………………………………… 132
　　　　　Evernoteはあらゆる情報を記録できる／さまざまなデバイスでデータを共有できる／
　　　　　高度な情報管理機能
Section 064 **アカウントを登録する** …………………………………………………………………… 134
　　　　　公式サイトでアカウントを登録する／Web版Evernoteでサインイン／ログアウトする
Section 065 **Windows版Evernoteをインストールする** ………………………………………… 136
　　　　　Windows版Evernoteをインストールする／Windows版Evernoteにサインインする
Section 066 **スマートフォン版Evernoteをインストールする** …………………………………… 138
　　　　　Android版Evernoteをインストールする
Section 067 **Evernoteのアプリの画面構成** ………………………………………………………… 140
　　　　　Windows版Evernoteのホーム画面／Android版Evernoteのホーム画面／
　　　　　iPhone版Evernoteのホーム画面
Section 068 **ノートを作成する** ………………………………………………………………………… 143
　　　　　新規ノートを作成する
Section 069 **ノートを編集する** ………………………………………………………………………… 144
　　　　　文字を削除／追加する／フォントを変更する

Section 070	**ノートを同期する**	146
	同期とは？／ノートを手動で同期する	
Section 071	**Webページを取り込む**	148
	Google ChromeでWebページを取り込む	
Section 072	**Webページの必要な部分を取り込む**	150
	Webページの選択した部分だけを取り込む	
Section 073	**画像を取り込む**	151
	画像をノートに取り込む	
Section 074	**Webカメラから写真を取り込む**	152
	Webカメラで撮影した写真を取り込む	
Section 075	**フォルダ内のファイルをまとめて取り込む**	154
	フォルダ内のファイルをまとめて取り込む	
Section 076	**音声を取り込む**	156
	音声を録音して取り込む／作成済みのノートに音声を追加する	
Section 077	**スクリーンショットを取り込む**	158
	アプリのウィンドウ全体を取り込む／選択範囲を取り込む	
Section 078	**ノートブックとタグを活用する**	160
	「ノートブック」の役割／「タグ」の役割／ノートブックとタグによる検索	
Section 079	**ノートブックで整理する**	162
	ノートブックを作成する／ノートを別のノートブックに移動する	
Section 080	**タグで整理する**	164
	タグを作成する／既存のタグを付ける／ドラッグ＆ドロップでタグを付ける	
Section 081	**ノートブックとタグで検索する**	166
	ノートブックとタグでノートを絞り込む	
Section 082	**キーワードで検索する**	168
	キーワードで検索する／すべてのキーワードを含むノートを検索する／いずれかのキーワードを含むノートを検索する	
Section 083	**ノート／ノートブック／タグを削除する**	170
	ノートを削除する／ノートブックを削除する／ノートに付けたタグを削除する／タグ自体を削除する	

第2章 Evernoteの活用

Section 084	**PDFファイルやOfficeファイルを管理する**	174
	PDFファイルを取り込んで閲覧する／Officeファイルを取り込んで閲覧する	
Section 085	**カタログやプレゼン資料として活用する**	176
	カタログを作成する／プレゼン資料として活用する	
Section 086	**テンプレートを作成する**	178
	テンプレートを作成する／テンプレートを使ってメールを作成する	
Section 087	**名刺を管理する**	180
	名刺を取り込む／名刺を分類する	

Section 088 **ショートカットキーでニュース記事をすばやく取り込む** ········· 182
　　　　　ショートカットキーを使ってニュース記事を取り込む
Section 089 **手書きメモをまとめる** ··· 184
　　　　　インクノートを利用する／インクノートの描画方法
Section 090 **ToDoリストで予定を管理する** ································· 186
　　　　　チェックボックスを活用する
Section 091 **リマインダー機能を利用する** ······································· 188
　　　　　指定した日時に通知する
Section 092 **レシピ集から買い物リストを作る** ····················· 190
　　　　　レシピ集から買い物リストを作る
Section 093 **ノートブックを共有する** ·· 192
　　　　　ノートブックを特定のユーザーと共有する
Section 094 **写真を公開する** ·· 194
　　　　　公開リンクで写真を公開する
Section 095 **Evernoteの有料プランを利用する** ···················· 196
　　　　　Evernoteのプラン

第3章 Evernoteの便利技

Section 096 **チャット機能を利用する** ··· 198
　　　　　ワークチャットを利用する
Section 097 **複数のノートをまとめる** ·· 200
　　　　　マージ機能を利用する／マージしたノートを復元する
Section 098 **ノートどうしをリンクする** ··· 202
　　　　　ノートリンクを利用する
Section 099 **ノートを暗号化する** ··· 204
　　　　　ノートを暗号化する／ノートの暗号化を解除する
Section 100 **ノートのレイアウトを変える** ··· 206
　　　　　ノートのレイアウトを変更する
Section 101 **メールでEvernoteに保存する** ··································· 207
　　　　　メールで送った内容をEvernoteに保存する／Evernoteの転送用アドレスを確認する／
　　　　　メールを送信してノートを作成する
Section 102 **2段階認証でセキュリティを強化する** ··················· 210
　　　　　2段階認証の設定を行う
Section 103 **パスワードを変更する** ·· 214
　　　　　パスワードを変更する

Google Drive 編

第1章 Google Driveの基本操作

Section 104	Google Driveとは?	216
	Google Driveでできること	
Section 105	Googleアカウントを取得する	217
	Googleアカウントを取得する	
Section 106	Google Driveを表示する	218
	Google Driveを表示する	
Section 107	ファイルをアップロードする	219
	ファイルをアップロードする	
Section 108	Googleドキュメントの使い方	220
	ドキュメントを作成する／ドキュメントを編集する	
Section 109	Googleスプレッドシートの使い方	222
	スプレッドシートを作成する／スプレッドシートを編集する	
Section 110	Googleスライドの使い方	224
	スライドを作成する／スライドを編集する	
Section 111	ファイルを共有する	226
	ファイルを共有する／共有したユーザーを確認する	
Section 112	ファイルを公開する	228
	ファイルの共有設定を変更する	
Section 113	ファイルをダウンロードする	230
	ファイルをダウンロードする	
Section 114	iPhone版Google Driveをインストールする	231
	iPhone版Google Driveをインストールする	
Section 115	iPhone版Google Driveでファイルを閲覧する	232
	iPhone版Google Driveを設定する／iPhoneでファイルを閲覧する	
Section 116	iPhone版Google Driveでファイルを編集する	234
	iPhoneでファイルを編集する／iPhoneにファイルを保存する	

第2章 Google Driveの活用

Section 117	ファイルをオフラインで編集する	238
	Google Chromeでオフラインアクセスをオンにする	
Section 118	OfficeファイルをPDFに変換する	239
	形式を指定してダウンロードする	
Section 119	図形を描く	240
	Google図形描画を利用する	

8

Section 120 お気に入りのファイルにスターを付ける ……………………… 242
ファイルにスターを付ける

Section 121 Gmailの添付ファイルをGoogle Driveに保存する ……………… 243
Gmailの添付ファイルを保存する

Section 122 WebページをGoogle Driveに保存する ……………………………… 244
「Googleドライブに保存」を利用する

Section 123 Officeからファイルを直接Google Driveに保存する …………… 246
Google ドライブ プラグイン for Microsoft Officeをインストールする／
Officeから直接Google Driveにファイルを保存する／
Officeで直接Google Driveのファイルを開く

Section 124 Googleマップのマッピングデータを管理する ……………………… 248
Googleマイマップで地図を管理する

Section 125 ファイルを検索する ……………………………………………………………… 250
ファイルを検索する

Section 126 ファイルの履歴を管理する …………………………………………………… 251
ファイルの履歴を管理する

Section 127 ファイルを印刷する ……………………………………………………………… 252
ファイルを印刷する

Section 128 パスワードを変更する ………………………………………………………… 253
パスワードを変更する

Section 129 Google Driveの容量を増やす …………………………………………… 254
容量を追加する

OneDrive 編

第1章 OneDriveの基本操作

Section 130 **OneDriveとは？** ……………………………………………………… 256
OneDriveでできること

Section 131 **Windows版OneDriveをインストールする** ……………………… 257
Windows版OneDriveをインストールする

Section 132 **WebブラウザからOneDriveを利用する** …………………………… 258
WebブラウザからOneDriveを利用する／ファイルをアップロードする

Section 133 **ファイルの一覧ビューを変更する** ………………………………… 260
ファイルの一覧ビューを変更する

Section 134 **WebブラウザからWordファイルを編集する** …………………… 262
WebブラウザからWordファイルを編集する

Section 135 **WebブラウザからExcelファイルを編集する** …………………… 264
WebブラウザからExcelファイルを編集する

Section 136 **WebブラウザからPowerPointファイルを編集する** …………… 266
WebブラウザからPowerPointを編集する

Section 137 **ファイルを共有する** ………………………………………………… 268
ほかのユーザーとファイルを共有する／共有ファイルへのリンクを受信する

Section 138 **共有するユーザーを追加／削除する** ……………………………… 270
共有するユーザーを追加する／共有するユーザーを削除する

Section 139 **iPhone版OneDriveをインストールする** ………………………… 272
iPhone版OneDriveをインストールする

Section 140 **Android版OneDriveをインストールする** ……………………… 273
Android版OneDriveをインストールする

Section 141 **スマートフォン用アプリでOfficeファイルを閲覧・編集する** ……… 274
スマートフォン版OneDriveを設定する／Officeファイルを閲覧・編集する

第2章 OneDriveの活用

Section 142 **ファイルを検索する** ………………………………………………… 278
ファイルを検索する

Section 143 **ファイルの履歴を管理する** ………………………………………… 279
ファイルの履歴を管理する

Section 144 **ファイルを印刷する** ………………………………………………… 280
ファイルを印刷する

Section 145 **削除したファイルをもとに戻す** …………………………………… 281
削除したファイルをもとに戻す

Section 146 **写真をアルバムにしてスライドショーで見る** 282
写真をアルバムにしてスライドショーで見る
Section 147 **写真にタグを付ける** 284
写真にタグを付ける
Section 148 **写真を共有する** 285
写真を共有する
Section 149 **ほかのユーザーとOfficeファイルを共同編集する** 286
ほかのユーザーとOfficeファイルを共同編集する
Section 150 **パスワードを変更する** 288
パスワードを変更する
Section 151 **無料でOneDriveの容量を増やす** 290
無料で容量を増やす
Section 152 **有料でOneDriveの容量を増やす** 291
有料で容量を増やす

連携編

Appendix クラウドストレージサービスの連携

Section 153 **IFTTTでクラウドストレージサービスを自動連携する** 294
IFTTTでできること／IFTTTでクラウドストレージサービス間の連携を行う／
自動連携されたかを確認する
Section 154 **Dropboxに保存したファイルをOneDriveにも保存する** 298
レシピを作成する／レシピの動作を確認する
Section 155 **Evernoteで作成したノートをGoogle Driveに保存する** 302
レシピを作成する／レシピの動作を確認する
Section 156 **クラウドストレージサービスを一元管理する** 306
cloudGOOとは？／クラウドストレージサービスを追加する／
クラウドストレージサービスを一元管理する
Section 157 **GoodReaderでクラウドストレージサービスのファイルを閲覧する** 312
GoodReaderとは？／クラウドストレージサービスにアクセスする／
クラウドストレージサービスのファイルを閲覧する／PDFファイルに注釈を付ける

ご注意：ご購入・ご利用の前に必ずお読みください

●本書に記載した内容は、情報の提供のみを目的としています。したがって、本書を用いた運用は、必ずお客様自身の責任と判断によって行ってください。これらの情報の運用の結果について、技術評論社はいかなる責任も負いません。

●サービスやソフトウェアに関する記述は、特に断りのないかぎり、2016年2月現在での最新バージョンを元にしています。サービスやソフトウェアはバージョンアップされる場合があり、本書での説明とは機能内容や画面図などが異なってしまうこともあり得ます。あらかじめご了承ください。

●本書は以下の環境での動作を検証し、画面図を撮影しています。
　パソコンのOS：Windows 10
　Webブラウザ：Google Chrome（バージョン48）
　iOS端末　　：iOS 9.2（iPhone 6s）
　Android端末：Android 5.0.2（AQUOS EVER SH-04G）
　　　　　　　Android 4.4.4（Xperia Z3 SO-01G）

●インターネットの情報については、URLや画面等が変更されている可能性があります。ご注意ください。

以上の注意事項をご承諾いただいた上で、本書をご利用願います。これらの注意事項をお読みいただかずに、お問い合わせいただいても、技術評論社は対処いたしかねます。あらかじめ、ご承知おきください。

■本書に掲載した会社名、プログラム名、システム名などは、米国およびその他の国における登録商標または商標です。本文中では、™、®マークは明記していません。

序章

序章

クラウドストレージサービスでできること

序章 クラウドストレージサービスでできること

クラウドストレージサービスとは？

クラウドストレージサービスとは、パソコンなどに入っている文書や画像ファイルを、インターネット上に保存しておくためのサービスです。保存したファイルは自由に取り出すことができます。

1 クラウドストレージサービスとは？

　クラウドストレージサービスとは、文書や画像などさまざまなファイルを、インターネット上に保存しておくことができるサービスの総称です。インターネットに接続できる環境であれば、どのパソコンやスマートフォンからでも、保存したファイルにアクセスすることが可能です。たとえば、会社のパソコンで作成した文書ファイルをクラウドストレージサービスに保存しておけば、外出先でスマートフォンからその文書ファイルを閲覧したり、自宅で作業の続きを行ったりすることができます。代表的なクラウドストレージサービスには「Dropbox」や「Evernote」、「Google Drive」、「OneDrive」などがあり、それぞれ特徴や適した使い方が異なります。

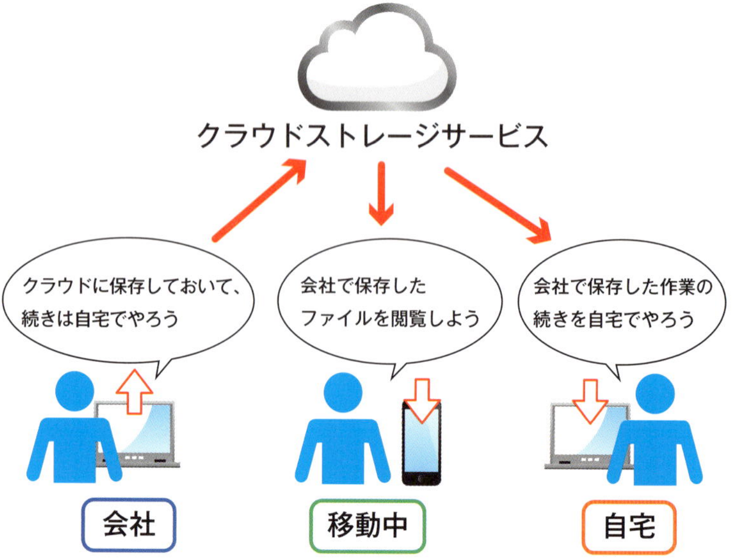

クラウドストレージサービス

クラウドに保存しておいて、続きは自宅でやろう
会社

会社で保存したファイルを閲覧しよう
移動中

会社で保存した作業の続きを自宅でやろう
自宅

序章 クラウドストレージサービスでできること

Section 002 ファイルをガンガン保存するならDropbox

Dropboxは、多くのファイル形式に対応したクラウドストレージサービスです。ファイルを共有して複数のメンバーで閲覧・編集でき、更新履歴も残るため、ビジネスでの利用にも適しています。

1 Dropboxの特徴

「Dropbox」は、文書ファイルや画像はもちろん、動画や音楽など、ありとあらゆるファイルを、フォルダごとにまとめて保存することができます。保存したファイルは他のユーザーと共有できるため、メールでは送れない大容量ファイルの送信にも利用でき、ビジネスでの利用に適したサービスだといえます。また、条件を満たせば無料で16GBまで利用できるため、パソコンに保存してあるファイルのバックアップに使うなど、いろいろな活用方法があります。

● Dropbox の特徴

無料で使える容量	2GB～16GB（条件を満たすことで容量が増加できる）
1ファイルあたりのファイル容量	無制限
有料プラン	1,200円／月で最大容量が1TB（1,000GB）に増えるほか、共有リンクに期限を設定するなどの機能が追加される。また、5人以上のメンバーで利用でき、容量無制限の"ビジネス向けDropbox"プランもある。
特徴	1ファイルあたりの容量に制限がなく、大容量ファイルの送信に利用できる。

15

序章 クラウドストレージサービスでできること

Section 003

気づいたメモをすばやく残すならEvernote

「Evernote」は、メモを取るように文章を入力したり画像を保存したりできるクラウドストレージサービスです。保存した情報は、ノートをまとめるような感覚で整理できます。

1 Evernoteの特徴

外出先で気づいたことや記録しておきたいことをすばやくメモするなら、「Evernote」が便利です。Evernoteは、テキストや画像などの情報をノートのように整理しながら記録できるクラウドストレージサービスで、ノートに記録した情報はパソコンやスマートフォンからいつでも閲覧・編集できます。複数のノートは「ノートブック」に収納して管理でき、「タグ」を付けることで関連するノートどうしをまとめることもできます。外出先でEvernoteを起動すればすばやくメモを取り、そのままノートとして保存しておけるため、アイデアノートとして活用したり、ライフログの記録などにも適しています。

● Evernote の特徴

無料で使える容量	60MB／月
1ファイルあたりの ファイル容量	最大25MB（有料プランでは最大200MB）
有料プラン	2,000円／年で月間アップロード容量が1GBに増え、オフラインでのノート利用などの機能が追加される。4,000円／年では月間アップロード容量が10GBに増え、名刺をスキャンしてデジタル化できるなど、すべての機能が利用可能になる。
特徴	さまざまなデータを「ノート」に記録し、複数のノートをまとめた「ノートブック」を作成できるなど、高度な情報管理機能がある。

序章 クラウドストレージサービスでできること

Section 004 Googleサービスとの連携ならGoogle Drive

Googleのサービスを頻繁に利用するなら、Google Driveがおすすめです。無料で15GBの容量が使えるほか、Googleの各サービスとの連携機能が便利です。

1 Google Driveの特徴

「Google Drive」はGoogleが提供するクラウドストレージサービスです。Googleアカウントを作成すれば無料で15GBまで利用でき、保存したファイルをほかのユーザーと共有することもできます。また、「Googleドキュメント」や「Googleスプレッドシート」を利用することで、Google Drive上で文書ファイルや表計算ファイルを作成することも可能です。パソコンで作成したOfficeファイルの閲覧・編集も行えます。「Google Chrome」や「Gmail」などその他のGoogleサービスと連携することで、さらに便利に利用できます。

Google Driveの特徴

無料で使える容量	15GB（Googleフォト、Gmailも含める）
1ファイルあたりのファイル容量	最大5TB
有料プラン	1.99ドル／月で100GB、9.99ドル／月で1TB、99.99ドル／月で10TB、199.99ドル／月で20TB、299.99ドル／月で30TBの容量を利用可能（価格には現地の税金や手数料がかかる場合もある）。
特徴	GmailやGoogleドキュメントなど、Googleの各サービスと連携して使うことができ、共有機能が充実している。

17

序章 クラウドストレージサービスでできること

Section 005
Officeファイルの保存&編集ならOneDrive

仕事でOfficeファイルを利用することが多いなら、「OneDrive」が便利です。Officeアプリと連携でき、インターネット上でWordやExcelファイルの閲覧・編集が可能です。

1 OneDriveの特徴

「OneDrive」はMicrosoftが提供しているサービスで、WordやExcelなどのOfficeアプリと連携できることが大きな特徴です。OfficeファイルをOneDriveに保存しておくと、Officeアプリがインストールされていないパソコンからでも閲覧や編集を行うことができるため、仕事でOfficeファイルをよく使う人には、とても便利です。Windows 8.1／10では、OneDriveアプリがプレインストールされているため、気軽に使ってみるとよいでしょう。また、「Office 365 solo」などのOffice 365サービスを利用していれば1TB（1,000GB）の容量が使えます。

● OneDrive の特徴

無料で使える容量	5GB
1ファイルあたりのファイル容量	最大10GB
有料プラン	170円／月で50GBに容量の上限が増加。また、"Office 365 Solo"（1,274円／月）を使用していれば複数のデバイスでOfficeを利用できるほか、OneDriveの最大容量が1TB（1,000GB）に増加。
特徴	Officeファイルをインターネット上で作成・編集できる「Microsoft Office Online」と連携し、場所やデバイスを選ばずにファイルを活用できる。

序章 クラウドストレージサービスでできること

Section 006 クラウドストレージサービスの選び方

クラウドストレージサービスは、自分の利用目的とサービスの特徴を照らし合わせて、最適なものを選択しましょう。目的別に、複数のサービスを併用して使うのもおすすめです。

1 自分に合ったクラウドストレージサービスを選ぶ

クラウドストレージサービスを選ぶ際には、「どのような使い方をするか」を考えるとよいでしょう。たとえばテキスト中心のデータを保存して、あとから整理したいのであればEvernote、OfficeファイルをチームM内で共有したい場合はOneDriveというように、利用目的に合わせてサービスを選びましょう。

- とにかくいろいろなファイルを保存しておきたい
- 作業の履歴を残して管理したい
- 大容量ファイルの共有手段として利用したい

- すばやくメモを取り、あとから整理したい
- Webページや画像を取り込んで、保存しておきたい
- アイデアノートや家計簿として使いたい

- Googleのサービスと連携したい
- 文書ファイルや表計算ファイルを管理／編集したい

- 外出先でもOfficeファイルを見たり編集したい
- OfficeファイルをチームM内で共有して編集したい

序章 クラウドストレージサービスでできること

Section 007 クラウドストレージとしての使い方

クラウドストレージサービスに保存したファイルはあとからダウンロードしたり、インターネット上で閲覧・編集したりできます。また、職場のチーム内などでファイルを共有すれば、メンバー全員が同じファイルを利用できます。

1 クラウドストレージとして使う

　Dropbox、Google Drive、OneDriveでは、パソコン内のファイルをクラウドストレージサービス上に保存しておくことで、ほかのパソコンやスマートフォンから必要なときにすぐに取り出すことができます。よく使うファイルは、パソコン内だけでなくクラウドストレージサービスにも保存するようにしましょう。

Dropboxは、文書ファイルから画像や動画、音楽まであらゆるファイルを保存しておくことができます。ファイルの種類ごとにフォルダを作れば、あとから取り出すときもすぐに見つけられます。

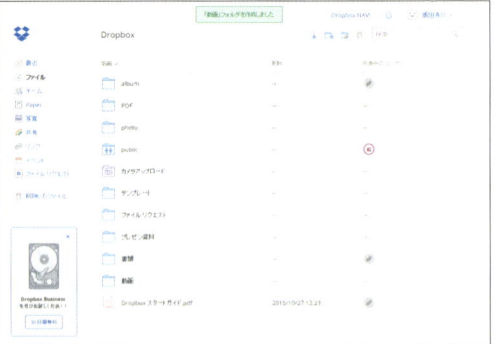

専用アプリをパソコンにインストールすれば、パソコン内のファイルをドラッグ＆ドロップするだけで、かんたんにファイルを同期することができます。

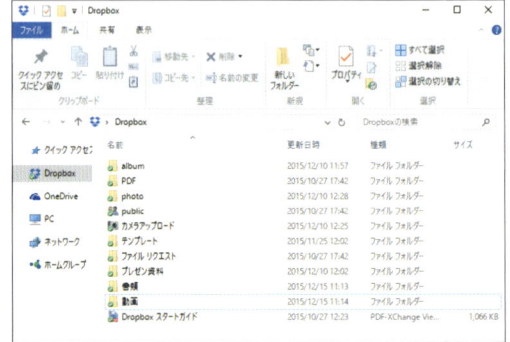

2 クラウドストレージサービス上のファイルを共有・公開する

クラウドストレージサービスの共有機能を利用すれば、ユーザーどうしでファイルを共有できるようになります。また、ファイルを公開することで、アカウントを持っていないユーザーでもファイルを閲覧することができます。

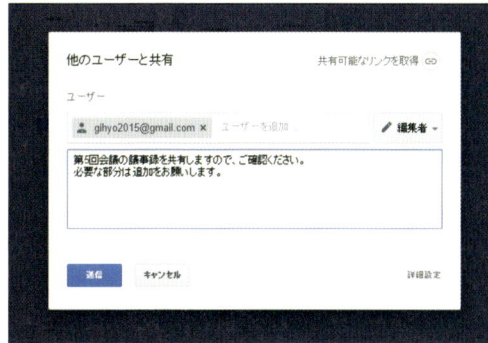

Google アカウントを作成すれば Google Drive でのファイル共有だけでなく、Google カレンダーで予定を共有するなど、ほかの Google サービスとも連携して利用できます。

OneDrive に Office ファイルを保存してほかのユーザーと共有すれば、1 つのファイルに対して複数のユーザーが閲覧したり、編集したりできます。

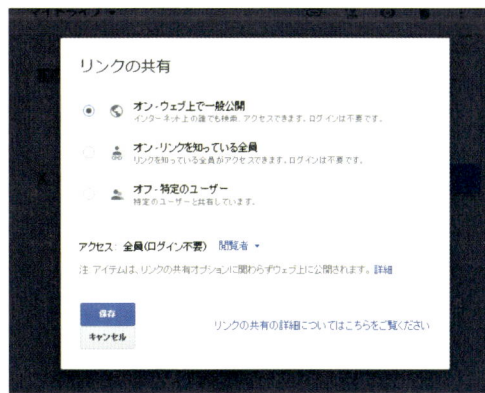

ファイルを「公開」すれば、アカウントを持っていない人でも自由にファイルを閲覧できるようになります。

序章 クラウドストレージサービスでできること

Section 008 クラウドメモとしての使い方

クラウドストレージサービスは、それぞれの特性を生かして活用しましょう。たとえばEvernoteなら、仕事で必要な情報やアイデアなどを記録する、「クラウドメモ」としての活用がおすすめです。

1 Evernoteをクラウドメモとして使う

　気になったことや、あとから確認したいことなどをすばやく記録しておきたいなら、Evernoteを利用しましょう。スマートフォンにEvernoteのアプリをインストールすれば、外出先などですばやくアプリを起動し、テキストを入力して保存することができます。保存したテキストはあとからパソコンで編集し、使いやすいように整理しましょう。

スマートフォン用のEvernoteアプリを使えば、外出先でもすばやくメモを入力できます。入力は画面上のキーボードをタップする方法以外に、手書き文字で入力することもできます。

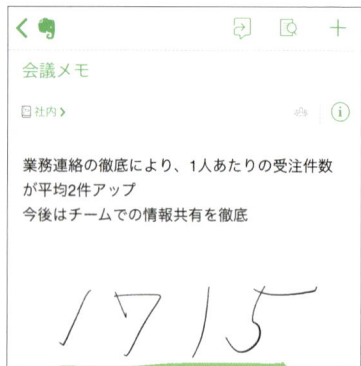

作成したノートは、時間があるときにパソコンで整理しておきましょう。Evernoteでは「ノートブック」や「タグ」という機能を使って、あとからかんたんに目的のノートを見つけることができます（Sec.078〜080参照）。

Evernote ではテキスト以外にも、Web ページや画像を取り込んでノートを作成することもできます。参考になりそうな Web ページを Evernote に取り込んで資料作成に役立てたり、スマートフォンのカメラで撮影したレシートの画像を保存して日々の支出管理をしたりと、日常のありとあらゆる情報を記録しておくことができます。また、名刺をスキャンして Evernote に保存しておけば、場所を取らずに大量のデータを保管することが可能です。

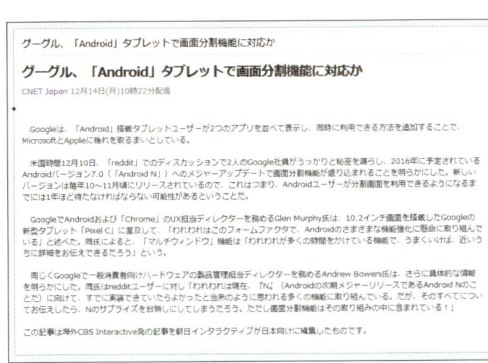

気になるニュース記事を取り込んでおけば、新聞のスクラップのように Evernote を利用できます。ショートカットキー（Sec.088 参照）を利用することで、すばやく Web ページを保存できます。

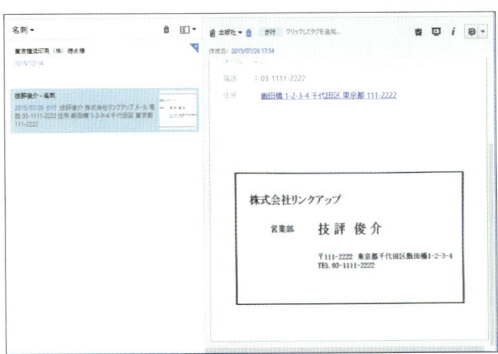

大量の名刺は場所を取るだけでなく、あとから探し出すのも大変です。スキャンして Evernote に保存しておけば、かんたんに整理でき、必要なときにすぐに見つけられます（Sec.087 参照）。

Memo 連携アプリでもっと便利に使う

Evernoteにはさまざまな連携アプリがあり、利用することでEvernoteをさらに便利に使いこなすことができます。たとえばiPhone用の＜SpeedMemo＞アプリでは、起動して1秒でテキストを入力し、2タップでEvernoteに保存することができます。

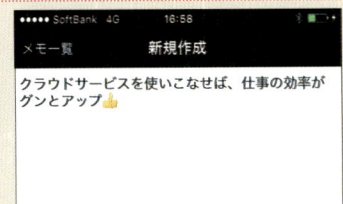

序章 クラウドストレージサービスでできること

Section 009 クラウドフォトアルバムとしての使い方

クラウドストレージサービスには画像ファイルも保存できるため、インターネット上のフォトアルバムとして利用することもできます。旅行で撮影した写真を、友人どうしで共有したりするのに便利です。

1 クラウドフォトアルバムとして使う

　デジタルカメラやスマートフォンで撮影した画像ファイルをクラウドストレージサービスに保存しておけば、インターネット上のフォトアルバムとして、好きなときに閲覧できます。また、フォトアルバムを公開すれば、自分以外の人もWebブラウザから閲覧できるようになります。

フォトアルバムを公開（Sec.058参照）すれば、旅行先で撮影した写真をインターネット上に公開して、ほかの人と共有できます。

Dropboxの「カメラアップロード」機能（Sec.056参照）を利用すれば、スマートフォンで撮影した写真が自動的にDropboxに保存されます。

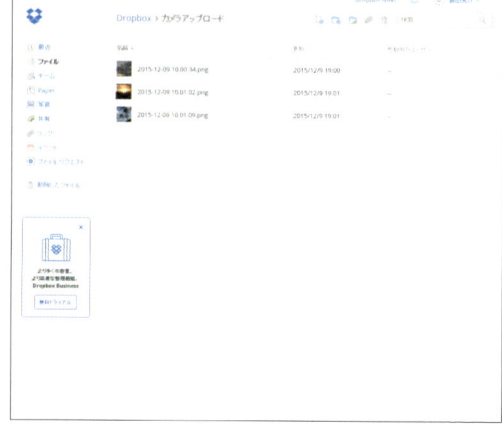

Dropbox 編

第 1 章

Dropboxの基本操作

Dropbox 第1章 Dropboxの基本操作

Section 010

Dropboxとは？

Dropboxは、文書や画像、動画、音楽など、さまざまなファイルをインターネット上に保存できるサービスです。保存したファイルは、いつでもパソコンなどへ取り出すことができます。

1 Dropboxとは？

Dropbox は、インターネット上のディスクスペースであるクラウドストレージに、文書や画像、動画、音楽などのファイルを保存しておくことができるサービスです。保存したファイルは、パソコンはもちろん、スマートフォンやタブレット端末からでも利用できるため、会社や自宅、外出先など、あらゆる場所から情報にアクセスすることができます。

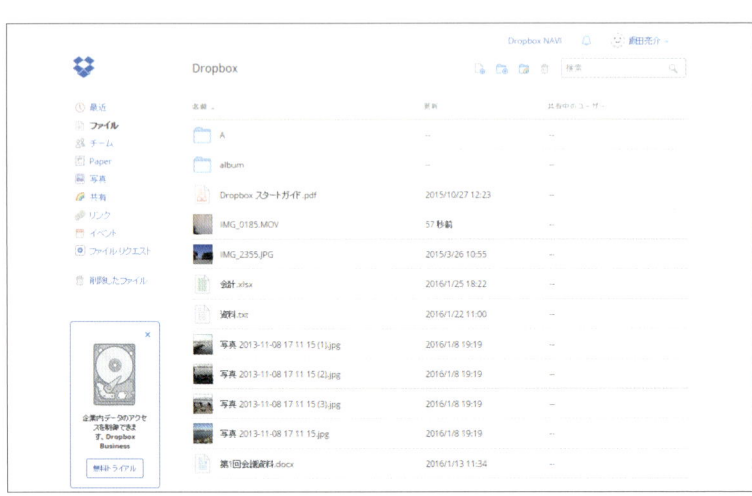

さまざまな形式のファイルを保存し、フォルダごとに分けて管理することができます。

② Dropboxでできること

● ファイルの保存・同期

　Dropboxのアカウントを作成すれば、無料で2GBのクラウドストレージを利用できます（友だち招待や機能紹介ビデオの閲覧により、16GBまで増量可能）。あらゆるファイルをアップロードして保存できるほか、パソコンに作成した専用のフォルダと同期することもできます（Sec.015参照）。

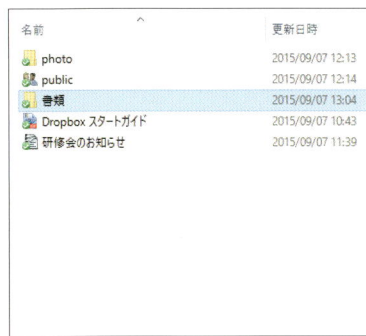

● 大容量ファイルの送信

　Dropboxを利用すれば、メールでは送れないような大容量のファイルも、送信することができます。利用可能な容量を超えなければファイルサイズに制限はありません（Sec.034参照）。

● チーム内でのファイル共有

　職場の同僚や友人同士など、複数のメンバーで同じファイルを共有することができます。ファイルを共有すると、あとから編集した内容も同期されるので、メンバー全員が常に最新のデータを参照することができます（Sec.017～019参照）。

Section 011

Dropboxのアカウントを作成する

Dropbox > 第1章 Dropboxの基本操作

Dropboxを利用するには、事前にアカウントを作成する必要があります。メールアドレスがあれば、だれでも無料で作成できます。なお、本書ではWebブラウザにWindows版Google Chromeを利用しています。

1 新規アカウントを作成する

❶ Webブラウザを起動し、アドレスバーに「https://www.dropbox.com/」と入力して [Enter] を押します。

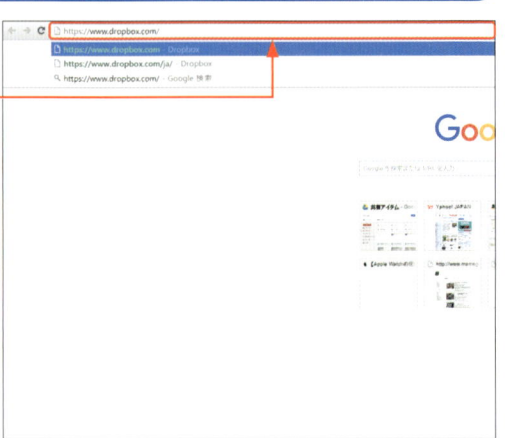

Dropboxの公式サイトが表示されます。

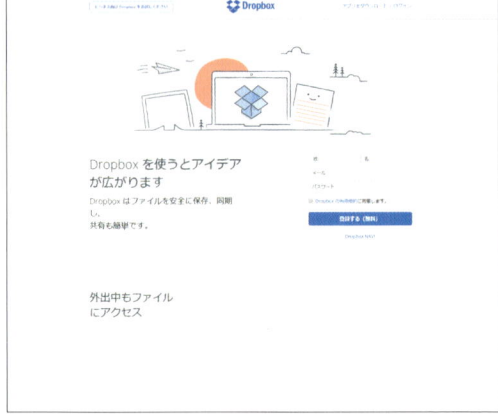

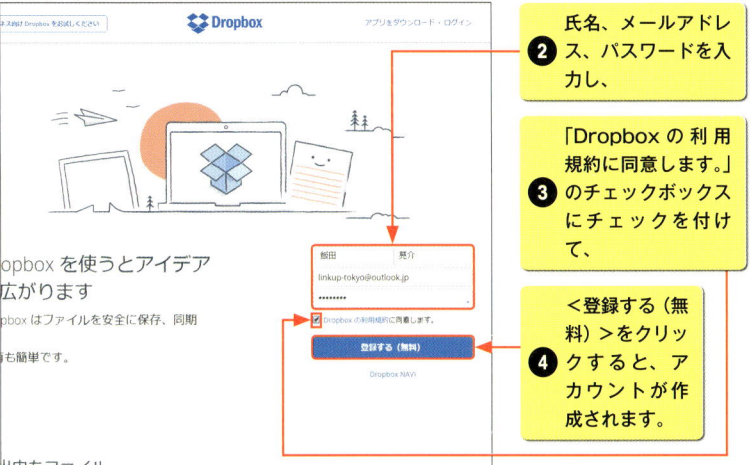

② 氏名、メールアドレス、パスワードを入力し、

③ 「Dropboxの利用規約に同意します。」のチェックボックスにチェックを付けて、

④ <登録する（無料）>をクリックすると、アカウントが作成されます。

⑤ 「Dropboxをダウンロードします」と表示され、Windows版 Dropboxのダウンロードがはじまります。

Windows版 Dropboxのインストール方法はSec.014を参考にしてください。

Memo

Dropboxのダウンロードを中断する

手順⑤の画面で、「この種類のファイルはコンピュータに損害を与える可能性があります」と表示された場合、<保存>をクリックすると、ダウンロードが続行されます。ダウンロードを中断する場合は、<破棄>をクリックします。中断した場合は、Sec.014の操作を行えば、あとからダウンロードできます。

第1章 Dropboxの基本操作

Dropbox 第1章 Dropboxの基本操作

Section 012

Web版Dropboxの基本画面

Web版Dropboxとは、Webブラウザから利用できるDropboxのことです。Sec.011で作成したアカウントでログインすると、インターネットに接続しているどのデバイスやパソコンからでも、利用できるようになります。

1 Dropboxにログインする

P.28 手順❶を参考に、Dropbox の公式サイトを表示します。

❶ <ログイン>をクリックして、

❷ P.29 手順❷で登録したメールアドレスとパスワードを入力し、

❸ <ログイン>をクリックします。

Web版 Dropboxの画面が表示されます。

2 Dropboxの基本画面

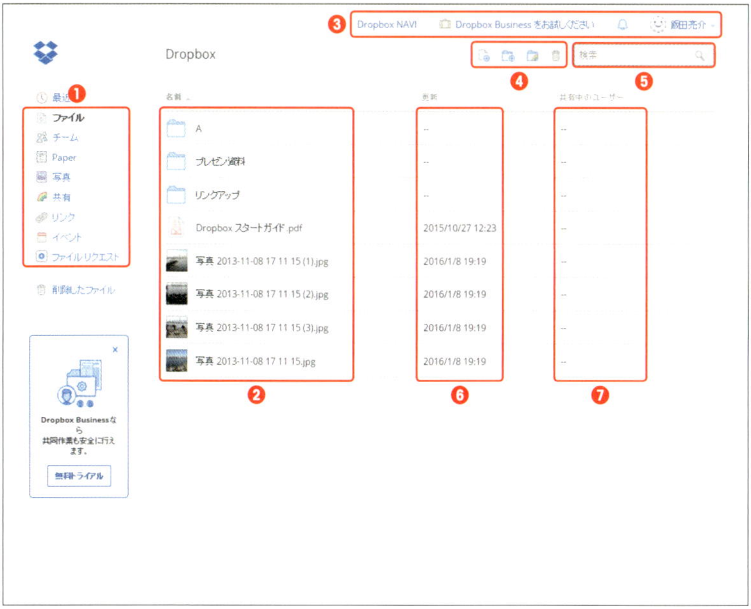

❶	画面表示を切り替えます。
❷	保存されているファイルが表示されます。
❸	アカウント設定やアップグレードなど、アカウント関連のページが表示されます。
❹	ファイルに関する操作を行います。
❺	キーワードでファイルを検索できます。
❻	ファイルをいつ編集したか確認できます。
❼	ファイルやフォルダを共有中のユーザーが表示されます。

Memo ログアウトする

Web版Dropboxからログアウトしたい場合は、ユーザー名をクリックし、ログアウトをクリックしてください。

第1章 Dropboxの基本操作

Dropbox

31

Section 013

Web版Dropboxの使い方

Web版Dropboxでは、かんたんな操作でファイルを保存できます。保存したファイルは、Dropbox上で閲覧、ダウンロード、削除などの操作が可能です。ここでは、Dropboxの操作方法を一連の流れとして解説します。

1 Dropboxにファイルを保存する

❶ をクリックします。

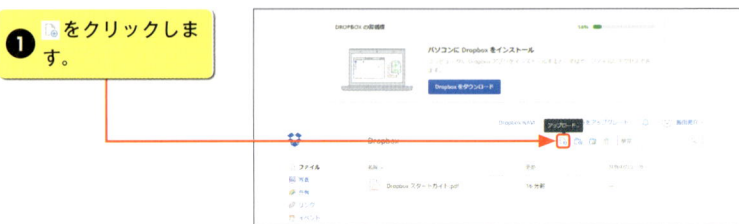

❷ <ファイルを選択>をクリックし、

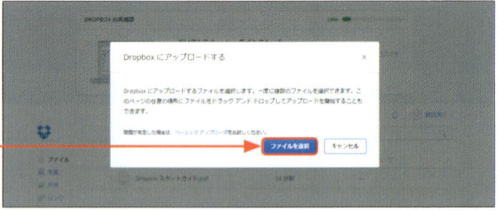

❸ 保存したいファイルを選択して、

❹ <開く>をクリックします。

> **Hint** ファイルを複数選択したい場合
>
> 手順❸で Ctrl を押しながらクリックすることで、複数のファイルを同時に選択できます。

ファイルが登録されます。

❺ <完了>をクリックします。

❻ ファイルがアップロードされました。

2 Dropboxのファイルを閲覧する

❶ 確認したいファイル名をクリックして、

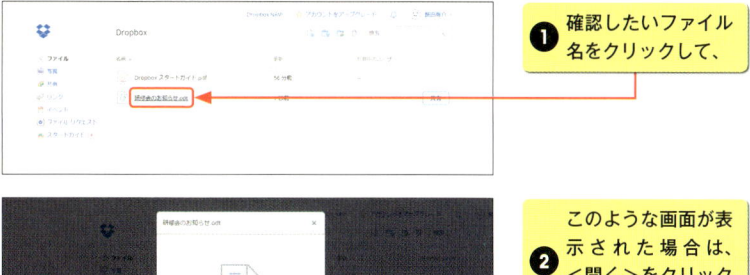

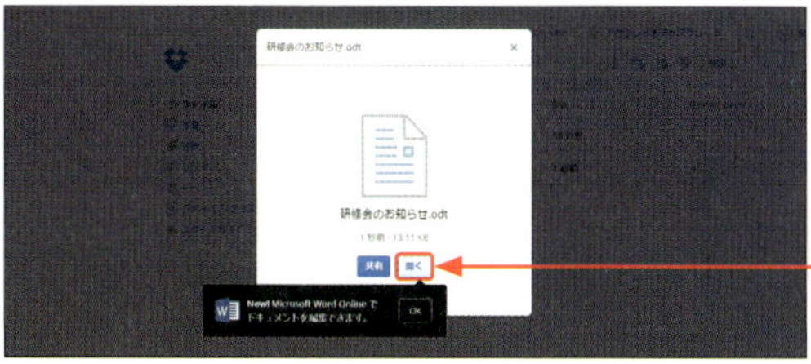

❷ このような画面が表示された場合は、<開く>をクリックします。

「ドキュメントへのアクセスをリクエストしています」という画面が表示された場合は、<許可>をクリックします。

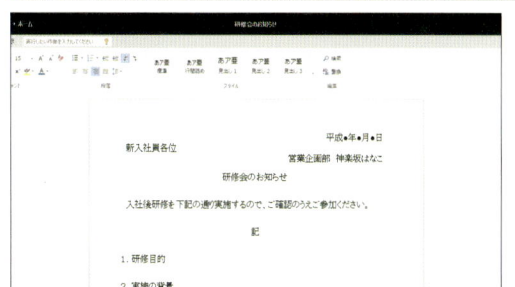

❸ ファイルの内容が表示されます(ファイルの編集は Sec. 029 参照)。

第1章 Dropboxの基本操作

Dropbox

3 Dropboxからファイルをダウンロードする

① ダウンロードしたいファイルをクリックして選択して、

② <ダウンロード>をクリックします。

③ をクリックし、

④ <開く>をクリックすると、

⑤ ダウンロードしたファイルが確認できます。

Memo: Internet Explorerでファイルをダウンロードする

Internet Explorerでファイルをダウンロードする場合は、手順①～②を参考に<ダウンロード>をクリックします。画面下部にポップアップが表示されるので、<ファイルを開く>をクリックするとダウンロードしたファイルが確認できます。

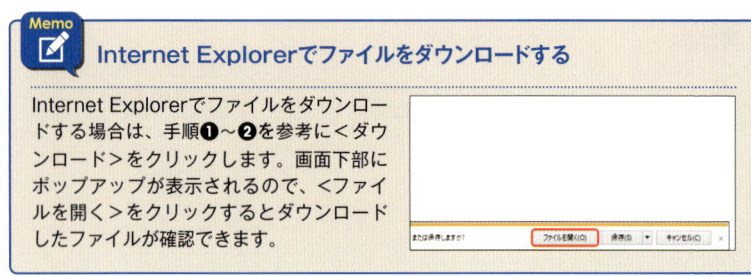

第1章 Dropboxの基本操作

4 Dropboxのファイルを削除する

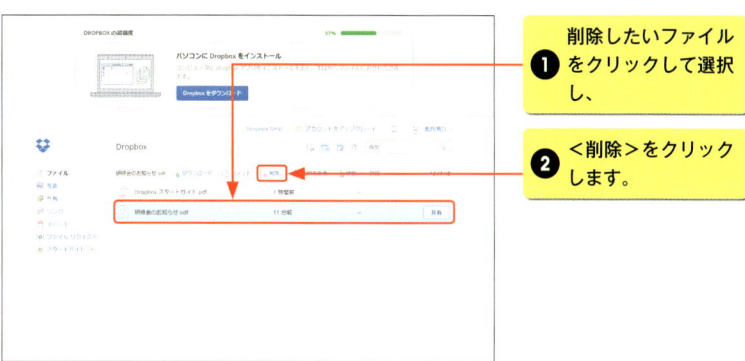

1 削除したいファイルをクリックして選択し、

2 <削除>をクリックします。

3 <削除>をクリックします。

4 ファイルが削除されます。

Memo ファイルを完全に削除する

削除されたファイルは、30日間はバックアップ保存されています。今すぐ完全に削除したい場合は、をクリックしてファイルを選択し（Ctrlで複数選択）、<完全に削除>→<完全に削除>の順にクリックします。また、ファイルを復元したい場合は、Sec.046を参照してください。

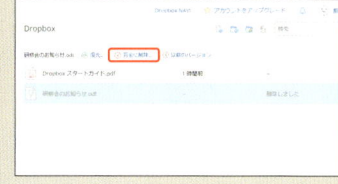

Dropbox 第1章 Dropboxの基本操作

Section 014
Windows版Dropboxを インストールする

Dropboxには、パソコン上でファイルを管理するための専用アプリがあります。アプリをインストールすると、Webブラウザを利用しなくても、自動的にファイルを同期できるようになります。

1 Windows版Dropboxをダウンロードする

P.28手順❶の手順でDropbox公式サイトにアクセスします。

❶ <インストール>をクリックし、

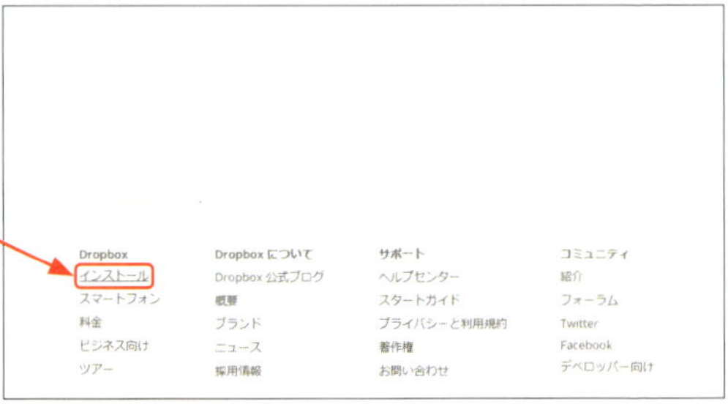

❷ <無料ダウンロード>をクリックします。

❸ <保存>をクリックすると、ダウンロードがはじまります。

2 Windows版Dropboxをインストールする

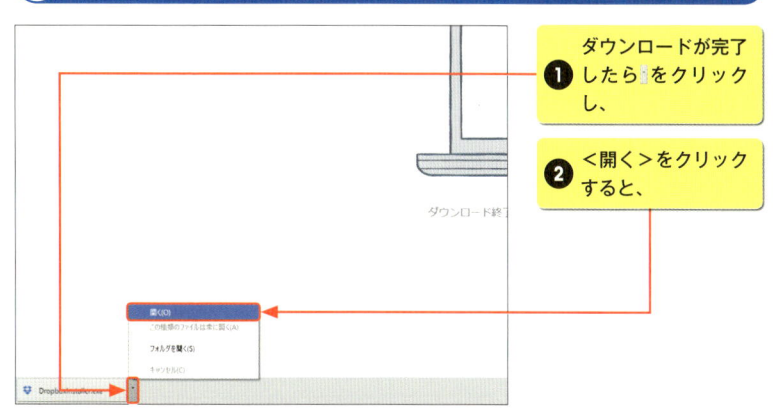

1 ダウンロードが完了したら▼をクリックし、

2 <開く>をクリックすると、

3 「ユーザーアカウント制御」画面が表示されます。

4 <はい>をクリックします。

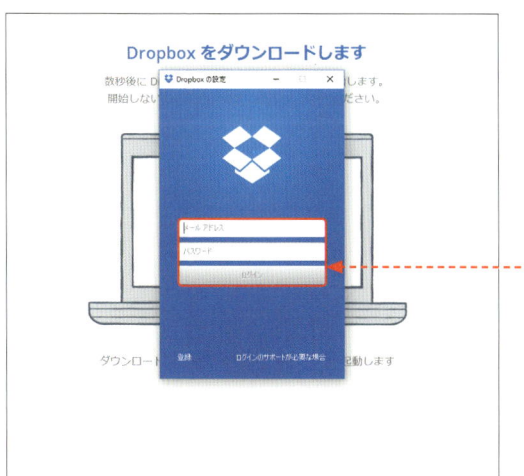

自動的にインストールが開始されます。

5 インストールが終わると、Dropboxのログイン画面が表示されます。

P.29手順❷で入力したメールアドレスとパスワードを入力し、<ログイン>をクリックしてログインすると、ファイルを同期できるようになります（次ページ参照）。

第1章 Dropboxの基本操作

37

● エクスプローラーに「Dropbox」フォルダが追加される

Windows 版 Dropbox をインストールすると、エクスプローラーに「Dropbox」フォルダが自動的に追加されます。

Web 版 Dropbox と Windows 版 Dropbox は同期しているため、エクスプローラーの「Dropbox」フォルダにファイルやフォルダを保存すると、自動的に Web 版 Dropbox にもエクスプローラーの「Dropbox」に保存したフォルダやファイルが同期されます。

また、反対に Web 版 Dropbox にファイルやフォルダを保存した場合、エクスプローラーの「Dropbox」フォルダにも Web 版 Dropbox に保存したファイルやフォルダが同期されます。

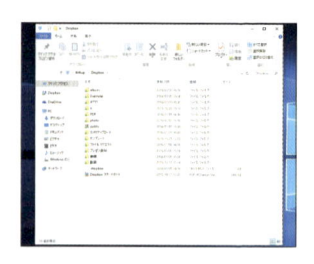

● タスクトレイに「Dropbox」アイコンが追加される

Windows 版 Dropbox をインストールすると、デスクトップ画面右下のタスクトレイにアイコンが追加されます。をクリックすると、Dropbox のポップアップが表示され、最近編集したファイルの一覧が表示されます。ファイルをクリックすると、クリックしたファイルが保存されているエクスプローラーの「Dropbox」フォルダが表示されます。

> **Memo**
> #### Dropboxの同期を一時停止する
>
> Windows版DropboxとWeb版Dropboxの同期は一時停止することが可能です。デスクトップ画面右下のタスクトレイのをクリックしてDropboxのポップアップを表示します。「最新の状態」にポイントを合わせると、＜同期を一時停止＞に変化します。＜同期を一時停止＞をクリックすると、Windows版DropboxとWeb版Dropboxの同期は一時停止されます。

Dropbox > 第1章 > Dropboxの基本操作

Section 015

パソコンでファイルを同期する

Windows版Dropboxをインストールすると、ファイルの同期を行う「Dropbox」フォルダが作成されます。このフォルダにファイルをコピーするだけで、自動的にDropboxに同期されます。

1 パソコンでファイルを同期する

1 エクスプローラーから「Dropbox」フォルダを開きます。

2 フォルダの何もないところを右クリックし、

3 「新規作成」にポイントを合わせ、

4 <フォルダー>をクリックすると、

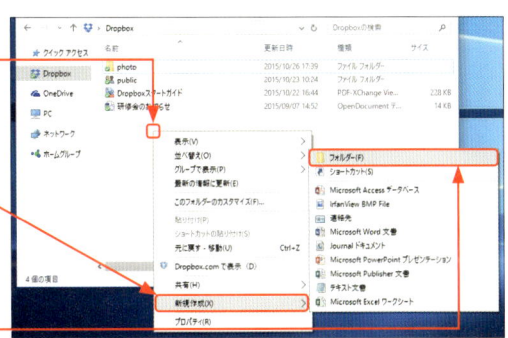

5 新規フォルダが作成されるので、フォルダ名（ここでは「album」）を入力します。

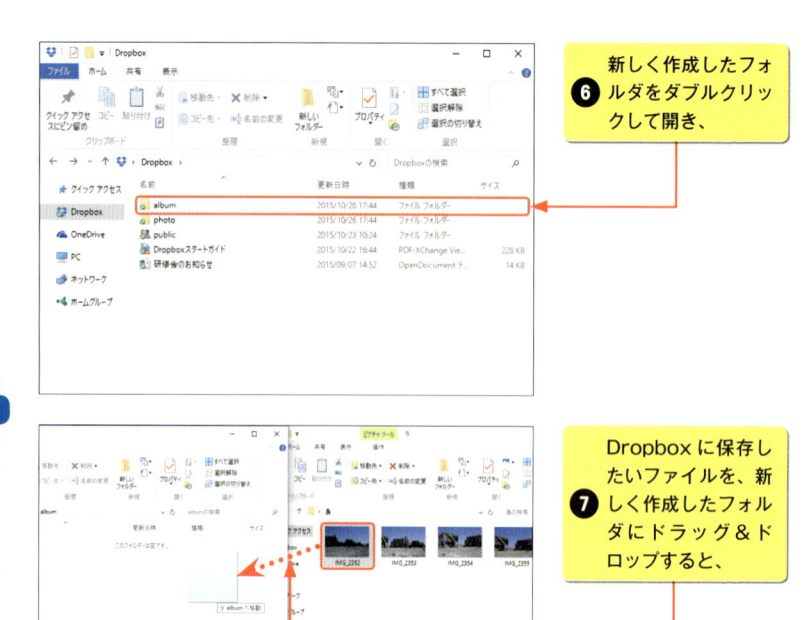

> ⑥ 新しく作成したフォルダをダブルクリックして開き、

> ⑦ Dropboxに保存したいファイルを、新しく作成したフォルダにドラッグ＆ドロップすると、

> ⑧ ファイルがそのフォルダに移動し、自動的に同期が行われてDropboxに保存されます。

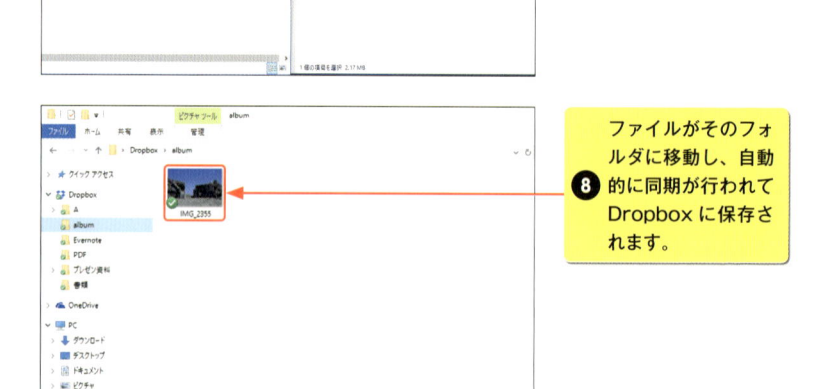

Memo

同期の状態を示すアイコン

Dropboxにファイルを保存するとファイルのアイコンに🔄が表示され、同期中の状態であることを示します。🔄が✅に変化したら同期完了です。また、なんらかのエラー（インターネットに接続できていないなど）でファイルが同期できなかった場合は、❌が表示されます。

2 ファイルが同期されているかを確認する

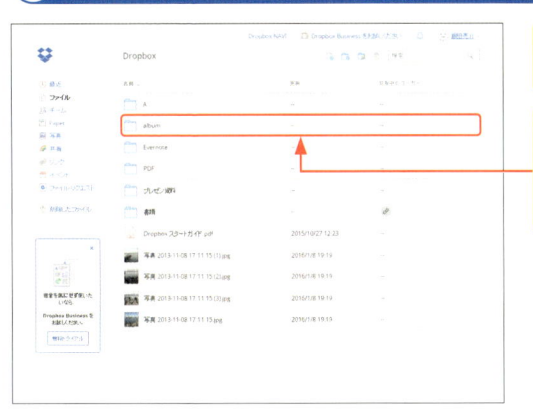

① Web版Dropboxを表示します。

② P.39手順④～⑤で作成したフォルダをダブルクリックします。

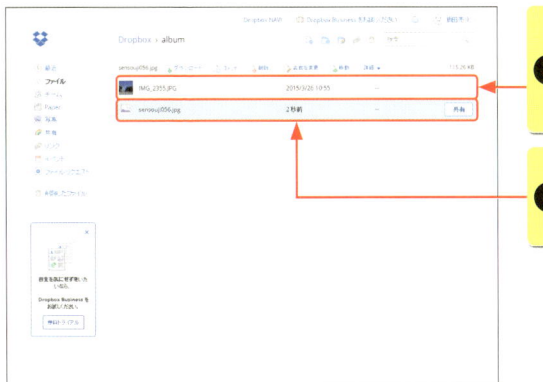

③ P.40手順⑦で保存したファイルが保存されていることが確認できます。

④ Sec.013を参考にして任意のファイルを保存します。

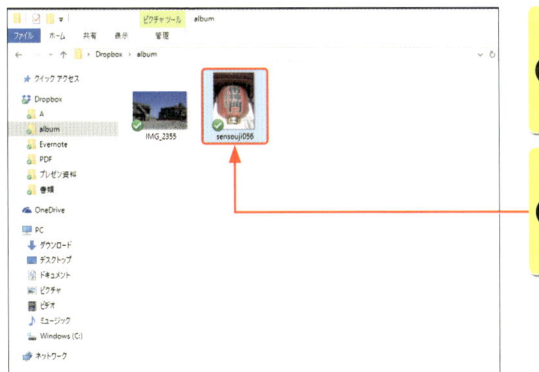

⑤ エクスプローラーからP.40手順⑥で作成したフォルダを表示します。

⑥ 手順④で保存したファイルが同期されていることが確認できます。

第1章 Dropboxの基本操作

41

Section 016 Dropboxのファイルを共有する

Dropboxに保存しているファイルやフォルダは、専用のURLを取得して共有できます。旅先の思い出をまとめて家族や友人にURLを介して共有したり、イベントなどの資料を共有することも可能です。

1 ファイルを共有する

1. エクスプローラーから「Dropbox」フォルダを開きます。

2. 共有したいファイルを右クリックし、

3. <Dropboxリンクを共有>をクリックします。

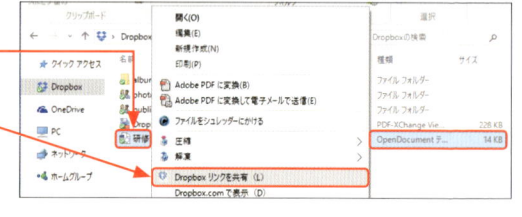

画面右下に共有されたことを知らせる通知が表示されます。

4. 通知をクリックし、

5. <共有>をクリックします。

共有用リンクを送信する画面が表示されます。

6. ファイルを共有したい相手のメールアドレスやメッセージを入力し、

7. <送信>をクリックします。

2 フォルダを共有する

1 エクスプローラーから「Dropbox」フォルダを開きます。

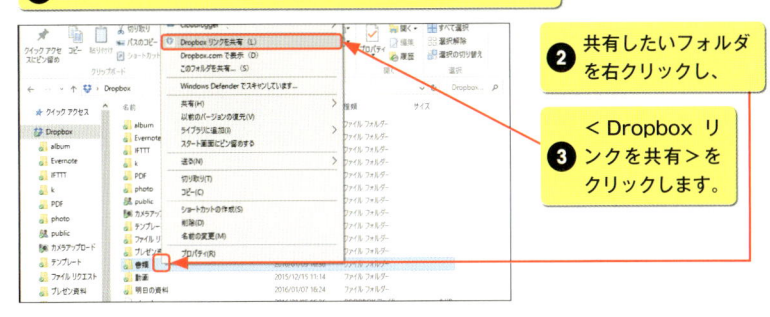

2 共有したいフォルダを右クリックし、

3 < Dropbox リンクを共有 >をクリックします。

画面右下に共有されたことを知らせる通知が表示されます。

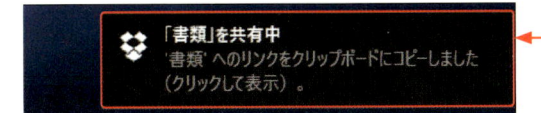

> 「書類」を共有中
> '書類' へのリンクをクリップボードにコピーしました
> （クリックして表示）。

4 通知をクリックします。

5 手順❷で選択したフォルダが表示されます。

6 < Dropbox >をクリックします。

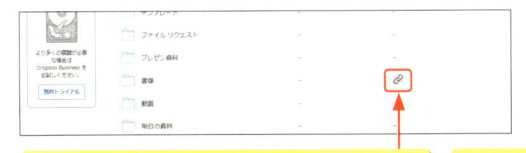

7 「Dropbox」フォルダが表示されます。

8 手順❷で選択したフォルダに 🔗 が表示され、リンクを知っているユーザーであればフォルダを共有できることが確認できます。

🔗 をクリックし、P.42 手順❻～❼を参考にフォルダを共有したい相手にリンクを送信しましょう。

Memo 公開用URLを取得する

手順❹の画面が表示された時点で、公開用URLはすでに取得されています。メールの作成画面など任意の入力画面で Ctrl + V を押すとその公開用URLをペーストできます。

3 共有されたファイルを保存する

ファイルやフォルダを共有したい相手には、共有通知メールが届きます。

① <ファイルを閲覧>をクリックします。

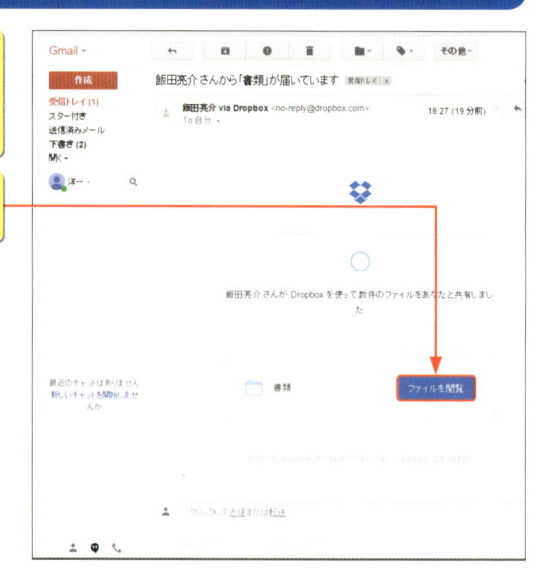

② 共有されたファイルがWeb版Dropboxで表示されます。

③ <ダウンロード>をクリックし、

④ <Dropboxに保存する>をクリックします。

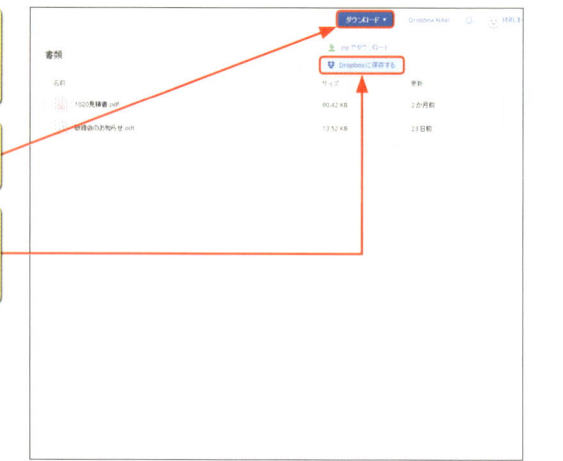

Memo ファイルを直接ダウンロードする

手順❹の画面で<.zipでダウンロード>をクリックすると、ファイルをZIP圧縮された状態で直接ダウンロードできます。

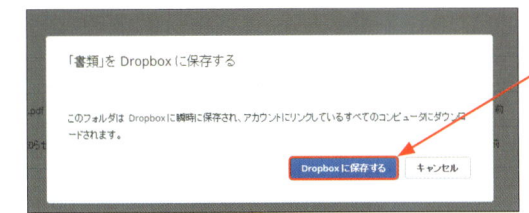

❺ <Dropboxに保存する>をクリックします。

「書類」を Dropbox に保存する

このフォルダは Dropbox に瞬時に保存され、アカウントにリンクしているすべてのコンピュータにダウンロードされます。

Dropboxに保存する　キャンセル

❻ フォルダが自分の Dropbox に保存されます。

❼ 任意のファイルをダブルクリックします。

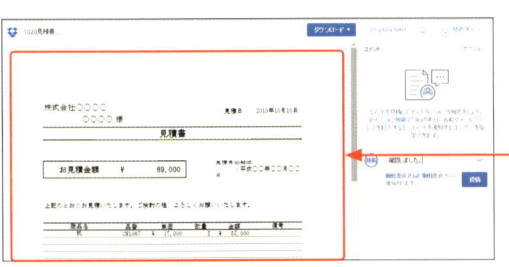

❽ ファイルが表示されます。

Memo

パラメータを変更してファイルを直接ダウンロードできるURLにする

通常送信されたURLでは、ファイルはWeb版Dropboxで表示されますが、パラメータ（URLの「?」以降のアルファベットや記号）を「dl=1」に変更すると、ファイルがWebブラウザから直接ダウンロードされるようになります。P.43Memoを参考にURLをコピーし、<メモ帳>アプリなどにURLをペーストします。ペーストしたURLのパラメータを削除し、「dl=1」に変更すると、自動的にフォルダやファイルが直接ダウンロードされるURLになります。パラメータを変更したURLを相手にメールなどで送信しましょう。

Dropbox > 第1章 Dropboxの基本操作

Section 017 共有フォルダを作成する

Dropboxには、ユーザーどうしでフォルダを共有できる機能があります。頻繁にファイルのやり取りを行う相手がいる場合、ファイルを共有フォルダに保存すると便利です。

① 共有フォルダを新規作成する

Web版Dropboxを表示します。

❶ <共有>をクリックし、

❷ <新しい共有フォルダ>をクリックします。

❸ <新規フォルダを作成し共有する>をクリックし、

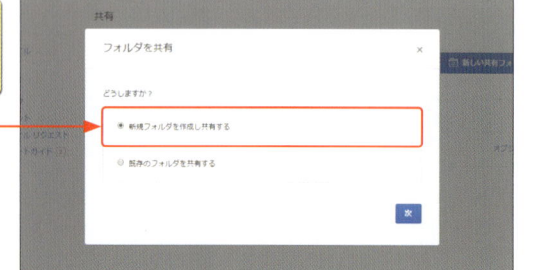

④ 新しい共有フォルダ名を入力して、

⑤ <次>をクリックし、

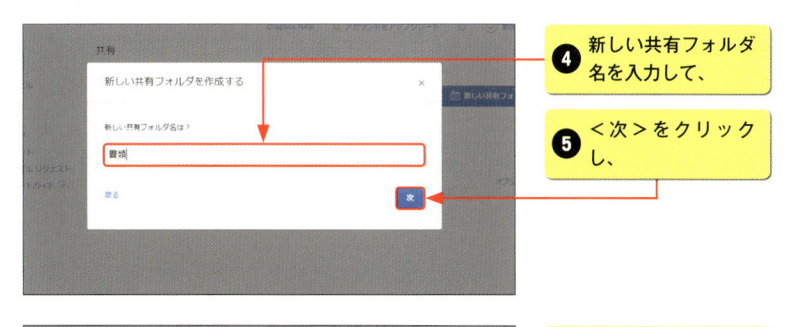

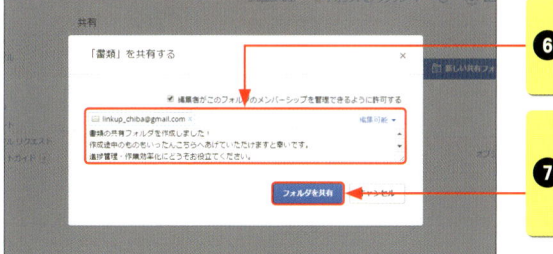

⑥ 共有する相手のメールアドレスやメッセージを入力し、

⑦ <フォルダを共有>をクリックすると、共有フォルダが作成されます。

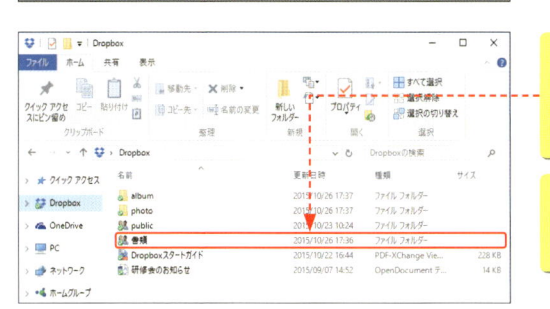

パソコンとも同期され、「Dropbox」フォルダ内に共有フォルダが作成されます。

フォルダの共有相手には、共有通知メールが送信されます。

Memo 共有されたフォルダのアイコン

フォルダの共有が完了すると、フォルダのアイコンに が表示されるようになります。

Memo 共有フォルダ利用時の注意点

共有フォルダ内のファイルをエクスプローラーで自分のパソコンのフォルダに「移動」すると、そのファイルはDropboxのサーバーからなくなってしまいます。共有されたファイルは移動せずに作業を行うか、自分のパソコンのフォルダに「コピー」して作業を行いましょう。

2 既存のフォルダを共有する

エクスプローラーから「Dropbox」フォルダを開きます。

① 共有したいフォルダ（ここでは「photo」フォルダ）を右クリックし、＜このフォルダを共有＞をクリックします。

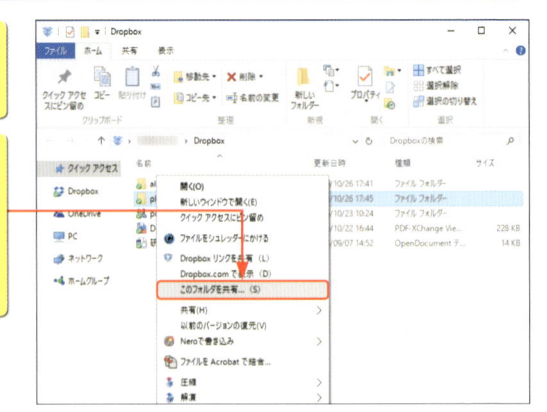

Webブラウザから Web版 Dropboxが起動し、共有設定画面が表示されます。

② フォルダを共有する相手のメールアドレスやメッセージを入力して、

③ ＜招待＞をクリックします。

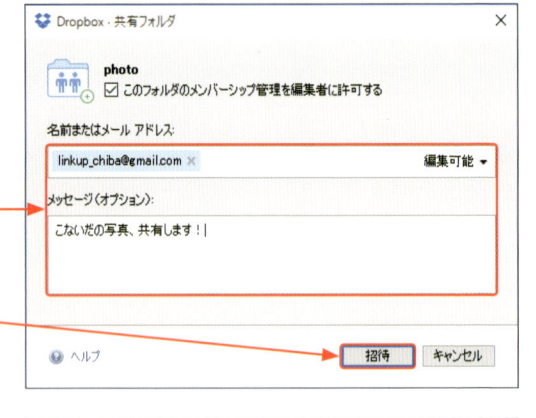

「photo」フォルダが共有されます。

フォルダの共有相手には、共有通知メールが送信されます。

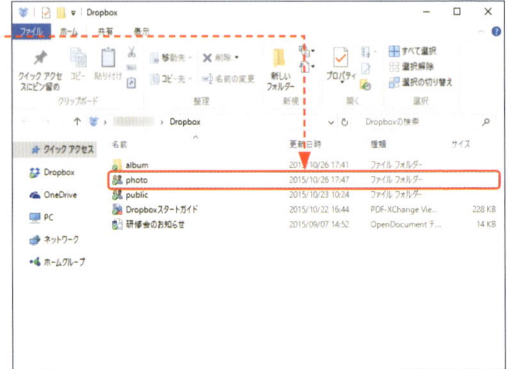

③ 共有フォルダへの招待を承認する

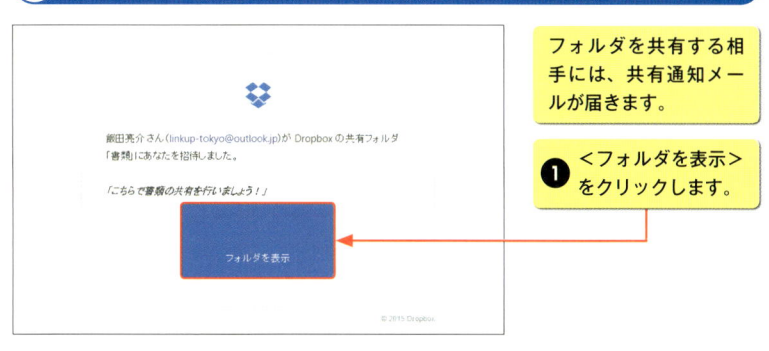

フォルダを共有する相手には、共有通知メールが届きます。

❶ <フォルダを表示>をクリックします。

Web版Dropboxが起動し、共有設定画面が表示されます。

❷ <承認>をクリックすると、

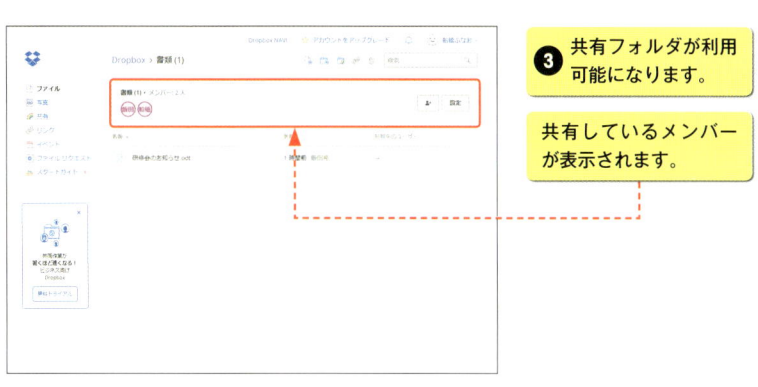

❸ 共有フォルダが利用可能になります。

共有しているメンバーが表示されます。

Memo フォルダを共有するには

フォルダを共有する相手も、Dropboxアカウントを所有している必要があります。なお、アカウントを未所有の場合は、手順❶の画面で<フォルダを表示>をクリックすると、アカウント取得画面へ移動します。

Dropbox 第1章 Dropboxの基本操作

Section 018

共有するユーザーを追加／削除する

Dropboxの共有フォルダを利用すると、複数人でひとつのフォルダを共有して閲覧、編集することができます。チーム単位で資料作成する場合など、リアルタイムに更新状況が確認できるようになります。

1 共有フォルダにユーザーを追加する

エクスプローラーから「Dropbox」フォルダを開きます。

① ユーザーを追加したい共有フォルダを右クリックし、

② ＜共有フォルダ設定＞をクリックします。

③ 「(フォルダ名)の共有フォルダオプション」画面が表示されたら、＜他のユーザーも招待する＞をクリックして、

④ 招待したいユーザーのメールアドレスやメッセージを入力し、

⑤ ＜招待＞をクリックして、

⑥ 次の画面で＜完了＞をクリックします。

フォルダの共有相手には、共有通知メールが送信されます。

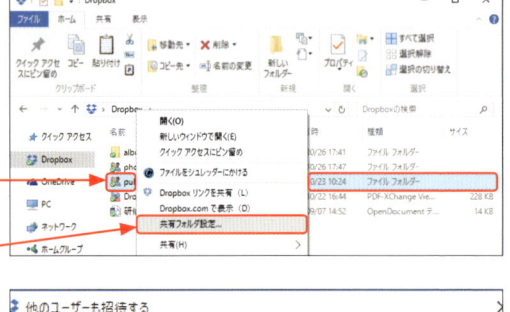

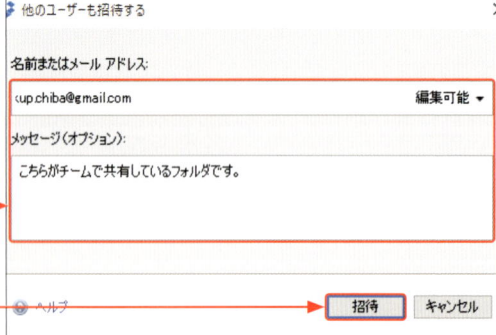

2 共有しているユーザーを削除する

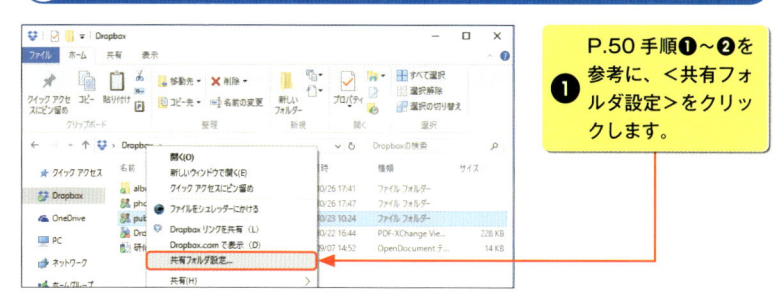

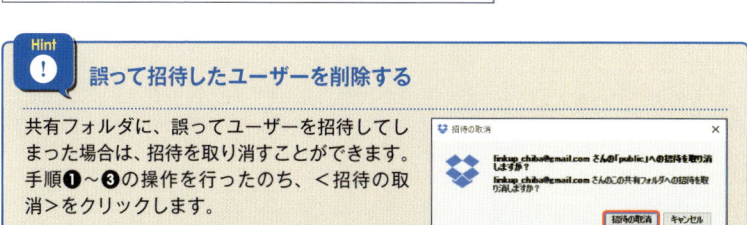

① P.50 手順①〜②を参考に、<共有フォルダ設定>をクリックします。

② ×→<削除>の順にクリックすると、

③ 共有フォルダからユーザーが削除されます。

④ <完了>をクリックします。

Hint 誤って招待したユーザーを削除する

共有フォルダに、誤ってユーザーを招待してしまった場合は、招待を取り消すことができます。手順①〜③の操作を行ったのち、<招待の取消>をクリックします。

Dropbox 第1章 Dropboxの基本操作

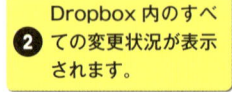

Section 019 共有ファイルの作業状況を確認する

フォルダやファイルなどを複数のユーザーと共有していると、誰がどのような操作を行ったのか確認したい場合があります。そのようなときは、Web版Dropboxから、作業状況を確認しましょう。

1 イベントを表示して作業状況を確認する

Web版Dropboxを表示します。

1 <イベント>をクリックすると、

2 Dropbox内のすべての変更状況が表示されます。

3 📅をクリックし、カレンダーを操作すると、その日までの作業内容を確認できます。

2 共有しているフォルダの作業状況を確認する

Web版 Dropboxを表示します。

1. <イベント>をクリックして、
2. ▼をクリックします。

共有しているフォルダが一覧で表示されます。

3. 作業状況を確認したいフォルダ(ここでは<書類>)をクリックすると、

4. 選択したフォルダの作業状況が確認できます。

第1章 Dropboxの基本操作

Dropbox

53

Dropbox 第1章 Dropboxの基本操作

Section 020 ファイルやフォルダの共有を解除する

ファイルやフォルダなどの共有は必要ではなくなった場合、いつでも解除できます。共有の解除は「リンク」画面からできます。リンクの解除はさまざまな画面から実行できます。

1 ファイルの共有を解除する

① Web版Dropboxを表示します。

② <リンク>をクリックします。

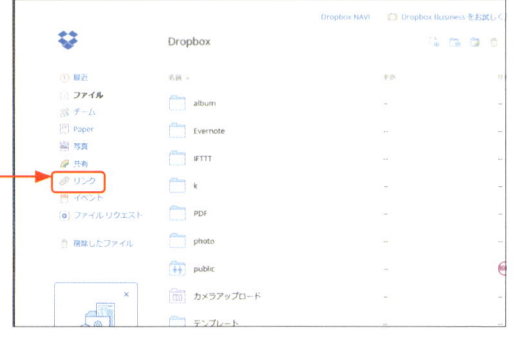

③ 共有を解除したいファイルもしくはフォルダの ◎ をクリックします。

> **Memo** × をクリックして共有を解除する
>
> 手順③の画面で×をクリックすると、P.55手順⑤の画面が表示されます。あとは手順⑤～⑥を参考に、共有を解除できます。

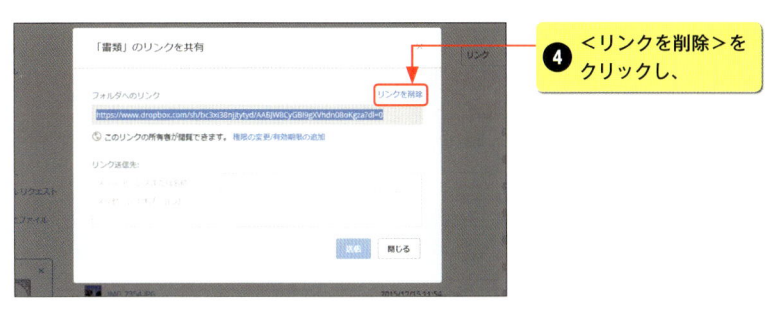

④ <リンクを削除>を
クリックし、

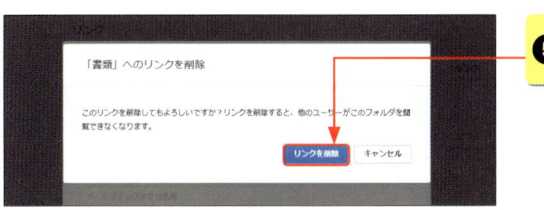

⑤ <リンクを削除>を
クリックすると、

⑥ 画面上に「(共有を解除したフォルダ名もしくはファイル名)のリンクを削除しました」と表示されます。

第1章 Dropboxの基本操作

Memo

⌀をクリックして共有を解除する

P.54手順❶の画面で共有を解除したいファイルもしくはフォルダの ⌀ をクリックすると、手順❹の画面が表示されます。あとは手順❹~❻を参考に、共有を解除できます。

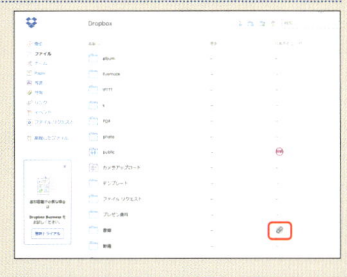

55

Dropbox 第1章 Dropboxの基本操作

Section 021 ファイルの更新履歴を確認する

Dropboxでは、ファイルをいつ追加、作成、編集したのかが履歴として保存されます。履歴画面では閲覧だけでなく、内容を以前のバージョンに戻すこともできます。ここでは、ファイルの更新履歴の確認方法を解説します。

1 ファイルの更新履歴を確認する

Web版Dropboxを表示します。

❶ 更新履歴を確認したいファイルを右クリックし、

❷ <以前のバージョン>をクリックすると、

❸ ファイルの更新履歴が表示されます。

ファイルを以前のバージョンに戻す方法は、Sec.032を参照してください。

Dropbox 第1章 Dropboxの基本操作

Section 022

Dropboxの ファイル保存先を変更する

「Dropbox」フォルダは、パソコンのハードディスク上の好きな場所へ移動することができます。ここでは、「Dropbox」フォルダの場所を変更する方法を解説します。

1 フォルダの場所を変更する

① デスクトップ画面右下のタスクトレイの🗐をクリックして、

② ⚙をクリックし、

③ <基本設定>をクリックします。

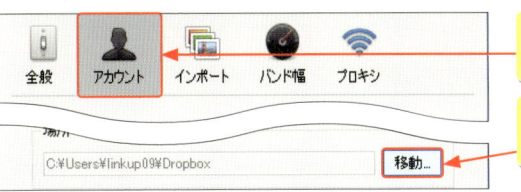

④ <アカウント>をクリックし、

⑤ <移動>をクリックします。

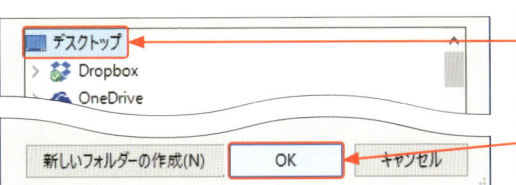

⑥ 移動先のフォルダを選択して、

⑦ <OK>をクリックし、

⑧ <OK>をクリックし、次の画面で<OK>をクリックすると、変更が完了します。

第1章 Dropboxの基本操作

57

Section 023
iPhone版Dropboxをインストールする

Dropboxにはスマートフォン用のアプリもあり、外出先からでもDropboxのさまざまな機能を利用できます。ここでは、iPhone版Dropboxのインストール方法と、ログインの方法を紹介します。

1 iPhone版Dropboxをインストールする

① iPhoneのホーム画面で<App Store>をタップし、画面下部のメニューから<検索>をタップします。

② 検索欄に「dropbox」と入力し、

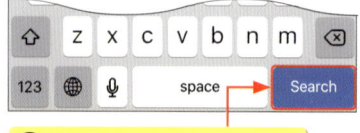

③ <Search>をタップします。

④ 検索結果が表示されます。「Dropbox」の<入手>をタップすると<インストール>に変わるので、<インストール>をタップします。

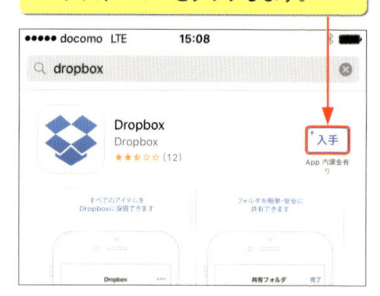

⑤ Apple IDのパスワードを入力して、

⑥ <OK>をタップすると、インストールが開始されます。「Apple App」画面が表示された場合は、<後で試す>をタップします。

2 iPhone版Dropboxを設定する

① インストールが完了したら<開く>をタップするか、ホーム画面に追加されたDropboxのアイコンをタップします。

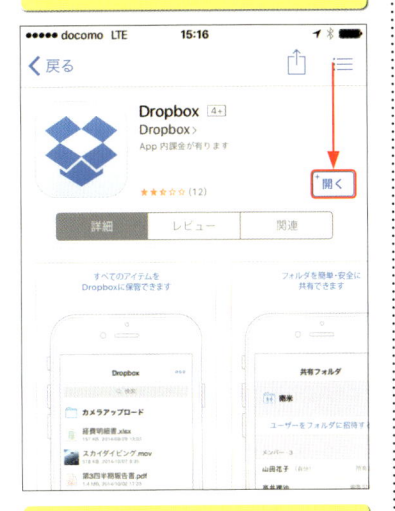

② Dropboxが起動したら<ログイン>をタップします。

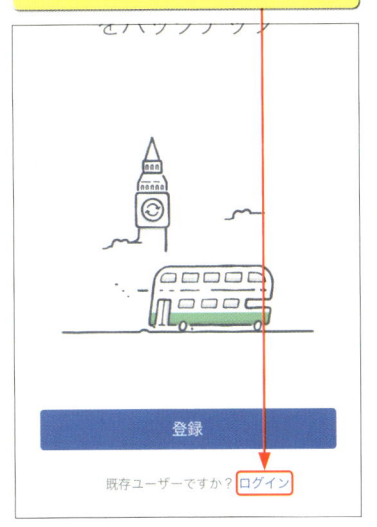

③ P.29手順❷で入力したメールアドレスとパスワードを入力し、

④ <ログイン>をタップします。

⑤ 「カメラアップロード」画面が表示されます。

⑥ <キャンセル>をタップします。

⑦ ログインが完了し、最近保存したファイルの一覧が表示されます。通知に関する確認が表示されたら<OK>をタップします。

第1章 Dropboxの基本操作

Dropbox 第1章 Dropboxの基本操作

Section 024
Android版Dropboxをインストールする

Androidスマートフォンにも、Dropboxのアプリが提供されており、Playストアからインストールできます。ここでは、Andoroid版Dropboxのインストール方法と、ログインの方法を紹介します。

1 Android版Dropboxをインストールする

① Android スマートフォンのホーム画面またはアプリ画面で＜Playストア＞をタップし、＜Google Play＞をタップします。

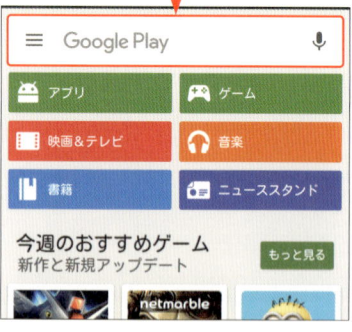

② ＜dropbox＞と入力し、

③ ＜Dropbox＞をタップします。

④ ＜インストール＞をタップします。

⑤ ＜同意する＞をタップすると、インストールが開始されます。

60

2 Android版Dropboxを設定する

❶ インストールが完了したら<開く>をタップするか、ホーム画面などに追加されたDropboxのアイコンをタップします。

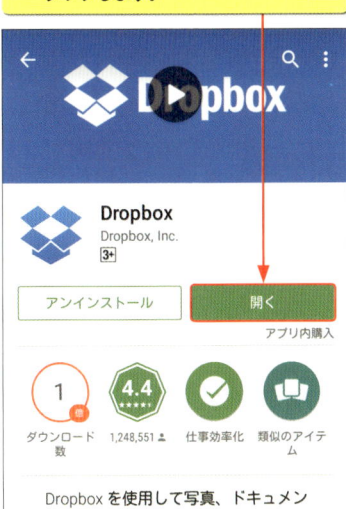

❷ Dropboxが起動したら<ログイン>をタップします。

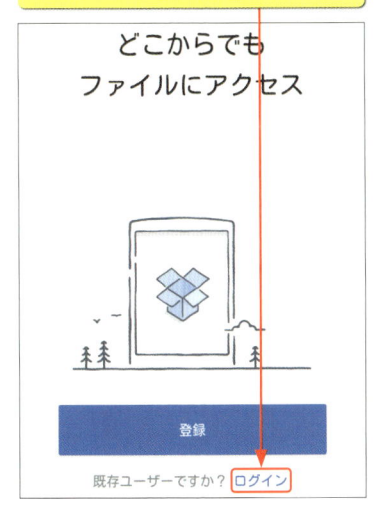

❸ P.29手順❷で入力したメールアドレスとパスワードを入力し、

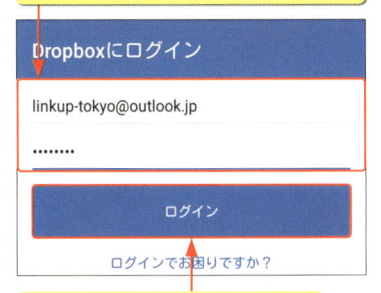

Dropboxにログイン

linkup-tokyo@outlook.jp

....

ログイン

ログインでお困りですか？

❹ <ログイン>をタップします。

❺ 「カメラアップロード」画面が表示されたら、<スキップ>をタップします。

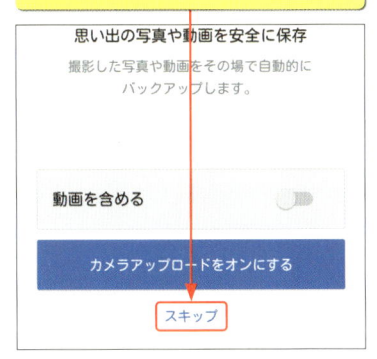

思い出の写真や動画を安全に保存

撮影した写真や動画をその場で自動的にバックアップします。

動画を含める

カメラアップロードをオンにする

スキップ

❻ ログインが完了します。

飯田亮介
linkup-tokyo@outlook.jp

📁 ファイル

🖼 写真

第1章 Dropboxの基本操作

Dropbox

61

Dropbox 　第1章　Dropboxの基本操作

Section 025 スマートフォンで Dropboxのファイルを閲覧する

Dropboxをスマートフォンにインストールすると、外出先からでもスマートフォンでファイルの閲覧ができるようになります。また、スマートフォンからでもリンクやコメントの送信は可能です。

① Andoroidスマートフォンでファイルを閲覧する

❶ P.61 を参考に Android 版 Dropbox を表示します。

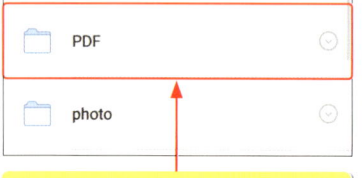

❷ 閲覧したいファイルが保存されているフォルダをタップします。

❸ 閲覧したいファイルをタップします。

❹ ファイルが表示されます。

❺ 画面の中央をタップします。

❻ メニューなどが消え、ファイル全体が確認できます。

メニューを表示したい場合は、再度画面の中央をタップします。

Memo リンクを送信する

手順❺の画面で ＜ をタップすると、「リンクを送信」画面が表示されます。＜すべてを表示＞をタップすると、リンクを送信できるアプリや機能などがすべて表示されます。任意のアプリや機能をタップしてリンクを送信してファイルを共有しましょう。

② iPhoneでファイルを閲覧する

❶ P.59 を参考に iPhone 版 Dropbox を表示します。

- IMG_2352.JPG
  5週間前に復元済み
- 2015-12-09 10.00.34.png
  5週間前に復元済み
- プレゼン資料.pptx
  5週間前に編集済み

最近 / ファイル / 写真 / オフライン / 設定

❷ ＜ファイル＞をタップします。

❸ 閲覧したいファイルが保存されているフォルダをタップします。

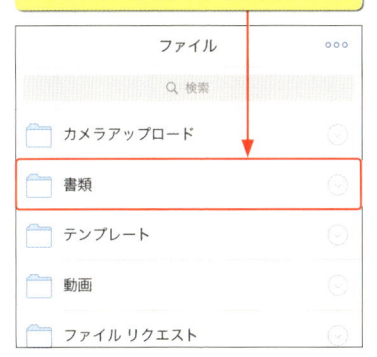

ファイル	○○○
Q 検索	
カメラアップロード	
書類	
テンプレート	
動画	
ファイル リクエスト	

❹ 閲覧したいファイルをタップします。

＜ファイル　書類

- 研修会のお知らせ.odt
  13.5 KB, 4か月前
- 1020見積書.pdf
  90.4 KB, 3か月前

❺ ファイルが表示されます。

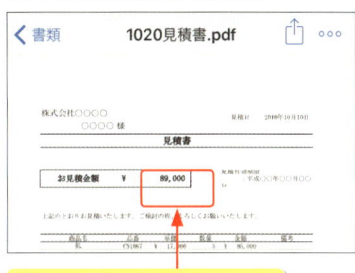

＜書類　1020見積書.pdf

株式会社〇〇〇〇
〇〇〇〇 様
見積書
お見積金額　¥　89,000

❻ 画面の中央をタップします。

❼ メニューなどが消え、ファイル全体が確認できます。

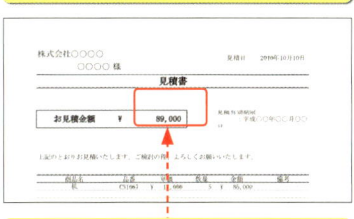

株式会社〇〇〇〇
〇〇〇〇 様
見積書
お見積金額　¥　89,000

メニューを表示したい場合は、再度画面の中央をタップします。

Memo コメントを送信する

手順❺の画面下部で 💬 をタップすると、「コメント」画面が表示されます。＜コメントを追加＞をタップするとコメントの入力ができます。コメントを入力したら、＜投稿＞をタップし、コメントを送信しましょう。

🔔	コメント	完了

ディスカッションを開始するかフィードバックを残し、@メンションで通知するユーザーを指定します。

コメントを追加...　　　投稿

第1章　Dropboxの基本操作

Dropbox

Dropbox 第1章 Dropboxの基本操作

Section 026 スマートフォンでDropboxにファイルをアップロードする

Dropboxのアプリを利用すれば、スマートフォン内のファイルをかんたんに同期することができます。ファイルを同期することで、Dropboxにファイルが保存され、スマートフォンからファイルを誤って消してしまった場合も安心です。

1 Androidスマートフォンでファイルをアップロードする

❶ P.61を参考にAndroid版Dropboxを表示して、+をタップします。

❷ <ファイルをアップロード>をタップします。

❸ ここでは、<写真または動画>をタップします。ほかのファイルを同期したい場合は<他のファイル>をタップします。

❹ 同期したい写真をタップしてチェックを付け、

❺ <アップロード>をタップすると、選択した写真がアップロードされます。

② iPhoneでファイルを同期する

❶ P.59を参考にiPhone版Dropboxを表示します。

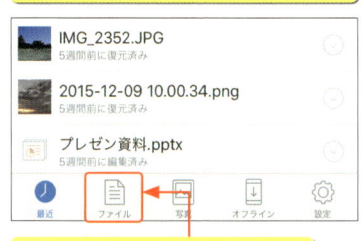

❷ <ファイル>をタップします。

❸ ○○○をタップし、

❹ <ファイルをアップロード>をタップします。

❺ ここでは<写真>をタップします。

写真をアップロードしたい場合は<写真>を、iCloud Driveのデータをアップロードしたい場合は<iCloud Drive>を、その他のデータをアップロードしたい場合は、<その他>をタップします。

❻ 「アルバム」画面が表示されます。

❼ アップロードしたい写真が保存されているフォルダをタップします。

❽ アップロードしたい写真をタップしてチェックを付け、

❾ <アップロード>をタップすると、選択した写真がアップロードされます。

第1章 Dropboxの基本操作

Dropbox

Section 027 スマートフォンにDropboxのファイルを保存する

ファイルのオフラインアクセスを許可すると、スマートフォンにファイルが保存され、オフラインの状態でもファイルの閲覧ができます。使用頻度の高いファイルはオフラインの状態でもファイルにアクセスできるように設定しましょう。

1 Androidスマートフォンにファイルを保存する

❶ P.62手順❶〜❷を参考に、スマートフォンに保存したいフォルダを表示します。

❷ 保存したいファイルの ⊙ をタップします。

❸ 画面下に表示されるメニューを上方向にスワイプし、

❹ <オフラインアクセス可>をタップします。

❺ ファイルがスマートフォンに保存されます。

保存されたファイルには ◉ が表示されます。

> **Memo iPhoneでファイルを保存する**
>
> iPhoneでファイルを保存する場合は、P.63手順❶の画面で ⋯ →<オフラインアクセスを許可>の順にタップします。

Dropbox 編

第 2 章

Dropboxの活用

Dropbox 第2章 Dropboxの活用

Section 028 PDFファイルやOfficeファイルを閲覧する

Dropboxでは、PDFファイルやOfficeファイルを同期して閲覧・編集できるほか、コメントを付けることもできます。ここでは、PDFファイルとOfficeファイルを同期して、閲覧する方法を紹介します。

1 PDFファイルを閲覧する

① パソコンに保存されているPDFファイルを右クリックして、

② <「Dropbox」に移動>をクリックします。

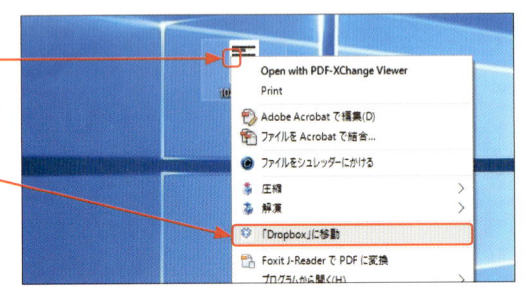

③ Web版Dropboxで、同期したPDFファイルをダブルクリックします。

④ PDFファイルが閲覧できます。

□をクリックすると次のページを閲覧できます。
⊠をクリックすると全画面で表示できます。

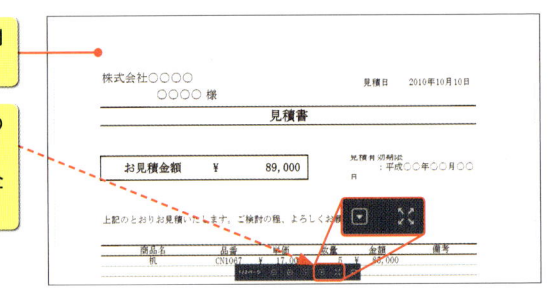

② Officeファイルを閲覧する

① Dropbox に同期したい Office ファイルを右クリックし、

② <「Dropbox」に移動>をクリックします。

③ Web版Dropboxで、同期された Office ファイルをダブルクリックします。

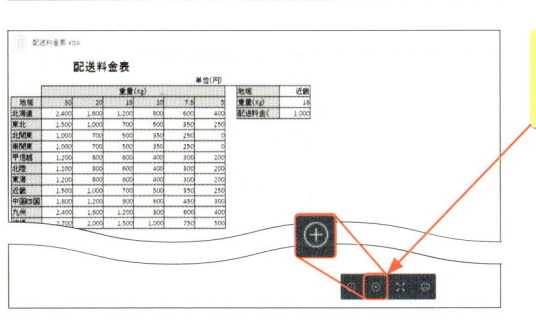

④ Office ファイルを閲覧できます。⊕をクリックします。

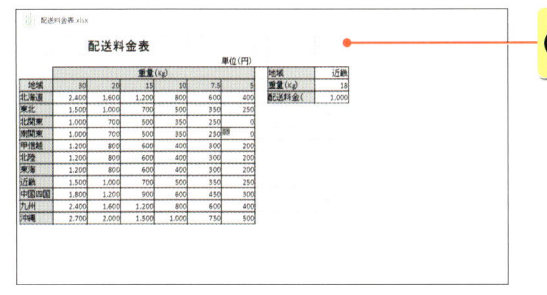

⑤ 表示内容が拡大されます。

第2章 Dropboxの活用

Dropbox

69

Section 029

Officeファイルを編集する

Dropboxは、「Microsoft Office Online」と連携しており、同期したファイルをWebブラウザ上で編集することができます。ここではExcelファイルを例に、ファイルの編集方法を紹介します。

1 Officeファイルを編集する

1. P.69を参考に、Dropboxに同期したOfficeファイル（ここではExcelファイル）を表示します。

2. 画面右上の「開く」の横にある ▼ をクリックします。

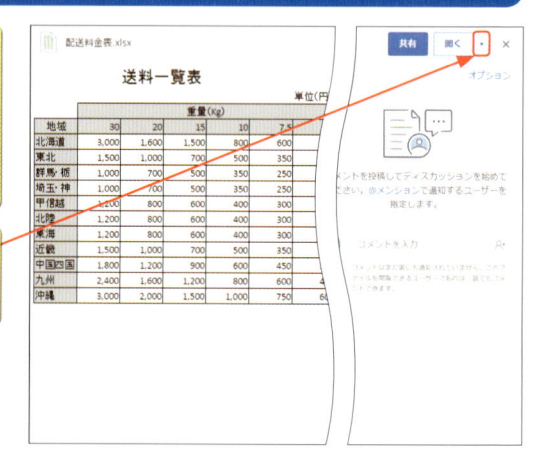

3. <Microsoft Excel Online>をクリックします。

Memo 旧形式のOfficeファイルは編集できない

Web版Dropboxで編集できるMicrosoft Office Onlineのファイル形式はOffice 2007以降の「.xlsx」、「.docx」、「.pptx」です。旧形式の「.xls」、「.doc」、「.ppt」は編集できません。

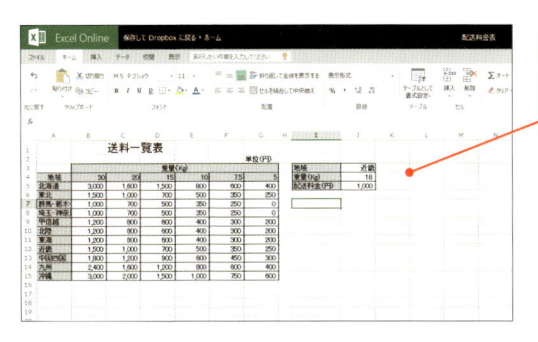

④ Officeファイルが Microsoft Office Onlineで開かれます。

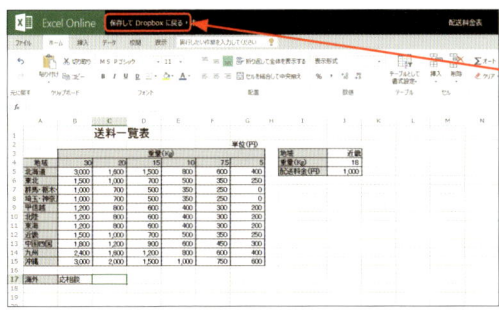

⑤ ファイルを編集したら、＜保存してDropboxに戻る＞をクリックします。

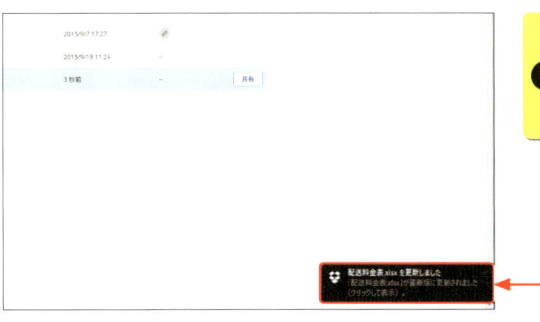

⑥ ファイルが更新され、「(ファイル名)を更新しました」と表示されます。

Memo

Officeアプリで編集する

P.70手順❸で＜Excel（デスクトップ）で開く＞をクリックすると、パソコンにインストールされているOfficeアプリでファイルが表示され、編集することができます。

第2章 Dropboxの活用

Dropbox

71

Dropbox 第2章 Dropboxの活用

Section 030 カタログやプレゼン資料を管理する

DropboxにWebページを保存すれば、カタログとしてあとから見返すことができます。また、Officeファイルを同期しておけば、外出先でプレゼン資料として利用することもできます。

1 カタログを作成する

1. P.39を参考に、あらかじめカタログとして利用するフォルダを作成しておきます。

2. Google Chromeでカタログに取り込みたいレストランのWebページを表示します。

3. URLバーの左端にある、 をクリックしたまま、

4. Dropboxのタブへドラッグします。

5. 画面がDropboxに切り替わるので、カタログとして利用したいフォルダ（ここでは＜カタログ＞）までドラッグし、指を離すと、WebページのURLがDropboxに保存されます。

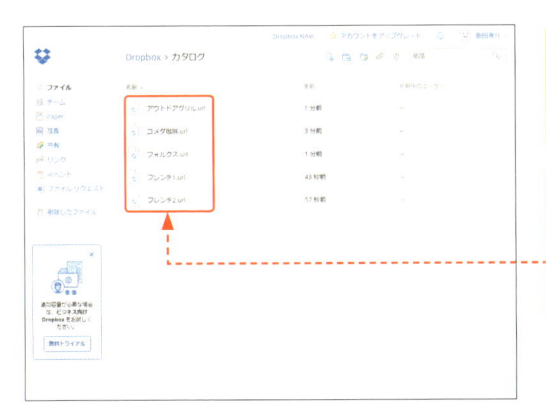

⑥ 同様の手順でページを追加していけば、カタログを作成できます。

ファイルをダブルクリックして＜新しいタブで開く＞をクリックすると、新規タブでサイトが表示されます。

2 プレゼン資料を作成する

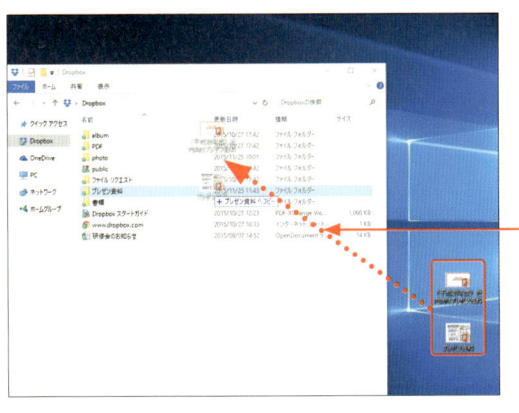

① P.69を参考に、あらかじめプレゼン資料を保存するフォルダ（ここでは「プレゼン資料」）を作成しておきます。

② プレゼンで利用したいPowerPointなどのファイルを、作成したフォルダにドラッグ＆ドロップします。

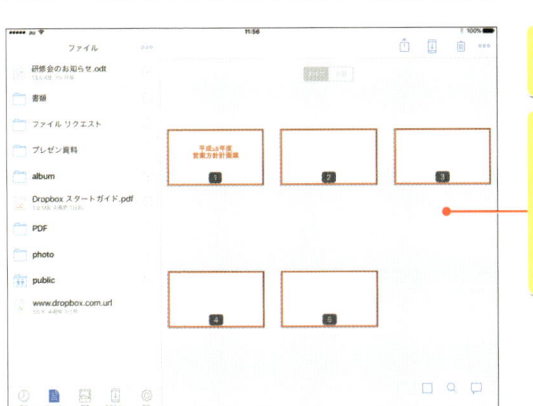

③ ファイルがDropboxに同期されます。

④ タブレットやプロジェクターを利用すれば、DropboxのファイルをプレゼンM資料として活用できます。

第2章 Dropboxの活用

Dropbox

73

Dropbox 第2章 Dropboxの活用

Section 031 テンプレートファイルをDropboxに置く

請求書や見積書など、仕事で頻繁に利用するようなファイルは、テンプレートとしてDropboxに保存しておきましょう。好きなときに取り出して、利用することができます。

1 テンプレートファイルを保存する

① 「Dropbox」フォルダを開き、「テンプレート」フォルダを作成して、

② ダブルクリックします。

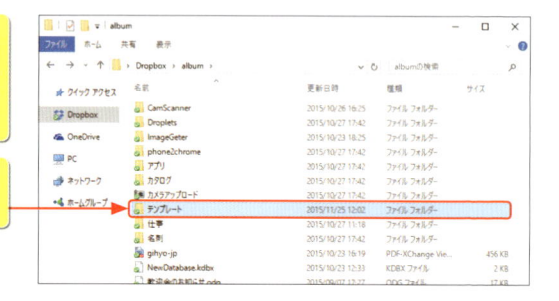

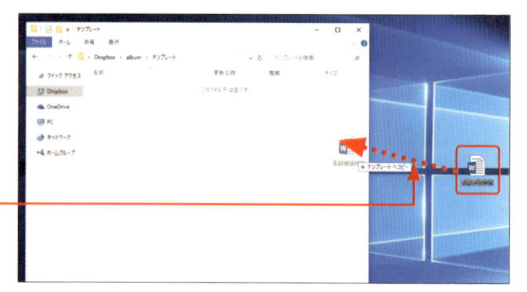

③ 使用頻度の高いテンプレートファイルを「テンプレート」フォルダにドラッグ＆ドロップすると、

④ 指定のフォルダにテンプレートが保存されます。

2 保存したテンプレートファイルを使用する

1 Web版Dropboxで「テンプレート」フォルダをダブルクリックします。

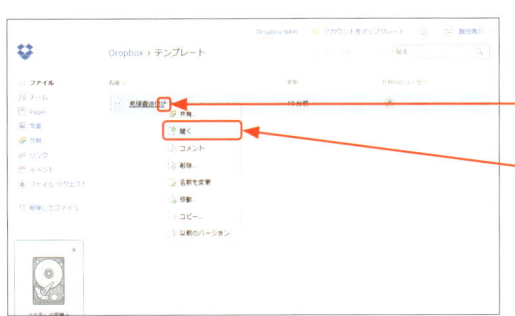

2 ダウンロードしたいテンプレートのファイルを右クリックし、

3 <開く>をクリックします。

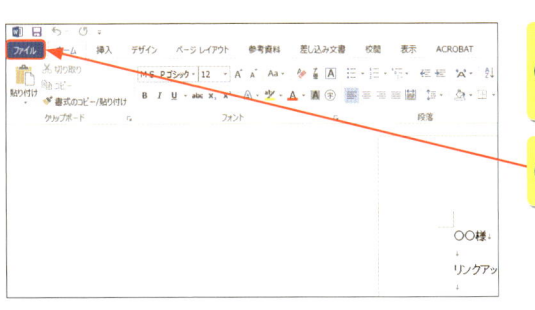

4 対応アプリが起動し、ファイルの内容が表示されます。

5 <ファイル>をクリックします。

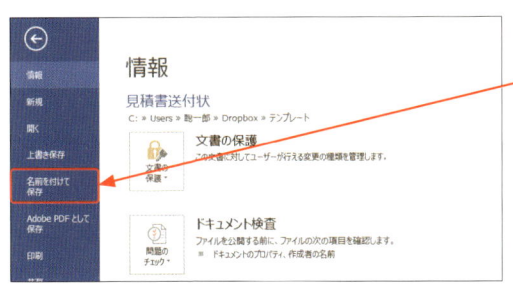

6 <名前を付けて保存>をクリックして、任意の場所に保存します。

第 2 章 Dropboxの活用

75

Dropbox 第2章 Dropboxの活用

Section 032 ビジネス文書のバックアップとして利用する

Dropboxに保存したファイルは編集して上書きできますが、編集する前の状態に戻すこともできます。誤って上書き保存してしまった場合は、この方法でファイルを復元しましょう。

1 誤って上書きしたファイルを取り戻す

① Web版Dropboxでもとに戻したいファイルを右クリックして、

② <以前のバージョン>をクリックします。

③ 復元したいバージョンの ◎ をクリックし、

④ <復元>をクリックします。

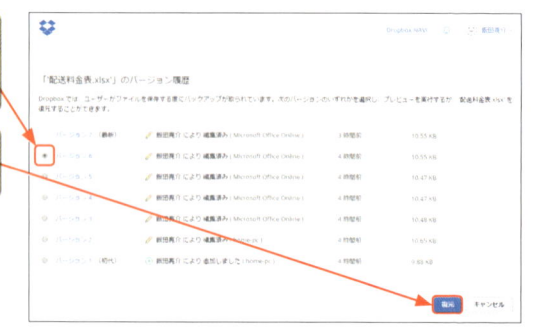

⑤ ファイルが復元されました。

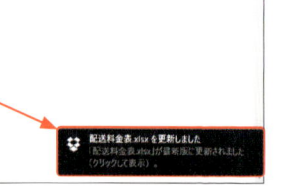

Dropbox 第2章 Dropboxの活用

Section 033 ファイルにコメントを付ける

Dropboxに保存したファイルは、共有相手に向けたコメントを付けて、コミュニケーションを行うことができます。ここでは、ファイルにコメントを付ける方法を紹介します。

1 コメント機能を利用する

① Dropboxでファイルを開き、画面右側の<コメントを入力>をクリックします。

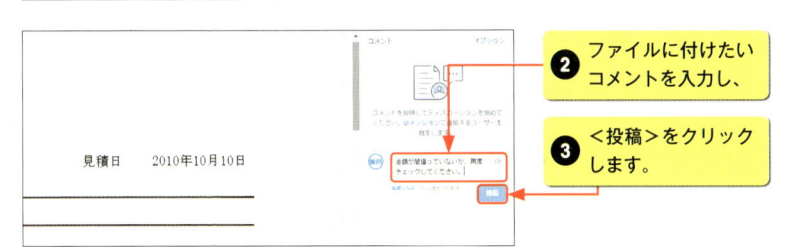

② ファイルに付けたいコメントを入力し、

③ <投稿>をクリックします。

④ ファイルにコメントが付きました。

Memo 共有相手がいないファイルにコメントを付ける

共有フォルダに入っていないファイルにもコメントを投稿できます。ファイルにメモしておきたいことなどがある場合、コメント機能を活用するとよいでしょう。

Dropbox 第2章 Dropboxの活用

Section 034
大容量のファイルをDropbox経由で送信する

Dropboxのリンク共有機能を利用すれば、大容量のファイルを送信することができます。相手がDropboxを利用していない場合でも、ファイルを送信することができます。

1 公開機能を使って大容量ファイルを送信する

① Web版Dropboxで送信したいファイルを右クリックし、

② <共有>をクリックします。

③ 送信する相手のメールアドレスを入力し、

④ メッセージを入力して、

⑤ <送信>をクリックします。

⑥ ファイルの送信が完了します。

② 大容量ファイルを受け取る

① 送信した相手にはメールが届くので、メールを表示します。

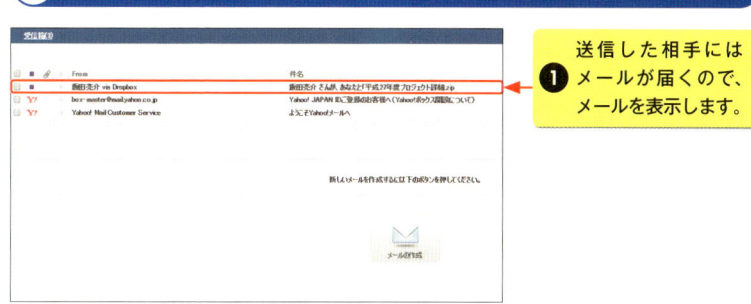

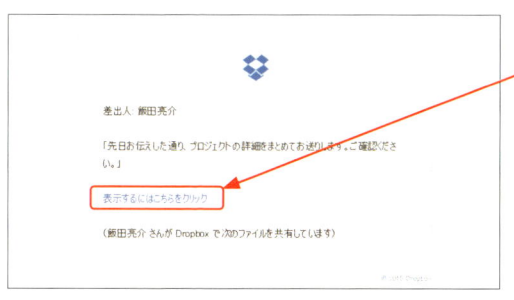

② <表示するにはこちらをクリック>をクリックします。

差出人: 飯田亮介

「先日お伝えした通り、プロジェクトの詳細をまとめてお送りします。ご確認ください。」

表示するにはこちらをクリック

(飯田亮介 さんが Dropbox で次のファイルを共有しています)

③ <ダウンロード>をクリックすると、ファイルがダウンロードされます。

平成27年度プロジェクト詳細.zip
12 分前 · 1.15 MB

Memo 受信したファイルをDropboxに保存する

手順③で<Dropboxに保存する>をクリックすると、アカウントを新規作成またはログインして、直接Dropboxに保存することができます。

「平成27年度プロジェク...細.zip」を Dropbox に保存する

アカウントの作成　　またはログイン

Dropbox に登録すると、このファイルは Dropbox に階層に保存され、アカウントにリンクしているすべてのコンピュータにダウンロードされます。

姓

名

第2章 Dropboxの活用

79

Section 035

GmailでDropboxの
ファイルのリンクを添付する

Google Chrome用の拡張機能をインストールすれば、Gmailを作成する際に、Dropboxに保存されているファイルに直接アクセスし、ファイルをメールに添付することができます。

1 Gmail版Dropboxを利用する

> ① Google Chrome で「https://chrome.google.com/webstore/detail/dropbox-for-gmail/dpdmhfocilnekecfjgimjdeckachfbec」にアクセスして、＜CHROMEに追加＞をクリックします。

> ② ＜拡張機能を追加＞をクリックすると、Google Chromeに「Gmail版Dropbox」の拡張機能がインストールされます。

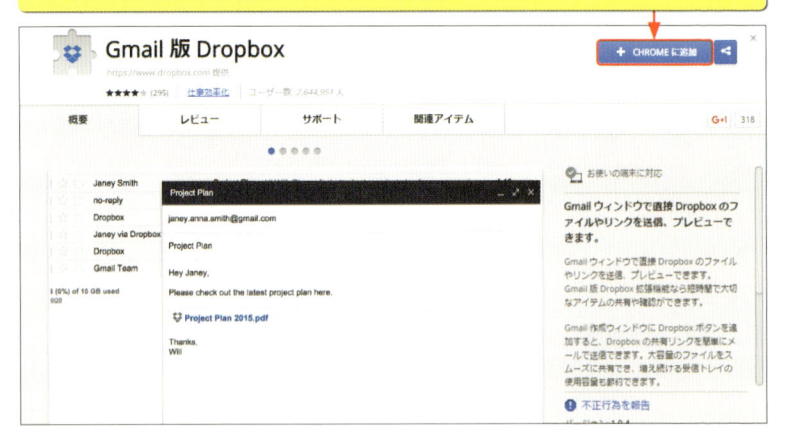

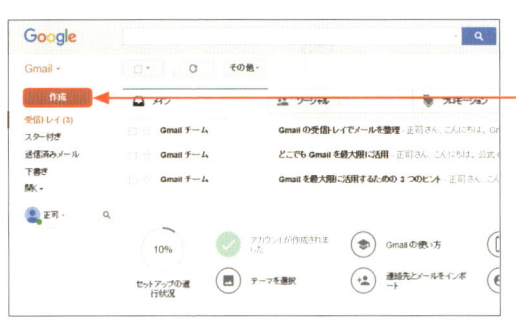

❸ インストールが完了したらGmailを表示して、<作成>をクリックします。

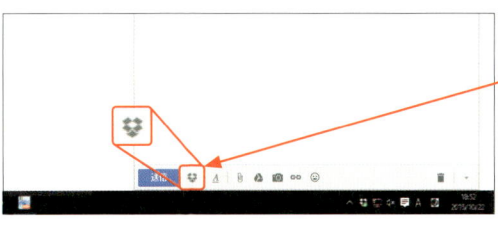

❹ 💧 をクリックします。

❺ Dropboxに保存されているファイルの一覧が表示されます。

❻ メールに添付したいファイルをクリックして選択し、

❼ <リンクを挿入する>をクリックします。

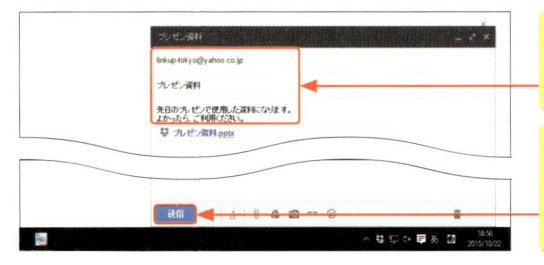

❽ 相手のメールアドレスと件名、本文をそれぞれ入力し、

❾ <送信>をクリックすれば、ファイルのリンクが送信されます。

第2章 Dropboxの活用

Dropbox

81

Dropbox 第2章 Dropboxの活用

Section 036 指定したURLのファイルをDropboxにダウンロードする

「URL Droplet」は、Web上にある画像ファイルや、あとからゆっくり読みたい大きなPDFファイルなどを、直接Dropboxに保存できるWebサービスです。ここでは、指定したURLのファイルの保存方法を紹介します。

1 ダウンロードしたいファイルのURLを入力する

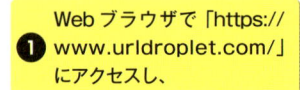

1. Webブラウザで「https://www.urldroplet.com/」にアクセスし、
2. 画面中央の入力欄に、アカウントとして使用したいメールアドレスとパスワードを入力し、
3. <Try it Free！>をクリックします。
4. 手順2で入力したメールアドレスに確認メールが届くので、<Confirm my acount>をクリックし、
5. 「Try It Out」の<Select>をクリックすると、アカウントの作成が完了します。
6. 「Enter your url:」にダウンロードしたいファイルのURLを入力して、
7. <Save>をクリックします。

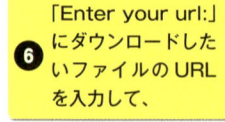

⑧ <許可>をクリックします。

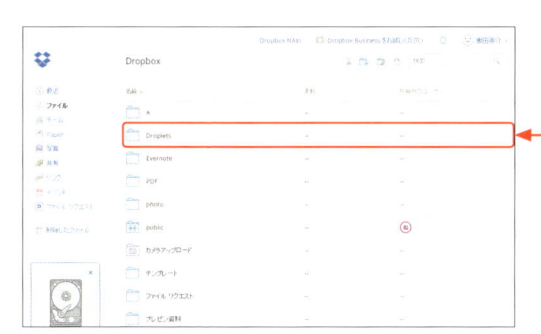

⑨ Web版Dropboxを表示します。

⑩ 「Droplet」フォルダをダブルクリックします。

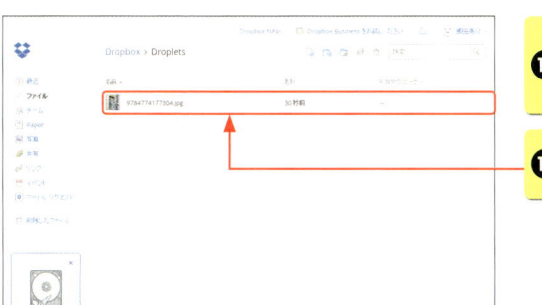

⑪ P.82手順⑥でURLを入力したファイルが保存されています。

⑫ ファイルをダブルクリックします。

⑬ ファイル(ここでは、画像)が表示されます。

Dropbox 第2章 Dropboxの活用

Section 037 メールでDropboxに保存する

「Send To Dropbox」というWebサービスを利用すると、メールに添付したファイルを直接、Dropboxに保存することができます。Webブラウザを使えない環境でもDropboxに保存でき、便利です。

1 Send To Dropboxにアカウントを登録する

① Webブラウザで「https://sendtodropbox.com/」にアクセスし、

② 画面を下方向にスクロールして、

③ < CONNECT TO DROPBOX >をクリックします。

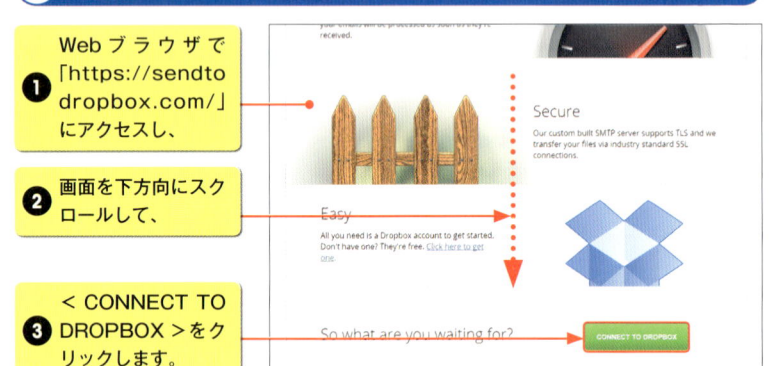

④ <許可>をクリックします。

⑤ メールアドレスが発行されるのでメモしておき、

⑥ < Okay, great! Take me to my settinngs…>をクリックします。

2 メールでDropboxにファイルを保存する

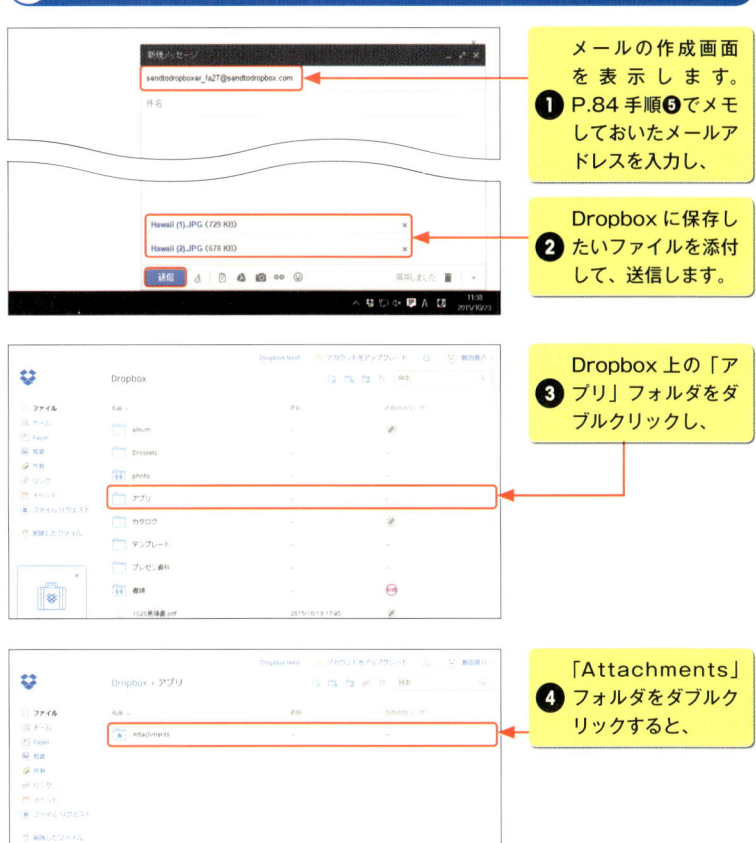

① メールの作成画面を表示します。P.84手順❺でメモしておいたメールアドレスを入力し、

② Dropboxに保存したいファイルを添付して、送信します。

③ Dropbox上の「アプリ」フォルダをダブルクリックし、

④ 「Attachments」フォルダをダブルクリックすると、

⑤ 送信した添付ファイルが確認できます。

第2章 Dropboxの活用

Dropbox

85

Dropbox 第2章 Dropboxの活用

Section 038
Dropbox Automatorでファイルを自動変換する

「Dropbox Automator」というWebサービスを利用すると、Dropboxに保存されたデータを自動変換することができます。なお、保存したファイルをPDFに変換するためには、有料のプレミアム会員になる必要があります。

1 Dropbox Automatorでファイルを自動変換する

① Webブラウザで「http://wappwolf.com/dropboxautomator」にアクセスし、

② < Login / Sign Up >をクリックします。

③ < Connect Dropbox >をクリックします。

④ <許可>をクリックします。

⑤ 自動変換を行うファイルを保存するDropboxのフォルダのラジオボタンをクリックし、

⑥ < Next >をクリックします。

⑦ 実行したい操作（ここでは画像のリサイズ）のラジオボタンをクリックし、

⑧ 任意の画像サイズを選択し、

⑨ < Add Action >をクリックします。

⑩ < finished ? >をクリックします。

⑪ 自動変換の設定が完了します。

手順⑤で選択したDropboxのフォルダにファイルを保存すると、自動的に手順⑦で設定した操作（ここでは画像ファイルをリサイズする）が実行されます。

第2章 Dropboxの活用

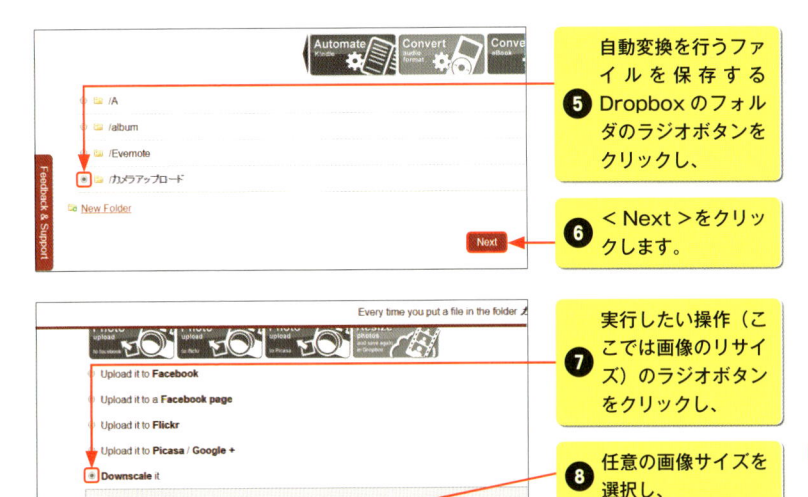

Memo プレミアム会員になる

「Convert it to PDF」（対応したファイルをPDFに変換）という操作は、プレミアム会員のみできる操作です。手順⑤の画面で<Settings >→<Plans >の順にクリックするとプランの選択画面が表示されます。任意の有料プランを選択し、プレミアム会員になる手続きをしましょう。

Dropbox

87

Dropbox 第2章 Dropboxの活用

Section 039

スクリーンショットを Dropboxに自動保存する

キーボードの「PrintScrn」キーを押すと、Dropboxに自動的にスクリーンショットを保存できます。この機能を使用するとかんたんにスクリーンショットをDropboxに保存できるため、有効に活用しましょう。

1 スクリーンショットを自動的に保存する

❶ PrintScrn を押します。

スクリーンショットを瞬時に共有

Dropbox はスクリーンショットを保存します。
CTRL + PRINT SCREEN を使用して スクリーンショットを撮ると、リンクはクリップボードに瞬時にコピーされ、すぐに共有できます。

保存しない / スクリーンショットを Dropbox に保存

❷ ＜スクリーンショットをDropboxに保存＞をクリックします。

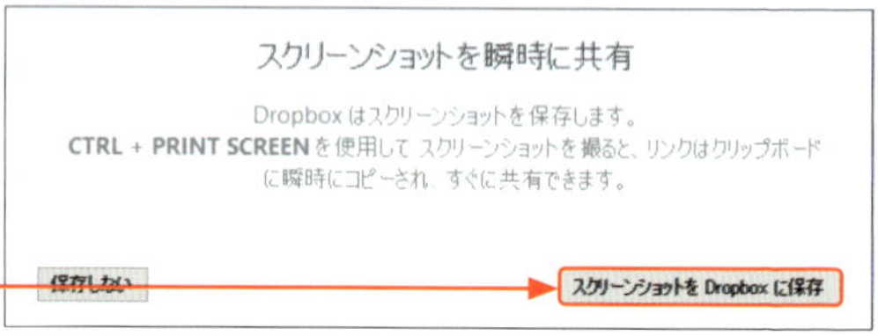

❸ 画面右下に表示される通知をクリックします。

スクリーンショットを追加しました
Dropbox フォルダにスクリーンショットを追加しました。

❹ Dropboxの「スクリーンショット」フォルダが表示され、スクリーンショットが保存されていることが確認できます。

Memo 画面が表示されない場合

「スクリーンショットを瞬時に共有」画面が表示されない場合は、P.102手順❹の画面で＜インポート＞をクリックし、「Dropboxでスクリーンショットを共有」のチェックボックスをクリックしてチェックを付け、＜適用＞をクリックすると、スクリーンショットが保存されるようになります。

スクリーンショット
☐ Dropbox でスクリーンショットを共有

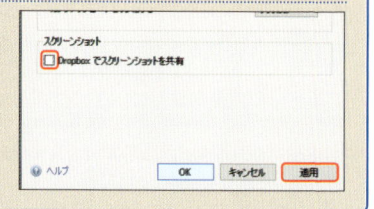

Dropbox 第2章 Dropboxの活用

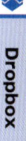

Section 040
WebページをPDFファイルにして保存する

Webページをオフラインでも読みたい場合は、WebページをPDFに変換して、Dropbox上に保存しておくと便利です。ここでは、PDFへの変換に「Web2PDF」を利用し、Dropboxへの保存までを解説します。

1 Web2PDFでWebページをPDF化して保存する

❶ Webブラウザで「http://www.web2pdfconvert.com/」にアクセスし、URL入力欄に変換したいWebサイトのURLを入力し、

❷ <Convert to PDF>をクリックすると、「Creating PDF」という文字が表示され、変換が開始します。

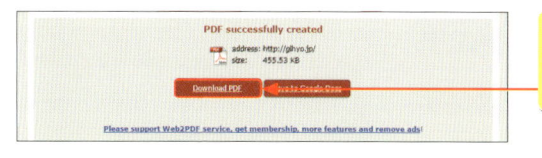

❸ 変換が完了したら<Download PDF>をクリックし、

❹ ダウンロードしたファイルを開くと、Webページが変換されたPDFファイルが表示されます。

❺ 💾をクリックし、

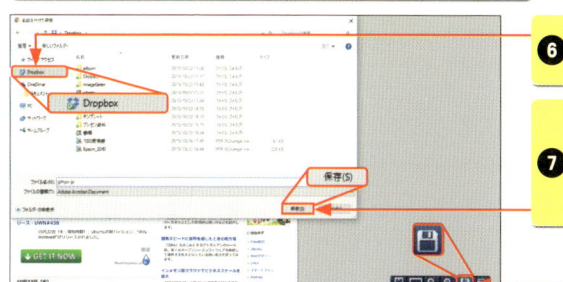

❻ 保存先に<Dropbox>を指定して、

❼ <保存>をクリックすれば、ファイルがDropbox内に保存されます。

Section 041 iPhoneでPDFに注釈をつける

iPhoneで<Adobe Acrobat>アプリをインストールし、Dropboxと連携すると、Dropbox上のPDFファイルを<Adobe Acrobat>アプリで開けます。閲覧だけでなく、PDFに注釈をつけることも可能になります。

2 Dropboxと<Adobe Acrobat>アプリを連携させる

1. Sec.023を参考に<Adobe Acrobat>アプリをインストールし、ホーム画面に追加されたAdobe Acrobatのアイコンをタップします。

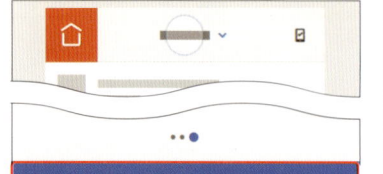

2. 画面を左方向に3回スワイプし、<続行>をタップします。

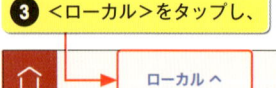

3. <ローカル>をタップし、

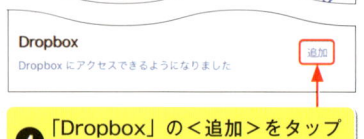

4. 「Dropbox」の<追加>をタップします。

5. 確認画面が表示されるので、<開く>をタップし、

6. <許可>をタップします。

7. 確認画面が表示されるので、<開く>をタップし、

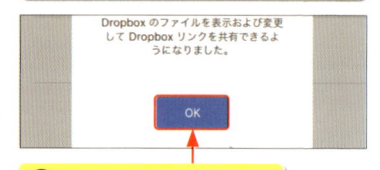

8. <OK>をタップします。

9. 連携が完了し、<Adobe Acrobat>アプリにDropbox上のフォルダやファイルがダウンロードされます。

② PDFに注釈をつける

① P.90 手順❾の画面で注釈をつけたい PDF ファイルが保存されているフォルダをタップし、

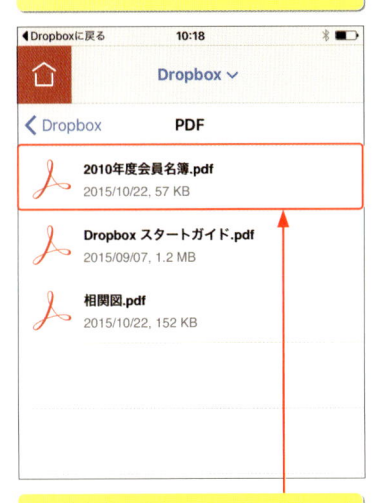

② 注釈をつけたいファイルをタップします。

③ ⍟をタップします。

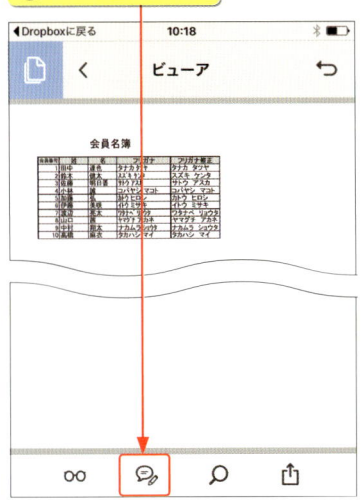

④ 任意の注釈機能（Memo 参照）をタップしてPDFに注釈を付けます。

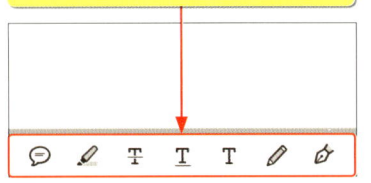

「作成者」画面が表示された場合は、作成者名を入力し、＜保存＞をタップしましょう。

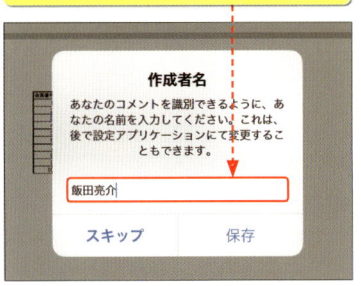

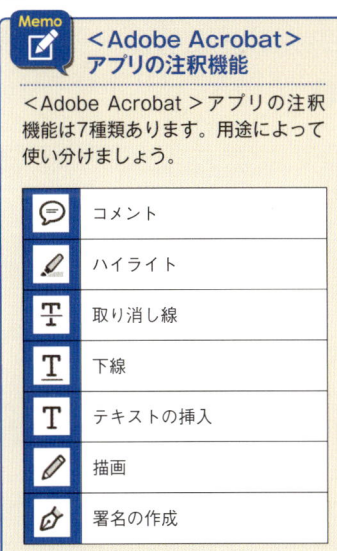

作成者名

あなたのコメントを識別できるように、あなたの名前を入力してください。これは、後で設定アプリケーションにて変更することもできます。

飯田亮介

スキップ　保存

Memo ＜Adobe Acrobat＞アプリの注釈機能

＜Adobe Acrobat＞アプリの注釈機能は7種類あります。用途によって使い分けましょう。

⍟	コメント
✎	ハイライト
T̶	取り消し線
T̲	下線
T	テキストの挿入
✏	描画
✍	署名の作成

第2章　Dropboxの活用

Dropbox

Dropbox 第2章 Dropboxの活用

Section 042
スマートフォンでOfficeファイルを編集する

Dropboxに保存したOfficeファイルをスマートフォンで開いて編集し、保存することができます。あらかじめOfficeファイルに対応したMicrosoft Officeのアプリをスマートフォンにインストールしておきましょう（P.276Memo参照）。

1 AndroidスマートフォンでOfficeファイルを編集する

❶ P.62 を参考に Android 版 Dropbox を表示します。

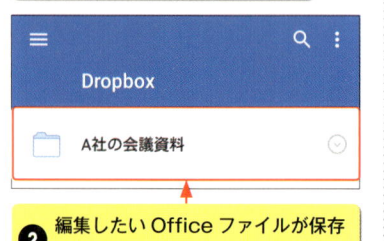

❷ 編集したい Office ファイルが保存されているフォルダをタップし、

❸ 任意の Office ファイルをタップします。

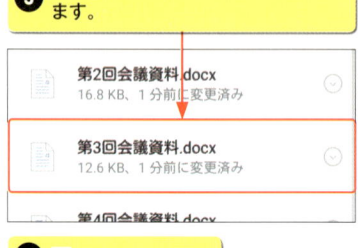

❹ ☑ をタップします。

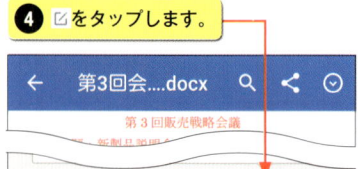

❺ ここでは＜ Word ＞をタップし、

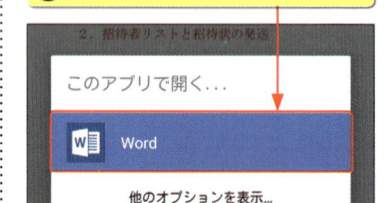

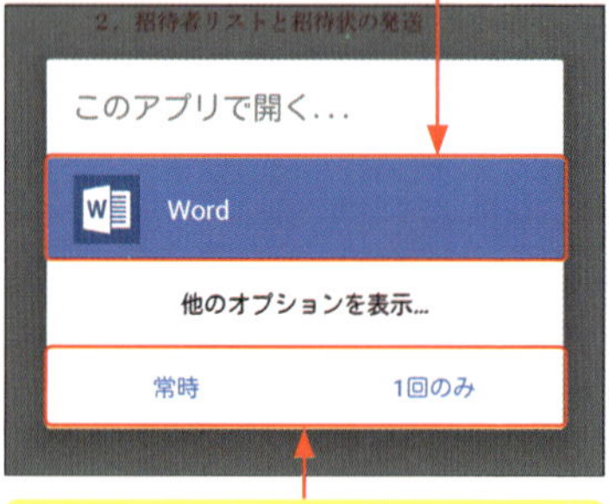

❻ ＜常時＞もしくは＜ 1 回のみ＞をタップします。

❼ ＜ Word ＞アプリでファイルが表示され、Office ファイルの編集ができます。

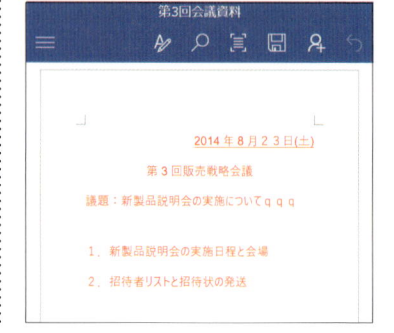

2 iPhoneでOfficeファイルを編集する

1 P.63 手順❶〜❷を参考に iPhone 版 Dropbox の「ファイル」画面を表示します。

2 編集したい Office ファイルが保存されているフォルダをタップし、

> 　くファイル　A社の会議資料
> 　第1回会議資料.docx
> 　12.6 KB, 54分前
> 　第2回会議資料.docx
> 　16.8 KB, 54分前
> 　第3回会議資料.docx
> 　12.6 KB, 54分前
> 　第4回会議資料.docx
> 　12.4 KB, 54分前

3 任意の Office ファイルをタップします。

4 ☑ をタップし、

> く戻る　第3回会議資料.docx
> 　2014年8月23日(土)
> 　第3回販売戦略会議

5 ここでは< Microsoft Word >をタップします。

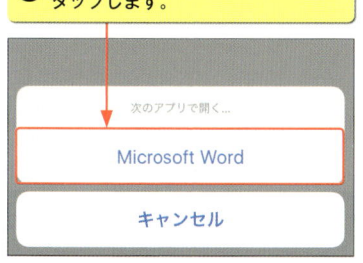

> 次のアプリで開く...
> Microsoft Word
> キャンセル

6 <開く>をタップし、

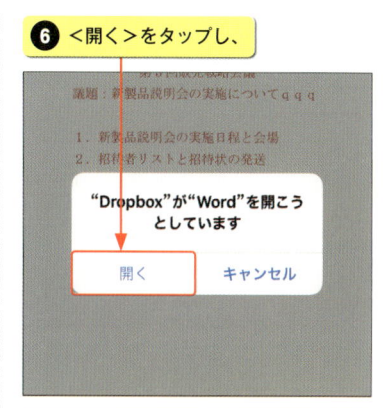

> 議題：新製品説明会の実施についてqqq
> 1．新製品説明会の実施日程と会場
> 2．招待者リストと招待状の発送
>
> "Dropbox"が"Word"を開こうとしています
> 開く　　キャンセル

7 次の画面でも<開く>をタップします。

8 <許可>をタップします。

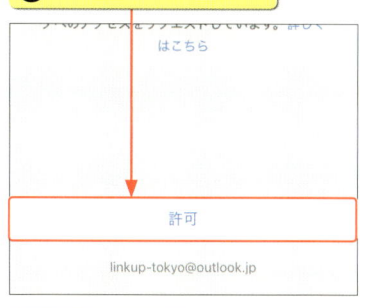

> 許可
> linkup-tokyo@outlook.jp

9 < Word >アプリでファイルが表示され、Office ファイルの編集ができます。

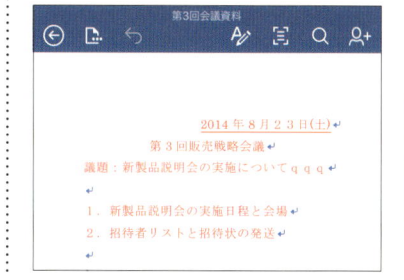

> 第3回会議資料
> 2014年8月23日(土)
> 第3回販売戦略会議
> 議題：新製品説明会の実施についてqqq
> 1．新製品説明会の実施日程と会場
> 2．招待者リストと招待状の発送

第2章　Dropboxの活用

Dropbox

Dropbox > 第2章 Dropboxの活用

Section 043
Androidスマートフォンの SDカードとDropboxを同期する

＜Titanium Media Sync＞アプリを利用すると、AndroidスマートフォンのSDカード内のフォルダをDropboxに同期することができます。手動でのファイルバックアップ操作が不要になり、便利です。

1 Androidスマートフォン内のフォルダをDropboxに同期する

あらかじめ、Play ストアから＜Titanium Media Sync＞アプリをダウンロードしておきます。

❶ ＜Titanium Media Sync＞アプリを起動して、■をタップし、

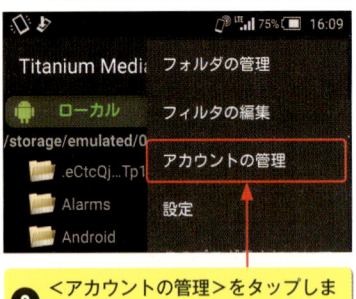

❷ ＜アカウントの管理＞をタップします。

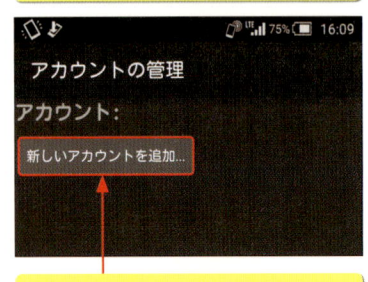

❸ ＜新しいアカウントを追加＞をタップして、

❹ ＜Dropbox＞をタップします。

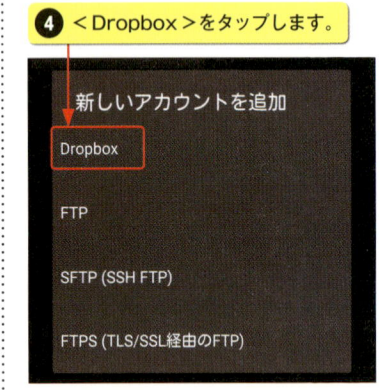

❺ ＜クリックでアカウント設定＞をタップし、

❻ <親しみやすい名前>をタップして任意の名前を入力し、

Dropboxにログイン

どろっぷ

Dropboxのログイン情報を入力して下さい。あなたのパスワードは保存されませんが、Dropboxアカウントへのアクセストークンが作成されます。

| ログイン | 新規登録 | 削除 |

❼ <ログイン>をタップします。

❽ <許可>をタップすれば、設定が完了します。

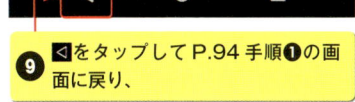

ています。詳しくはこちら

許可
linkup-tokyo@outlook.jp

別のアカウントを使用

❾ ◁をタップしてP.94手順❶の画面に戻り、

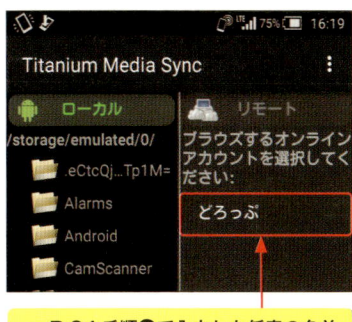

Titanium Media Sync

ローカル / リモート
/storage/emulated/0/
ブラウズするオンラインアカウントを選択してください:

- .eCtcQj...Tp1M=
- Alarms
- Android   どろっぷ
- CamScanner

❿ P.94手順❻で入力した任意の名前をタップします。

2分割された画面の、左にAndroidスマートフォンのSDカード内のフォルダが、右にDropboxのフォルダが表示されます。

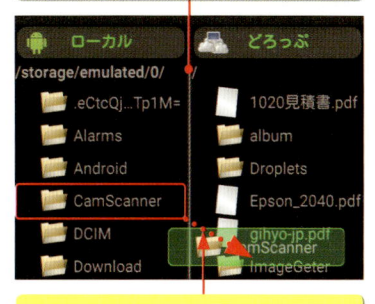

ローカル / どろっぷ
/storage/emulated/0/ /
- .eCtcQj...Tp1M=   1020見積書.pdf
- Alarms   album
- Android   Droplets
- CamScanner   Epson_2040.pdf
- DCIM   gihyo-jp.pdf
- Download   mScanner / ImageGeter

⓫ Dropboxに移動したいAndroidスマートフォンのフォルダを、右側にあるDropboxのフォルダへドラッグします。

⓬ 同期の方法(ここでは<ローカルからどろっぷ(連続同期)>)をタップして選択します。

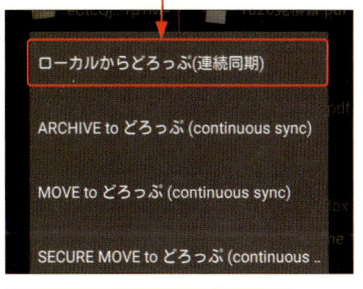

ローカルからどろっぷ(連続同期)

ARCHIVE to どろっぷ (continuous sync)

MOVE to どろっぷ (continuous sync)

SECURE MOVE to どろっぷ (continuous ..

⓭ フォルダが同期されました。

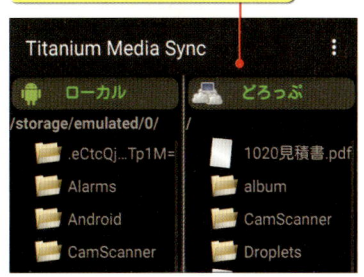

Titanium Media Sync

ローカル / どろっぷ
/storage/emulated/0/ /
- .eCtcQj...Tp1M=   1020見積書.pdf
- Alarms   album
- Android   CamScanner
- CamScanner   Droplets

第2章 Dropboxの活用

Dropbox

Section 044 Dropbox連携アプリを使う

ここでは、スマートフォンで利用できる、Dropboxに対応した便利なアプリを紹介します。いずれも、iPhone版、Androidスマートフォン版の両方が提供されています。

1 おすすめ連携アプリ

● Sidebooks

価格：無料
提供：Tatsumi-System Co., Ltd.

　本をめくるような感覚で、サクサクと閲覧できるビューアアプリです。本棚とDropboxが直接リンクしており、Dropboxをよく利用する人にはおすすめのアプリです。

● NoteLedge（iPhone版はNoteLedge Cloud）

価格：無料
提供：Kdan Mobile Software LTD

　手書き入力のほか、音声なども挿入できるノート作成アプリです。ちょっとしたメモからスケジュール管理まで、さまざまなノートを作成でき、PDFファイルでDropboxへの保存もできます。

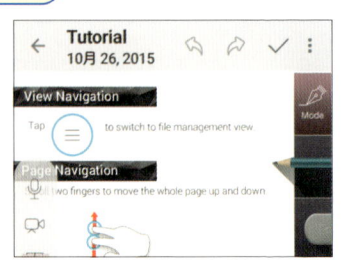

● JSバックアップ

価格：無料
提供：Jorte Inc.

　タップひとつでスマートフォンのデータをバックアップできます。作成したバックアップはDropboxに保存可能です。

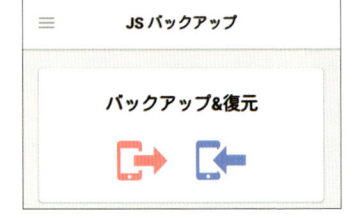

Dropbox 編

第 3 章

Dropboxの便利技

Dropbox 第3章 Dropboxの便利技

Section 045 Dropboxのフォルダにファイルをアップロードしてもらう

「ファイルリクエスト」機能を利用すれば、Dropboxのアカウントを持っていない人でもファイルをアップロードしてもらえるように、リクエストメールを送信することができます。

1 ファイルリクエストを使用する

❶ Web版Dropboxで、<ファイルリクエスト>をクリックします。

❷ <ファイルをリクエスト>をクリックします。

❸ リクエストするファイルやフォルダのタイトルを入力し、

❹ <次へ>をクリックします。

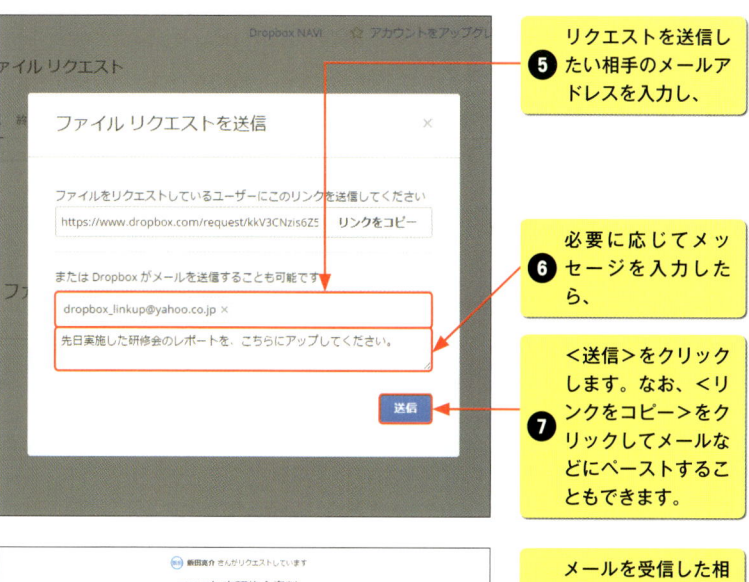

	❺ リクエストを送信したい相手のメールアドレスを入力し、
	❻ 必要に応じてメッセージを入力したら、
	❼ <送信>をクリックします。なお、<リンクをコピー>をクリックしてメールなどにペーストすることもできます。
	❽ メールを受信した相手は、メールを表示して<ファイルをアップロードする>→<ファイルを選択>の順にクリックします。
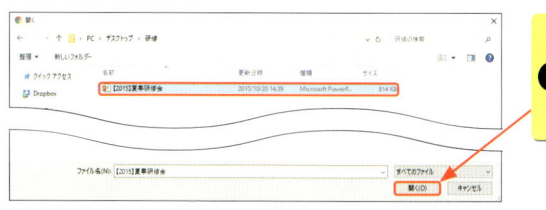	❾ アップロードするファイルを選択して<開く>をクリックします。
	❿ 名前とメールアドレスを入力し、
	⓫ <アップロード>をクリックすると、P.98 手順❸で作成したフォルダに、ファイルがアップロードされます。

第3章 Dropboxの便利技

Dropbox

99

Dropbox 第3章 Dropboxの便利技

Section 046 削除してしまった文書を復元する

Dropboxにはバックアップ機能が備わっているため、削除したファイルやフォルダを、あとから復元することができます。なお、復元はWeb版Dropboxから行います。

1 削除したファイルやフォルダを表示する

① Web版Dropboxで、以前に削除したファイルが保存されていたフォルダを表示し、

② 🗑をクリックします。

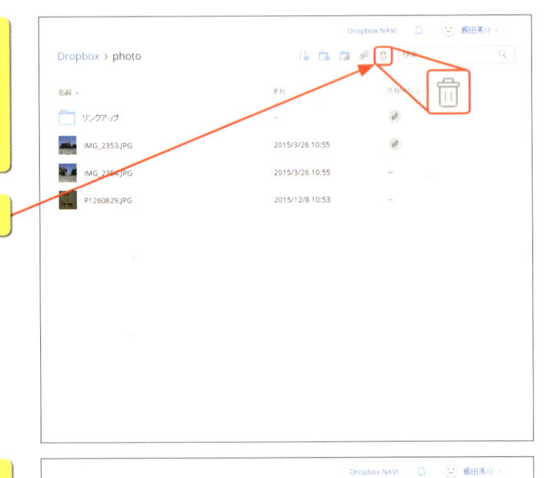

③ 削除したファイルは、ファイル名がグレーになって表示されます。

2 削除したファイルやフォルダを復元する

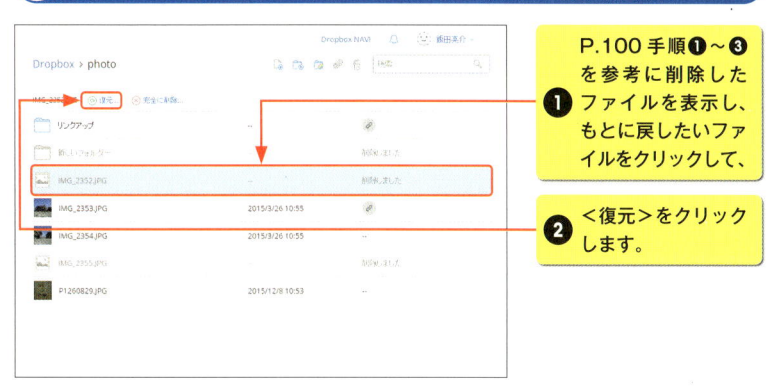

① P.100 手順①〜③ を参考に削除したファイルを表示し、もとに戻したいファイルをクリックして、

② <復元>をクリックします。

③ <復元>をクリックすると、

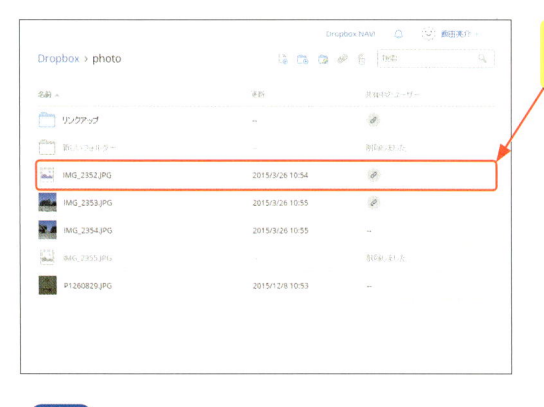

ファイルを復元しますか?

「IMG_2352.JPG」の最新バージョンが復元されます。

別のバージョンを見る   復元 キャンセル

④ ファイルが復元されます。

Memo 復元できる期限は?

削除した日から30日間は保存されているので、30日以内であれば復元することが可能です。削除した日から30日以上が経過してしまうと、復元できなくなってしまうので注意しましょう。

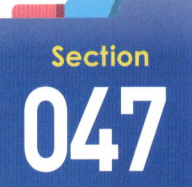

Section 047 同期しないフォルダを設定する

Dropbox　第3章　Dropboxの便利技

パソコンの「Dropbox」フォルダ上の特定のフォルダを、Dropboxと同期しないように設定することができます。Dropboxやパソコンのハードディスクの残り容量が少なくなったときなどに便利です。

1 同期しないフォルダを設定する

① タスクトレイの🗘をクリックし、

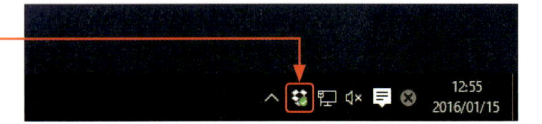

② ⚙をクリックし、

③ <基本設定>をクリックします。

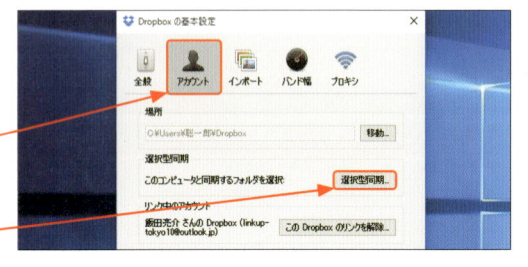

「Dropboxの基本設定」画面が表示されます。

④ <アカウント>をクリックして、

⑤ <選択型同期>をクリックします。

⑥ 同期させたくないフォルダのチェックボックスをクリックしてチェックを外し、

⑦ <更新>をクリックし、<OK>→<OK>の順にクリックします。

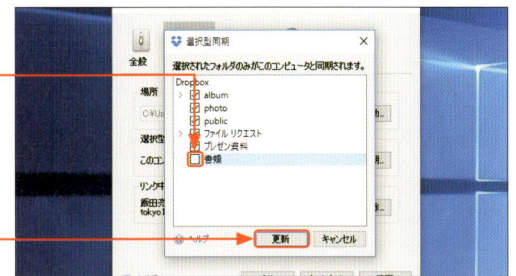

Dropbox 第3章 Dropboxの便利技

Section 048 同期フォルダ以外のフォルダを同期する

Dropboxでは通常、パソコンの「Dropbox」フォルダ上のファイルが同期されます。しかし、「Dropbox Folder Sync」というアプリを利用すれば、それ以外の場所にあるフォルダも同期させることができます。

1 Dropbox Folder Syncを使う

事前に Web ブラウザで「http://satyadeepk.in/dropbox-folder-sync/」にアクセスし、「Dropbox Folder Sync」をダウンロードしてインストールし、「Dropbox」フォルダとの連携設定を行います。

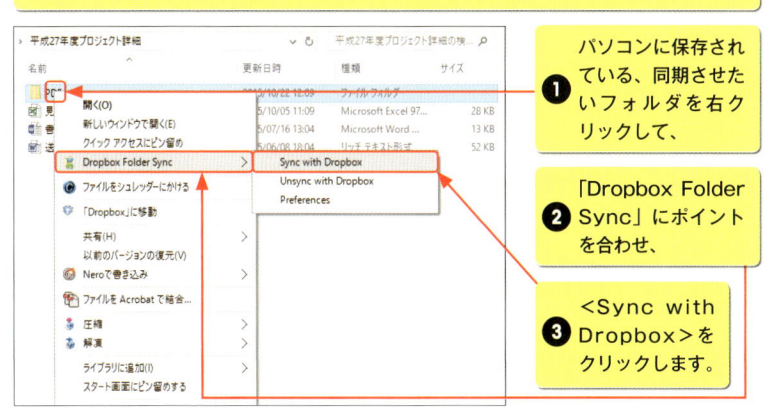

❶ パソコンに保存されている、同期させたいフォルダを右クリックして、

❷ 「Dropbox Folder Sync」にポイントを合わせ、

❸ <Sync with Dropbox>をクリックします。

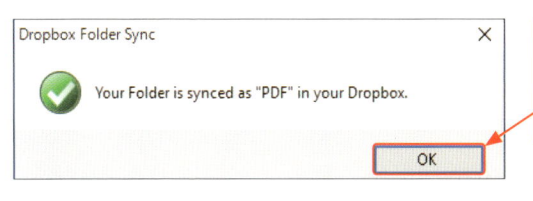

❹ <OK>をクリックすると、Dropboxと同期されるようになります。

Memo 同期の解除

設定した同期を解除するには、手順❸の画面で<Unsync with Dropbox>をクリックします。

Dropbox 第3章 Dropboxの便利技

Section 049 無料で容量を増やす

Dropboxでは、ユーザーに「7つの課題」が用意されており、7つのうち5つを完了すると、使用容量250MB増加のボーナスを得ることができます。また、友人を招待することでさらに500MBの追加容量を得られます。

1 Dropboxの7つの課題を確認する

❶ Web版Dropboxで、＜スタートガイド＞をクリックします。

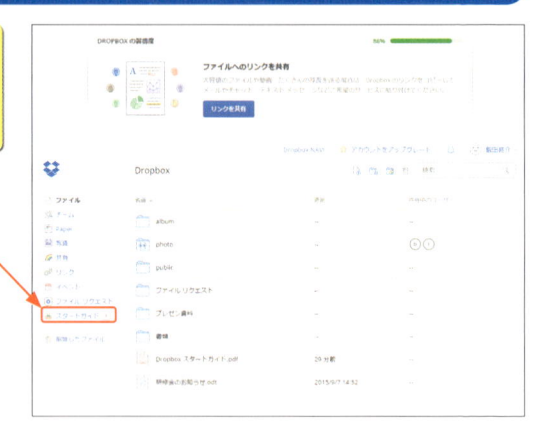

❷ 7つの課題が表示されます。

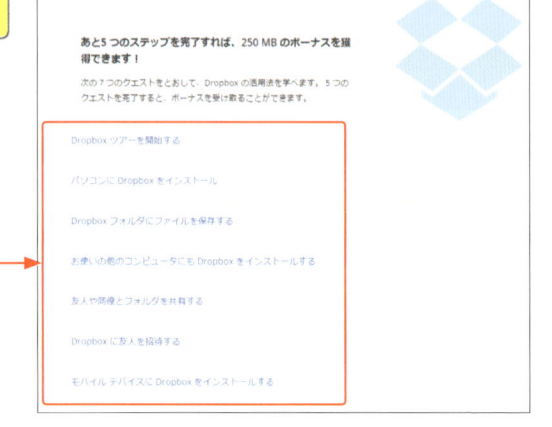

あと5つのステップを完了すれば、250 MB のボーナスを獲得できます！

次の7つのクエストをとおして、Dropbox の活用法を学べます。5つのクエストを完了すると、ボーナスを受け取ることができます。

❶ Dropbox ツアーを開始する
❷ パソコンに Dropbox をインストール
❸ Dropbox フォルダにファイルを保存する
❹ お使いの他のコンピュータにも Dropbox をインストールする
❺ 友人や同僚とフォルダを共有する
❻ Dropbox に友人を招待する
❼ モバイル デバイスに Dropbox をインストールする

❶Dropboxツアーを開始する	Dropboxの基本がわかる動画を見ることができます。見終わると完了となります。
❷パソコンにDropboxをインストール	Dropboxアプリをダウンロードして、パソコンにインストールすると完了となります。
❸Dropboxフォルダにファイルを保存する	Dropboxにファイルを保存すると完了となります。
❹お使いの他のコンピュータにもDropboxをインストールする	ひとつのアカウントで、複数のパソコンにDropboxをインストールすると完了となります。
❺友人や同僚とフォルダを共有する	Dropboxの共有フォルダを利用すると、完了となります。
❻Dropboxに友人を招待する	メールなどで友人をDropboxに招待します。招待された人がDropboxに登録・インストールするたびに、あなたと友人がそれぞれ500MBの追加容量をもらえます（Memo参照）。
❼モバイルデバイスにDropboxをインストールする	Android、iPhone、iPad、BlackBerry、Kindle FireのいずれかにDropboxアプリをインストールすると、完了となります。

Memo 友人を招待する

Dropboxでは、友人をDropboxに招待することで、500MBの追加容量を得ることができます。画面右上のユーザー名をクリックし、＜設定＞→＜アカウント＞の順にクリックして、＜友達を招待＞をクリックします。招待する相手のメールアドレスを入力して、＜送信＞をクリックすると、相手にメールが送信されます。招待した相手がメールを開いて＜招待を承認する＞をクリックし、Dropboxのアカウントを作成してパソコンにDropboxをインストールすれば、500MBが追加されます。複数の友人を招待することで、最大16GBまで容量を増やすことができます。

Section 050 有料プランを利用する

有料プランのDropbox Proにアップグレードすると、使用できる容量が1TBに増えるなど、さまざまなメリットがあります。ここでは、Dropbox Proへのアップグレード方法を紹介します。

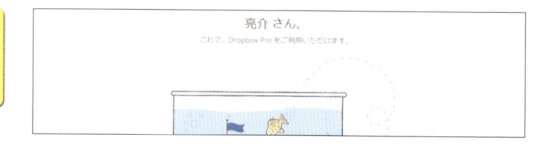

1 Dropbox Proにアップグレードする

① Web版Dropboxで＜アカウントをアップグレード＞をクリックし、

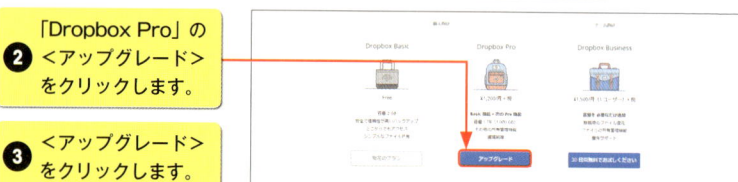

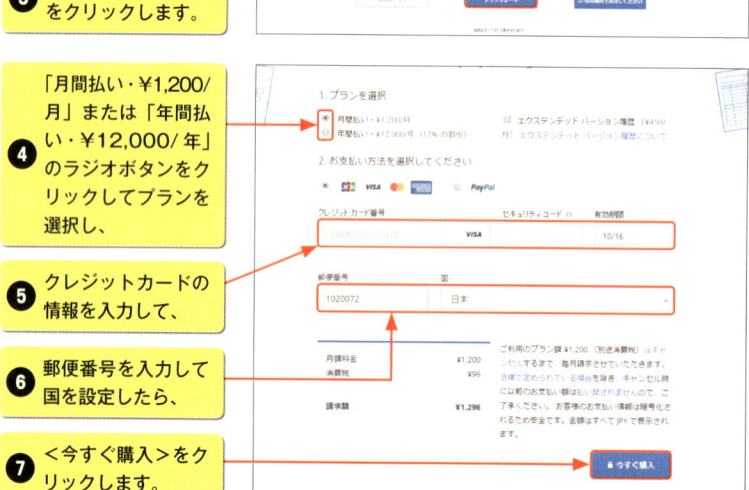

② 「Dropbox Pro」の＜アップグレード＞をクリックします。

③ ＜アップグレード＞をクリックします。

④ 「月間払い・¥1,200/月」または「年間払い・¥12,000/年」のラジオボタンをクリックしてプランを選択し、

⑤ クレジットカードの情報を入力して、

⑥ 郵便番号を入力して国を設定したら、

⑦ ＜今すぐ購入＞をクリックします。

⑧ Dropbox Proへのアップグレードが完了します。

Section 051 共有期間を設定する

有料のDropbox ProまたはDropbox Businessにアップグレードすれば、共有リンクに有効期限を設定することができます。有効期限の設定は、リンクの共有後でも可能です。

1 共有期間を設定する

① P.78手順①～②を参照してファイルの共有画面を表示します。

② <権限の変更/有効期限の追加>をクリックします。

③ 「このリンクに有効期限を追加しますか?」の「はい」のラジオボタンをクリックします。

④ <30日>をクリックし、

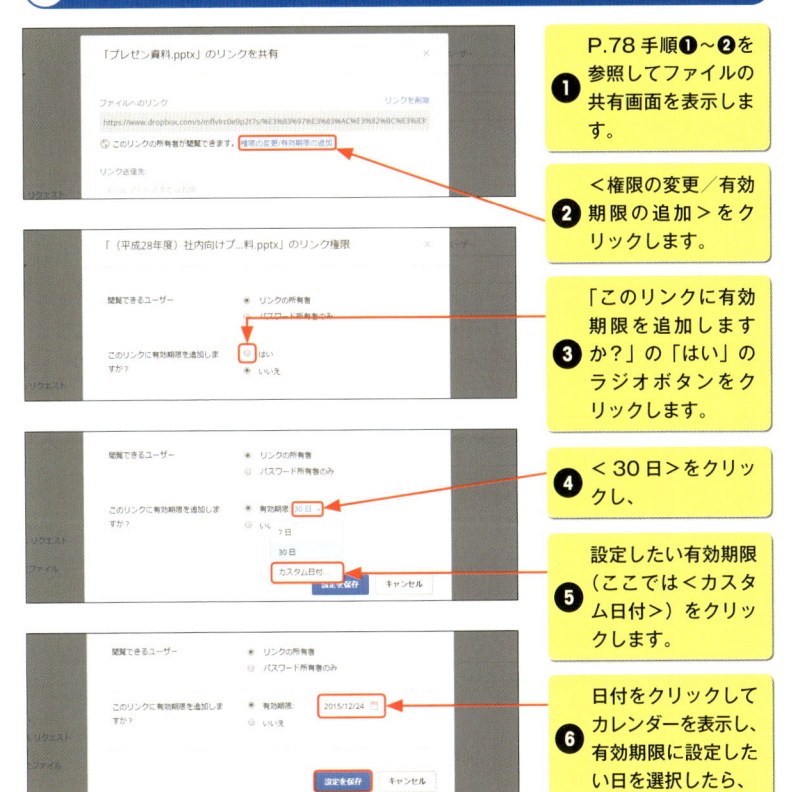

⑤ 設定したい有効期限(ここでは<カスタム日付>)をクリックします。

⑥ 日付をクリックしてカレンダーを表示し、有効期限に設定したい日を選択したら、

⑦ <設定を保存>をクリックすれば共有リンクに有効期限が設定されるので、次の画面で共有相手のメールアドレスを入力して送信しましょう。

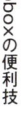

Section 052 共有ファイルを読み取り専用にする

Dropbox ProまたはDropbox Businessでは、共有フォルダのメンバーにファイルの読み取りのみを許可して、ファイルの追加や編集をできないように設定することができます。

1 共有フォルダのメンバーに読み取り専用権限を設定する

1. Web版Dropboxで、＜共有＞をクリックします。

2. 共有フォルダの右側にある＜オプション＞をクリックします。

3. 読み取り専用にしたいユーザーの＜編集可能＞をクリックして、

4. ＜閲覧可能＞をクリックします。

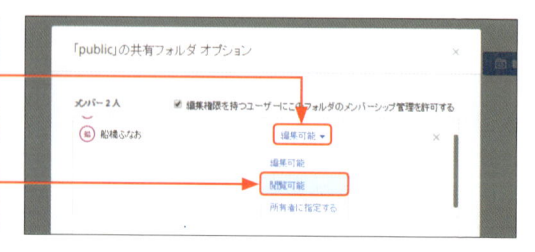

5. 共有ファイルが読み取り専用になりました。

6. ×をクリックして設定を終了します。

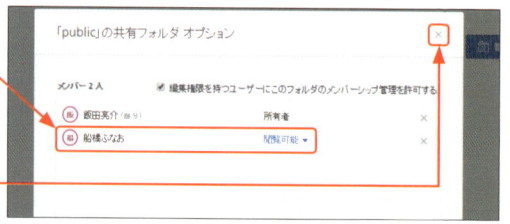

Dropbox > 第3章 > Dropboxの便利技

Section 053
共有ファイルにパスワードをかける

Dropbox ProまたはDropbox Businessでは、共有ファイルにパスワードを設定することができます。共有相手はパスワードを入力しないと、ファイルを開けません。

1 共有ファイルにパスワードを設定する

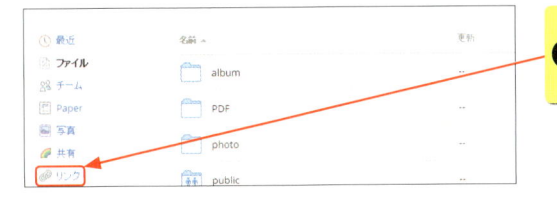

① Web版Dropboxで、<リンク>をクリックします。

② パスワードを設定したいファイルの⋯をクリックします。

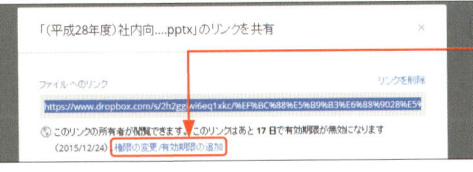

③ <権限の変更/有効期限の追加>をクリックします。

④ 「パスワードの所有者のみ」のラジオボタンをクリックして、

⑤ パスワードを入力し、

⑥ <設定を保存>をクリックすれば、共有ファイルにパスワードが設定されます。

Section 054 デバイスのリンクを解除する

Dropboxでは、アカウントにリンクされているデバイスのリンクを削除することができます。リンクした覚えのないデバイスや、使用していないデバイスは削除しましょう。

1 デバイスのリンクを解除する

① Web版Dropboxで、ユーザー名をクリックして、

② <設定>をクリックします。

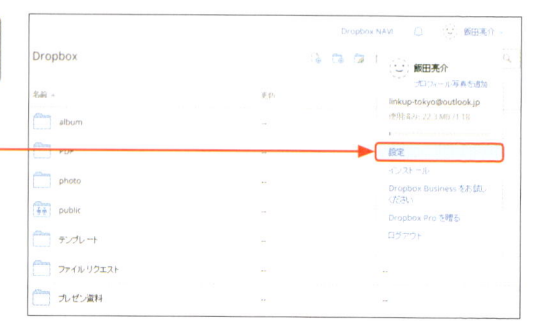

③ <セキュリティ>をクリックします。

④ 画面を下方向にスクロールして「デバイス」欄から、リンクを解除したいデバイス（ここでは「技術一也 の iPhone」）を見つけ、

⑤ 右側にある × をクリックします。

⑥ <リンクを解除>をクリックします。

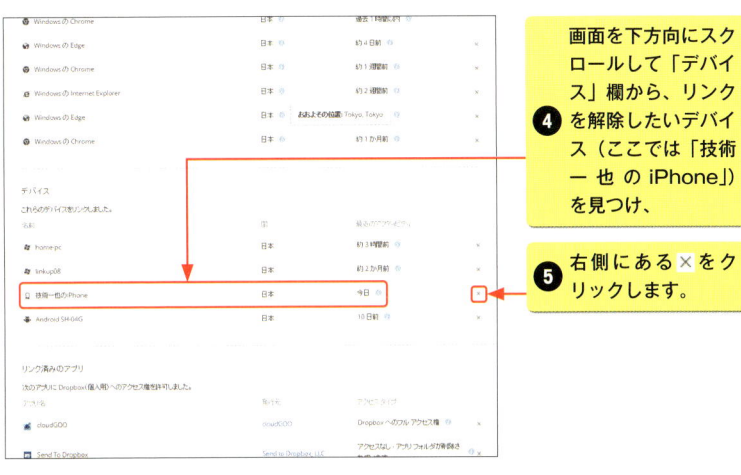

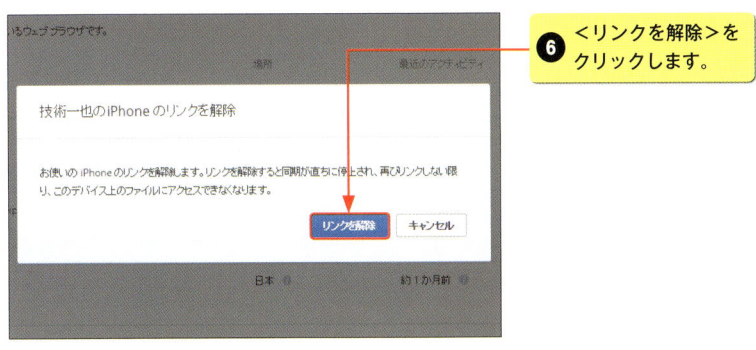

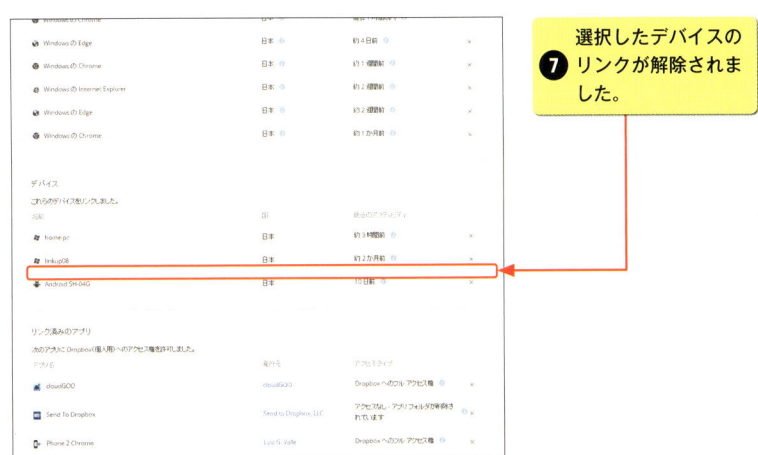

技術一也のiPhone のリンクを解除

お使いの iPhone のリンクを解除します。リンクを解除すると同期が直ちに停止され、再びリンクしない限り、このデバイス上のファイルにアクセスできなくなります。

リンクを解除 キャンセル

⑦ 選択したデバイスのリンクが解除されました。

第 3 章 Dropboxの便利技

Dropbox 第3章 Dropboxの便利技

Section 055 デジカメ写真をDropboxに保存する

デジカメで撮影した写真もDropboxに保存しておきましょう。あとからWeb版Dropboxで表示したときに、オンラインギャラリーとして写真を閲覧することができます。

1 デジカメ写真を手動で保存する

① デジタルカメラをUSBケーブルなどでパソコンにつなぎます。

② 「カメラアップロード」画面が表示されるので、＜キャンセル＞をクリックし、

③ デスクトップ画面左下の ▦ をクリックし、

④ ＜エクスプローラー＞をクリックします。

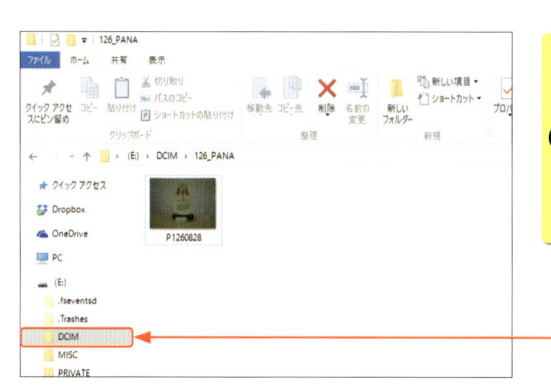

カメラのデータが保存されているフォルダをクリックし、
❺ Dropboxに保存したい画像が保存されているフォルダを表示します。

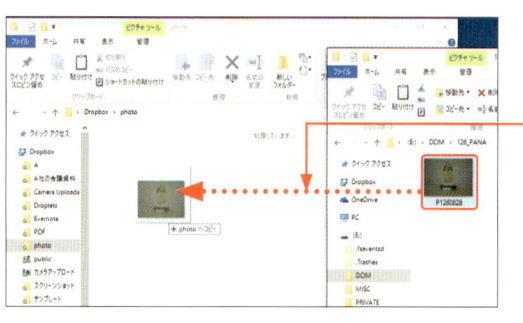

ファイル上の画像が表示されるので、「Dropbox」フォルダの任意のフォルダ
❻ (ここでは「photo」フォルダ)にドラッグ&ドロップします。

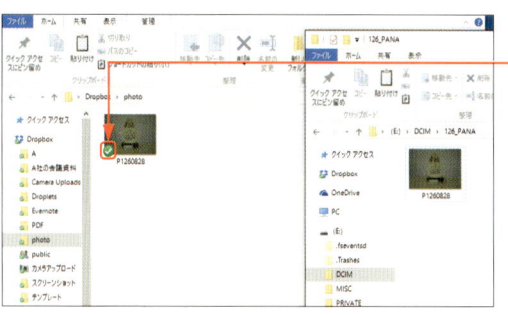

画像が同期されます。
❼ ◎が✓になったら同期完了です。

Web版Dropboxで
❽ ドラッグ&ドロップしたフォルダを表示します。

❾ 画像ファイルが保存されていることが確認できます。

第3章 Dropboxの便利技

Dropbox

113

2 デジカメ写真を自動で保存する

❶ デジタルカメラをUSBケーブルなどでパソコンにつなぎます。

❷ 「カメラアップロード」画面が表示されるので、<インポートを開始>をクリックします。

アイテムを安全に保存

すべての写真や動画は Dropbox に自動的に保存されます。

☐ プラグインしたすべてのデバイスに動画を含めます。

次回から表示しない   インポートを開始   キャンセル

❸ 画面右下に表示されるアラートをクリックします。

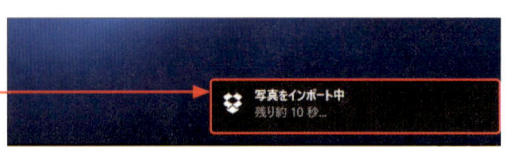

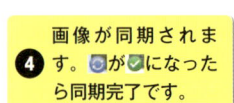

写真をインポート中
残り約 10 秒...

❹ 画像が同期されます。🔄が✅になったら同期完了です。

ピクチャツール Camera Uploads
ファイル ホーム 共有 表示 管理

← → ↑ 📁 > PC > Windows (C:) > ユーザー > linku > Dropbox > Camera Upl

★ クイック アクセス
💧 Dropbox
☁ OneDrive
💻 PC

2015-12-08
10.53.21

❺ Web版Dropboxで「Camera Uploads」フォルダをダブルクリックします。

❻ 画像ファイルが保存されていることが確認できます。

❼ 画像ファイルをダブルクリックします。

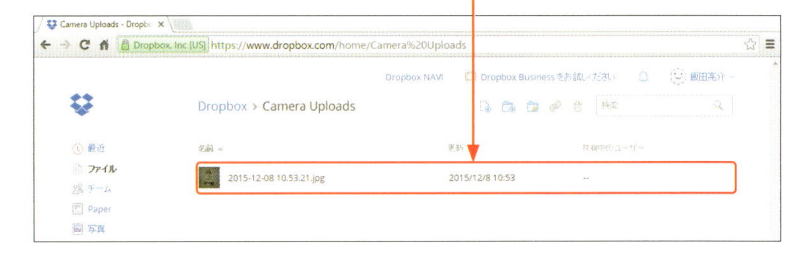

❽ 画像が表示されます。

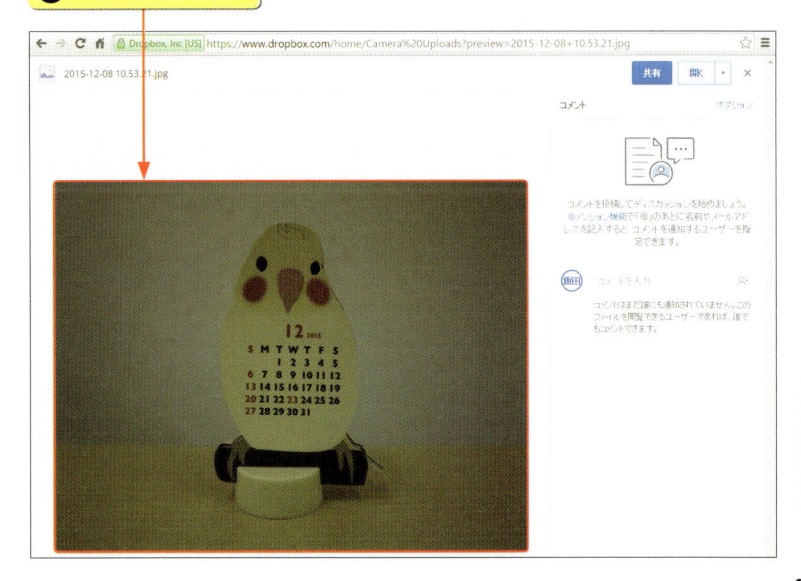

Dropbox 第3章 Dropboxの便利技

Section 056

スマートフォンの写真を Dropboxに自動保存する

スマートフォンでは、撮影した写真を自動的にDropboxに保存する「カメラアップロード」機能が利用できます。写真をアップロードする手間を省けるので、バックアップにも便利です。

1 カメラアップロード機能で写真を自動保存する（Android）

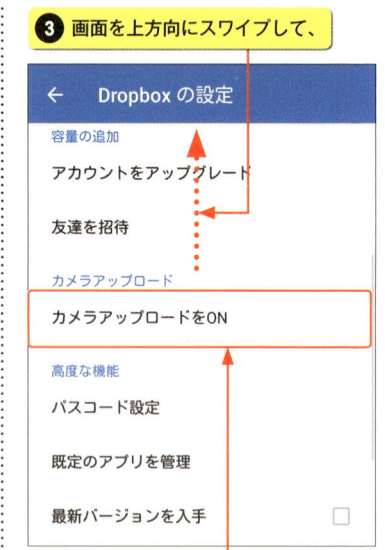

① Androidスマートフォンで＜Dropbox＞アプリを起動し、☰をタップします。

- album
- PDF
- photo
- public

② ⚙をタップし、

飯田亮介
linkup-tokyo@outlook.jp

- ファイル
- 写真
- オフラインファイル

③ 画面を上方向にスワイプして、

← Dropbox の設定

容量の追加
アカウントをアップグレード
友達を招待

カメラアップロード
カメラアップロードをON

高度な機能
パスコード設定
既定のアプリを管理
最新バージョンを入手

④ ＜カメラアップロードを ON ＞をタップします。

Memo カメラアップロードとは？

カメラアップロードとは、スマートフォンでDropboxを起動するだけで、スマートフォンに保存されている写真や動画を自動でDropboxに保存してくれる機能です。

カメラアップロードがオンになります。

← Dropbox の設定

アカウントをアップグレード

友達を招待

カメラアップロード

カメラアップロードをOFF

ファイルを選択
写真のみ

アップロード方法
Wi-Fiのみ

高度な機能

パスコード設定

既定のアプリを管理

❺ <アップロード方法>をタップします。

❻ アップロード方法をタップして選択し(ここでは< Wi-Fi またはデータプラン>)、

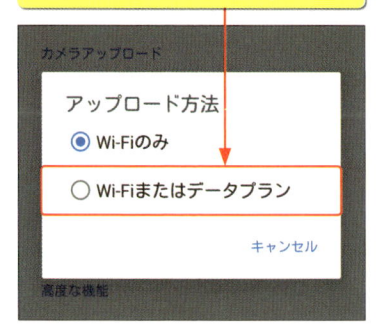

カメラアップロード

アップロード方法

◉ Wi-Fiのみ

○ Wi-Fiまたはデータプラン

キャンセル

高度な機能

< Wi-Fi またはデータプラン>をタップすると、Wi-Fi 接続時だけでなく、モバイルデータ通信接続時にも、ファイルがアップロードされるようになります。

❼ ←をタップしてファイル一覧画面に戻ると、「カメラアップロード」フォルダが作成されているのでタップします。

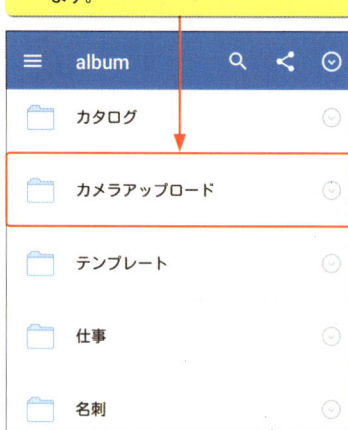

≡	album	Q < ⊙
📁	カタログ	⊙
📁	カメラアップロード	⊙
📁	テンプレート	⊙
📁	仕事	⊙
📁	名刺	⊙

❽ スマートフォンで撮影した写真が保存されていることを確認できます。

≡ カメラアップ… Q < ⊙

2015-12-09 10.00.34.png
901.9 KB、1 分前に変更済み

2015-12-09 10.00.50.png
833.3 KB、53 秒前に変更済み

2015-12-09 10.00.51.png
1.1 MB、52 秒前に変更済み

2015-12-09 10.01.01.png
745.1 KB、42 秒前に変更済み

2015-12-09 10.01.02.png
912.3 KB、41 秒前に変更済み

> **Memo カメラアップロードをオフにする**
>
> カメラアップロードを解除するには、P.116手順❹の画面を表示して、<カメラアップロードをOFF >をタップします。

② カメラアップロード機能で写真を自動保存する(iPhone)

❶ iPhone で＜Dropbox＞アプリを起動し、

最近
Q ファイルを検索

今日
- 第3回会議資料.docx
  13分前に閲覧済み
- 第4回会議資料.docx
  1時間前に追加済み
- 第2回会議資料.docx
  1時間前に追加済み
- 第1回会議資料.docx
  1時間前に追加済み
- 2010年度会員名簿.pdf
  2時間前に編集済み
- 相関図.pdf
  2時間前に閲覧済み

昨日
- 9784774177304.jpg
  17時間前に追加済み

先週
- 写真 2013-11-08 17 11 15.jpg
  5日前に閲覧済み

最近 / ファイル / 写真 / オフライン / 設定

❷ ＜設定＞をタップします。

❸ ＜カメラアップロード＞をタップし、

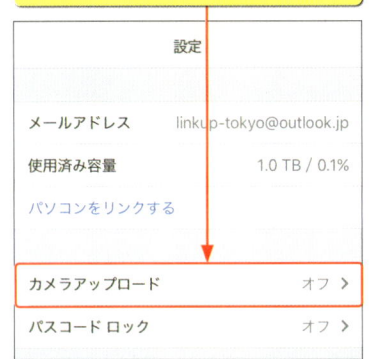

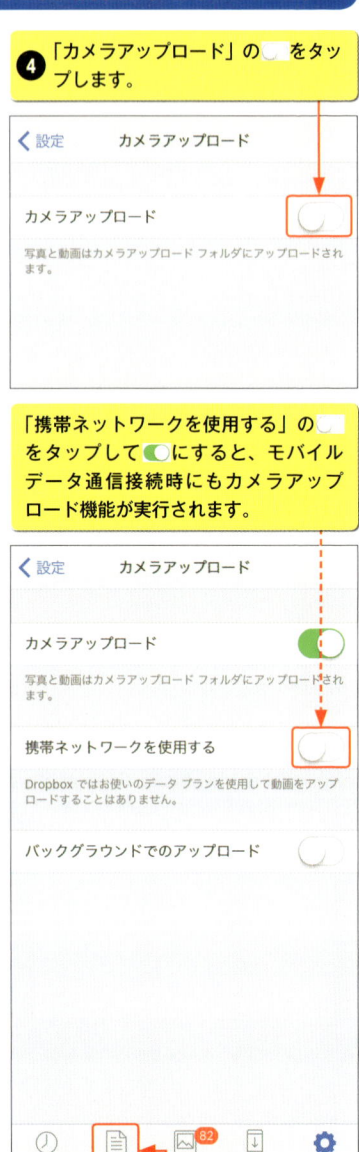

設定
メールアドレス　linkup-tokyo@outlook.jp
使用済み容量　1.0 TB / 0.1%
パソコンをリンクする
カメラアップロード　オフ ＞
パスコード ロック　オフ ＞

❹ 「カメラアップロード」の をタップします。

＜設定　カメラアップロード

カメラアップロード
写真と動画はカメラアップロード フォルダにアップロードされます。

「携帯ネットワークを使用する」の をタップして にすると、モバイルデータ通信接続時にもカメラアップロード機能が実行されます。

＜設定　カメラアップロード

カメラアップロード
写真と動画はカメラアップロード フォルダにアップロードされます。

携帯ネットワークを使用する
Dropbox ではお使いのデータ プランを使用して動画をアップロードすることはありません。

バックグラウンドでのアップロード

❺ ＜ファイル＞をタップします。

第3章　Dropboxの便利技

❻「カメラアップロード」フォルダが作成されているのでタップします。

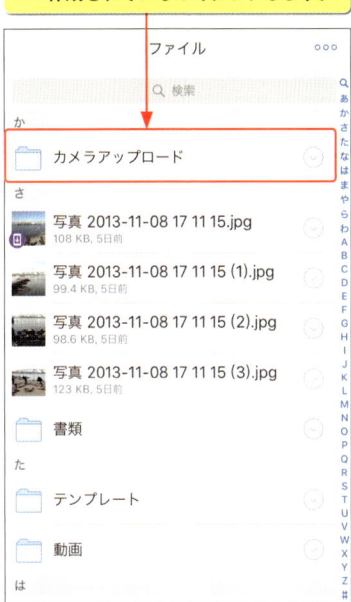

❼ iPhoneで撮影した写真が保存されていることが確認できます。

Memo 「カメラアップロード」フォルダ

「カメラアップロード」フォルダは「カメラアップロードのアップロード」をオンにすると自動で作成されるため、あらかじめ作成する必要はありません。

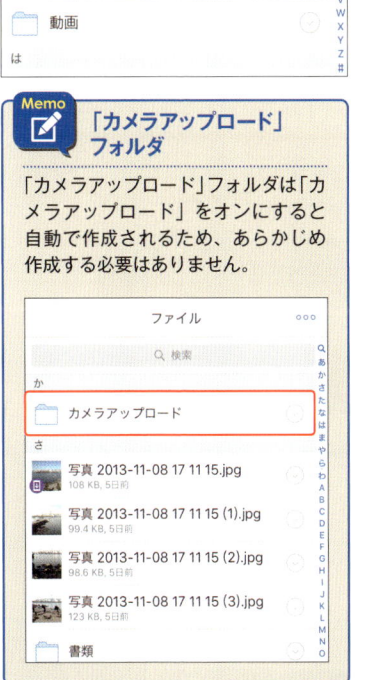

Memo バックグラウンドでのアップロードをオンにする

P.118手順❺の画面で「バックグラウンドでのアップロード」の ◯ をタップし、＜有効＞→＜許可＞の順にタップすると、バックグラウンドでのアップロードをオンにできます。

第3章 Dropboxの便利技

119

Dropbox 第3章 Dropboxの便利技

Section 057 アルバムを作成・閲覧する

Dropboxでは保存した画像ファイルをアルバムとして保存することができます。作成したアルバムはいつでも閲覧することができるので、ジャンルごとにアルバムを作成しておくと便利です。

1 アルバムを作成する

1. Web版Dropboxで、<写真>をクリックして、

2. アルバムにしたい画像ファイルにポイントを合わせ、

3. ◎をクリックしてチェックを付けます。

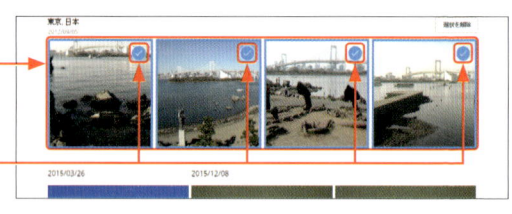

4. 選択した画像ファイルの上で右クリックし、

5. <(選択した画像ファイルの件数)をアルバムに追加>をクリックします。

6. <新しいアルバムを作成>をクリックし、

7. 任意のアルバム名を入力し、

8. <作成>をクリックします。

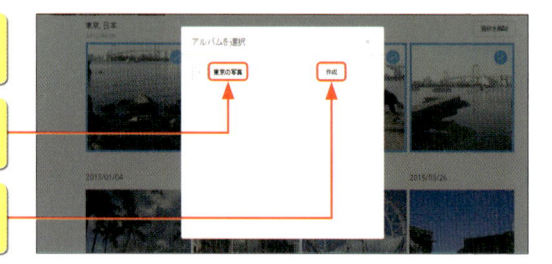

2 アルバムを閲覧する

① Web版Dropboxで、＜写真＞→＜アルバム＞の順にクリックします。

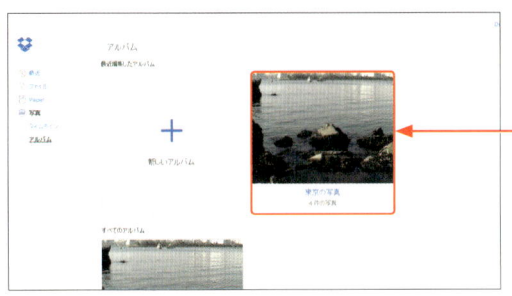

② アルバムの一覧が表示されます。

③ 閲覧したいアルバムをクリックします。

④ アルバムに保存された画像の一覧が表示されます。

⑤ 任意の画像ファイルをクリックします。

⑥ 画像ファイルが拡大表示されます。

＞をクリックすると、次の画像が表示されます。

×をクリックするとアルバムが閉じます。

第3章 Dropboxの便利技

Dropbox

121

Dropbox 第3章 Dropboxの便利技

Section 058 作成したアルバムを公開する

作成したアルバムは共有したユーザーに公開することができます。共有したユーザーはアルバムに保存された画像ファイルの閲覧だけでなく、ダウンロードすることも可能です。

1 アルバムを公開する

1. Web版Dropboxで、<写真>をクリックします。

2. <アルバム>をクリックします。

3. アルバムの一覧が表示されます。

4. 公開したいアルバムをクリックします。

紙面版 電脳会議 一切無料

今が旬の情報を満載してお送りします!

『電脳会議』は、年6回の不定期刊行情報誌です。A4判・16頁オールカラーで、弊社発行の新刊・近刊書籍・雑誌を紹介しています。この『電脳会議』の特徴は、単なる本の紹介だけでなく、著者と編集者が協力し、その本の重点や狙いをわかりやすく説明していることです。現在200号に迫っている、出版界で評判の情報誌です。

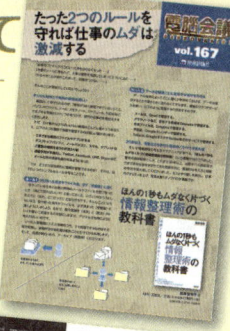

毎号、厳選ブックガイドもついてくる!!

『電脳会議』とは別に、1テーマごとにセレクトした優良図書を紹介するブックカタログ（A4判・4頁オールカラー）が2点同封されます。

電子書籍を読んでみよう！

| 技術評論社　GDP | 検索 |

と検索するか、以下のURLを入力してください。

https://gihyo.jp/dp

1 アカウントを登録後、ログインします。
【外部サービス(Google、Facebook、Yahoo!JAPAN)でもログイン可能】

2 ラインナップは入門書から専門書、趣味書まで1,000点以上！

3 購入したい書籍を 🛒 に入れます。
カート

4 お支払いは「**PayPal**」「**YAHOO!**ウォレット」にて決済します。

5 さあ、電子書籍の読書スタートです！

●**ご利用上のご注意**　当サイトで販売されている電子書籍のご利用にあたっては、以下の点にご留
■**インターネット接続環境**　電子書籍のダウンロードについては、ブロードバンド環境を推奨いたします。
■**閲覧環境**　PDF版については、Adobe ReaderなどのPDFリーダーソフト、EPUB版については、EPU
■**電子書籍の複製**　当サイトで販売されている電子書籍は、購入した個人のご利用のみを目的としてのみ、閲
ご覧いただく人数分をご購入いただきます。
■**改ざん・複製・共有の禁止**　電子書籍の著作権はコンテンツの著作権者にありますので、許可を得な

Software Design WEB+DB PRESS も電子版で読める

電子版定期購読が便利!

くわしくは、
「Gihyo Digital Publishing」
のトップページをご覧ください。

電子書籍をプレゼントしよう!

ihyo Digital Publishing でお買い求めいただける特定の商
と引き替えが可能な、ギフトコードをご購入いただけるようになりました。おすすめの電子書籍や電子雑誌を贈ってみませんか?

こんなシーンで… ●ご入学のお祝いに ●新社会人への贈り物に ……

ギフトコードとは? Gihyo Digital Publishing で販売してい
商品と引き替えできるクーポンコードです。コードと商品は一
一で結びつけられています。

わしい**ご利用方法**は、「**Gihyo Digital Publishing**」をご覧ください。

インストールが必要となります。
行うことができます。法人・学校での一括購入においても、利用者1人につき1アカウントが必要となり、
り譲渡、共有はすべて著作権法および規約違反です。

電脳会議
紙面版
新規送付のお申し込みは…

ウェブ検索またはブラウザへのアドレス入力の
どちらかをご利用ください。
Google や Yahoo! のウェブサイトにある検索ボックスで、

| 電脳会議事務局 | 検 索 |

と検索してください。
または、Internet Explorer などのブラウザで、

https://gihyo.jp/site/inquiry/dennou

と入力してください。

一切無料！

「電脳会議」紙面版の送付は送料含め費用は
一切無料です。
そのため、購読者と電脳会議事務局との間
には、権利&義務関係は一切生じませんので、
予めご了承ください。

技術評論社 電脳会議事務局
〒162-0846 東京都新宿区市谷左内町21-13

❺ アルバムが表示されます。

❻ … をクリックし、

❼ <アルバムを共有>をクリックします。

❽ アルバムの公開用URLが表示されます。

❾ Ctrl+c をクリックしてURLをコピーし、

❿ 公開したいユーザー宛のメールや、自分のブログなどにURLをペーストして公開しましょう。

2 公開用URLを確認する

❶ 手順❽の画面で<リンクにアクセス>をクリックします。

❷ 公開用URLにアクセスされます。

<ダウンロード>をクリックすると、アルバムに保存されている画像ファイルのダウンロードが実行されます。

Memo 公開したい相手がDropboxのユーザーでなくても閲覧できる

公開したい相手がDropboxのユーザーでない場合も、手順❽で表示される公開用URLにアクセスすると、アルバムを閲覧することができます。

Section 059 アルバムの写真をFacebookで共有する

Dropboxに保存したアルバムの写真をFacebookやTwitterで共有することができます。より多くの人にアルバムの写真を公開したい場合に便利な機能です。

1 Dropboxに保存した写真をFacebookで共有する

① Web版Dropboxを開き、<写真>をクリックします。

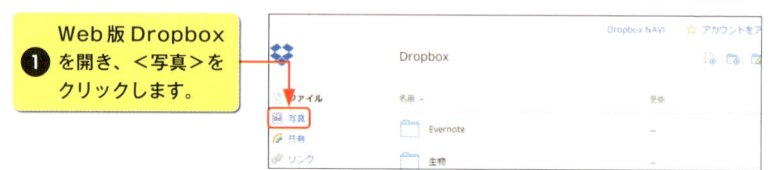

② <アルバム>をクリックし、

③ アップロードしたい画像ファイルが保存されているアルバムをクリックします。

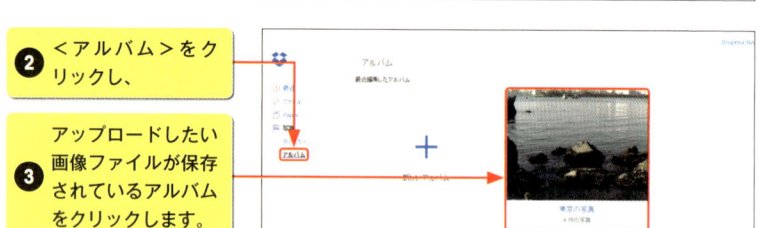

④ <すべて選択>をクリックし、

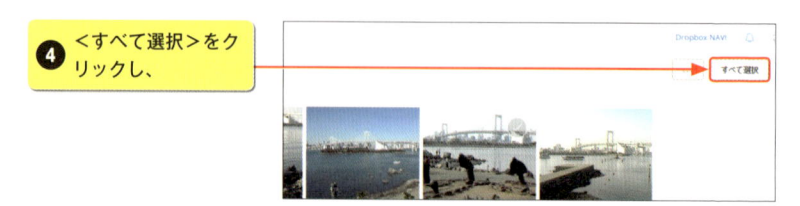

Memo Twitterで共有する

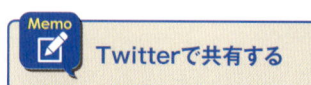

P.125手順⑤の画面で🐦をクリックするとTwitterにアルバムのURLを投稿できる画面が表示されます。Twitterアカウントにログインし、任意の内容を入力して、アルバムのURLをツイートしましょう。

5 [f]をクリックします。

ログイン画面が表示された場合、アップロードしたい Facebook アカウントの情報を入力し、<ログイン>をクリックします。

6 任意の内容を入力し、

7 <Facebook に投稿>をクリックします

8 Web ブラウザで Facebook にログインします。

9 アルバムが共有されていることが確認できます。

第 3 章 Dropboxの便利技

125

Section 060

2段階認証で
セキュリティを強化する

大切なデータを保存している場合は、2段階認証でセキュリティを強化しましょう。2段階認証を有効にすると、ログイン時や新しいデバイスでDropboxを利用する場合に6桁のセキュリティコードの入力が必要になります。

1 2段階認証を有効にする

① Web版Dropboxで、画面右上のユーザー名をクリックし、

② <設定>をクリックします。

③ <セキュリティ>をクリックし、

④ 「2段階認証」の<(クリックして有効にする)>をクリックします。

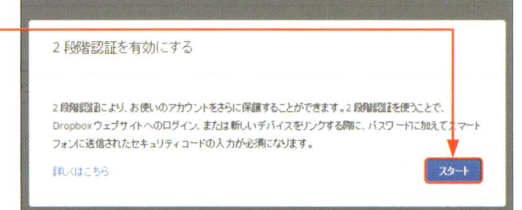

⑤ <スタート>をクリックします。

2段階認証を有効にする

セキュリティを確保するため、次のアカウントのパスワードを入力してください: linkup-tokyo@outlook.jp

❻ Dropboxアカウントのパスワードを入力して、

❼ <次へ>をクリックします。

2段階認証を有効にする

セキュリティコードをどの方法で受信しますか?

- ● テキストメッセージを使用
  セキュリティコードをスマートフォンに送信します。
- ○ モバイルアプリを使用
  セキュリティコードは認証アプリにより生成されます。

詳しくはこちら

❽ セキュリティコードの受信方法を選択します。ここでは「テキストメッセージを使用」のラジオボタンをクリックして、

❾ <次へ>をクリックします。

2段階認証を有効にする

スマートフォンの番号を入力
Dropbox ウェブサイトへログインする際、新しいデバイスをリンクする際には、セキュリティコードをこのスマートフォンに送信します。

日本 +81　07055555555

戻る

❿ セキュリティコードを受信するスマートフォンの電話番号を入力し、

⓫ <次へ>をクリックします。

Memo モバイルアプリを利用する

手順❽で「モバイルアプリを使用」のラジオボタンをクリックし、<次へ>をクリックすると、「Duo Mobile」など時間制限のある固有のセキュリティコードを生成するモバイルアプリを使用して、ログインすることができます。

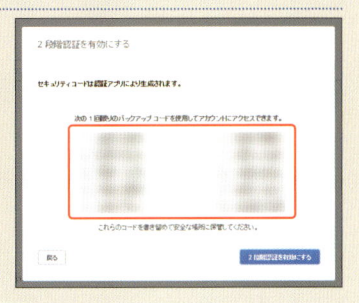

第3章 Dropboxの便利技

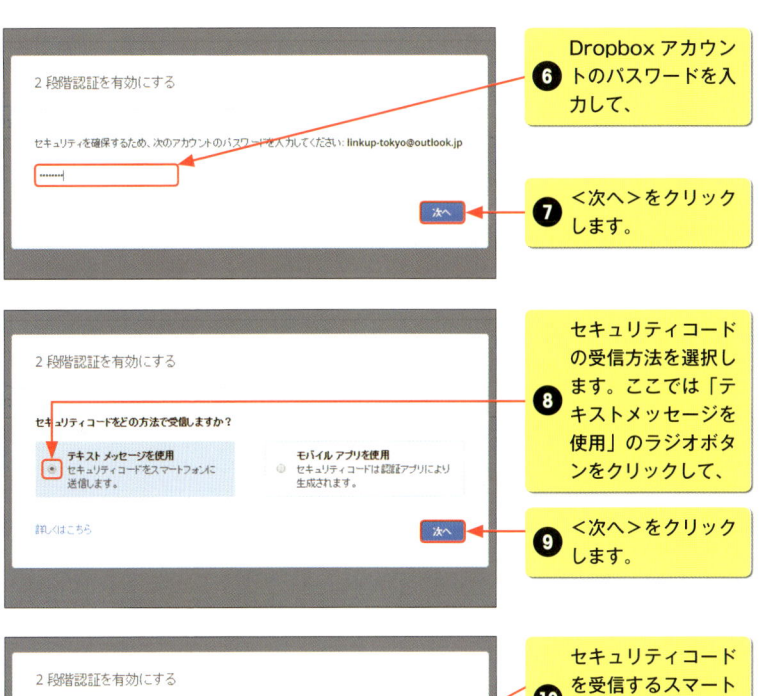

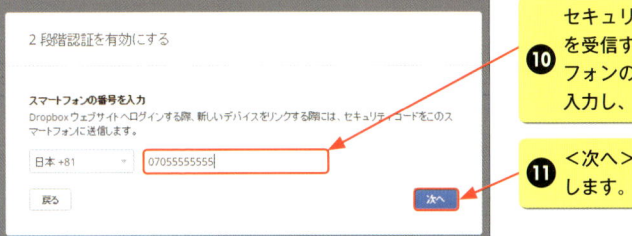

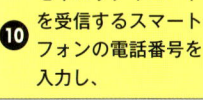

127

⑫ 手順⑩で入力した電話番号にテキストメッセージが送信されるので、確認してメッセージに記載されているセキュリティコードを入力し、

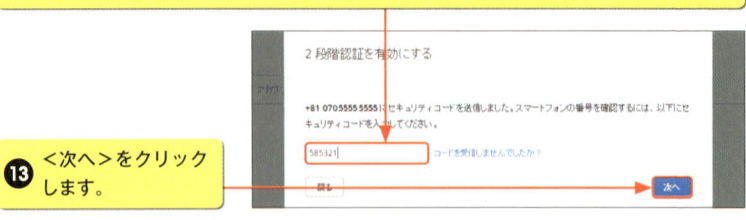

2段階認証を有効にする

+81 07055555555 にセキュリティコードを送信しました。スマートフォンの番号を確認するには、以下にセキュリティコードを入力してください。

585321　コードを受信しませんでしたか？

戻る　　次へ

⑬ <次へ>をクリックします。

⑭ メインのセキュリティコードを受信できない場合などに利用する、予備のスマートフォンの電話番号を設定する場合は入力し、

2段階認証を有効にする

予備の携帯番号（オプション）
メインのセキュリティコードにアクセスできない場合は、予備のスマートフォンにコードを送信いたします。

日本 +81　09099999999

戻る　　次へ

⑮ <次へ>をクリックします。

⑯ バックアップコードが表示されるので、紙に書き留めるなどして、安全な場所に保管しておきましょう。

2段階認証を有効にする

セキュリティコードはテキストメッセージにより送信されます

主要の電話番号　　　　　予備の電話番号
+81 07055555555　　　+81 09099999999

次の1回限りのバックアップコードを使用してアカウントにアクセスできます。

これらのコードを書き留めて安全な場所に保管してください。

戻る　　2段階認証を有効にする

⑰ <2段階認証を有効にする>をクリックし、<完了>をクリックします。

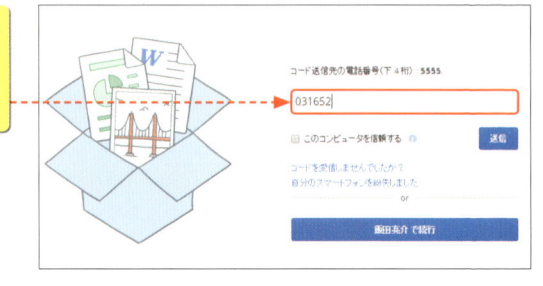

次回からログイン時に、スマートフォンからセキュリティコードの入力が必要になります。

コード送信先の電話番号（下4桁）：5555

031652

☐ このコンピュータを信頼する　　送信

コードを受信しませんでしたか？
自分のスマートフォンを紛失しました
or

藤田亮介 で続行

第3章 Dropboxの便利技

128

Section 061 パスワードを変更する

セキュリティの観点から、Dropboxアカウントのパスワードは定期的に変更することをおすすめします。パスワードを変更すると、アカウントにリンクしているすべてのデバイスで、自動的に新しいパスワードが適用されます。

1 パスワードを変更する

① P.126手順❸の画面を表示して、<パスワードの変更>をクリックします。

② 上の入力欄に現在のパスワードを入力し、

③ 下の入力欄に新しいパスワードを入力して、

④ <パスワードの変更>をクリックします。

⑤ パスワードが変更されました。

Dropbox 第3章 Dropboxの便利技

Section 062 キャッシュを削除する

Dropboxのキャッシュは、非表示のフォルダに保管されます。ファイルを削除してもハードディスクで操作が反映されない場合などは、このフォルダからキャッシュを削除しましょう。

1 キャッシュを削除する

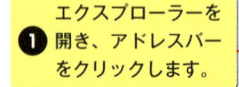

① エクスプローラーを開き、アドレスバーをクリックします。

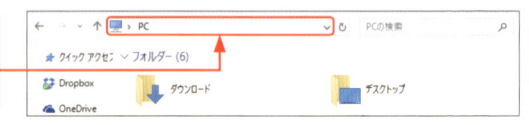

② 入力できるようになるので、「%HOMEPATH%¥Dropbox¥.dropbox.cache」と入力し、Enter を押します。

③ キャッシュファイル、またはキャッシュファイルの入ったフォルダが表示されるので、ダブルクリックします。

④ 削除したファイルがキャッシュフォルダに保存されていれば、ここに表示されるので、通常のファイルと同様に削除できます（キャッシュフォルダは3日ごとに自動的にクリアされます）。

Evernote 編

第 1 章

Evernoteの基本操作

Evernote　第1章　Evernoteの基本操作

Section 063

Evernoteとは?

Evernoteは、インターネット上にさまざまな情報を蓄積できるWebサービスです。メモや写真、Webページなど、Evernoteに蓄積した情報は、パソコンだけでなく、スマートフォンやタブレットでも閲覧や編集ができます。

1 Evernoteはあらゆる情報を記録できる

Evernoteでは、テキスト、手書きメモ、写真、音声、Webページなどといったさまざまな情報を、ノートのように整理しながら記録することができます。ビジネスやプライベートで使用するあらゆる情報やファイルを、混乱することなくEvernoteで一元管理できるため、目的の情報をすばやく探し出せるようになっています。そのため、単なるデータの保管場所として使用するよりも、個人的なデータベースとして使用することが効果的です。

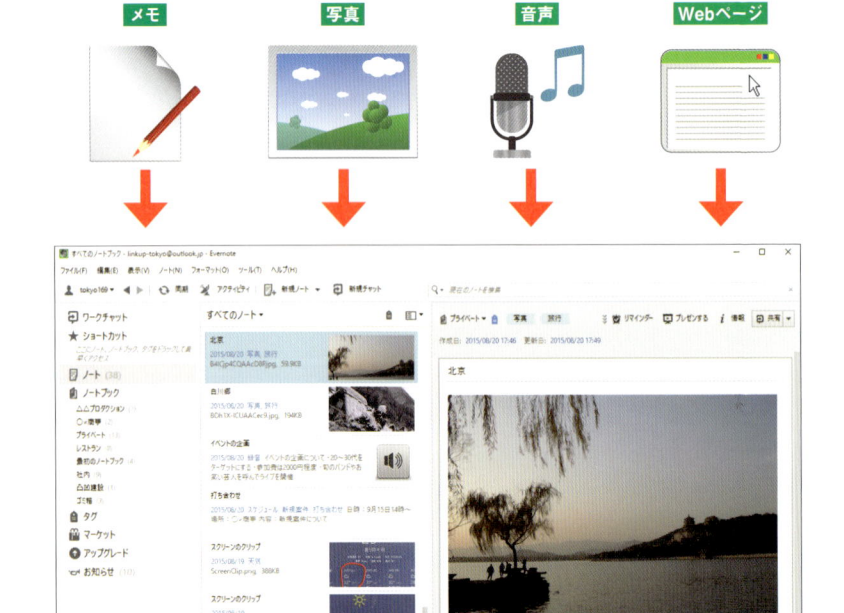

メモ　写真　音声　Webページ

データベースのように、いつでもどこでも必要な情報だけをすばやく取り出すことができます。

2 さまざまなデバイスでデータを共有できる

　Evernote に記録したさまざまな情報は、インターネットを経由して Evernote のサーバーに保存されます。そのため、パソコンやタブレット、iPhone や Android スマートフォンなど、さまざまなデバイスからデータを記録することができます。もちろんデータの記録だけでなく、データの取り出しや編集も、あらゆるデバイスで可能です。

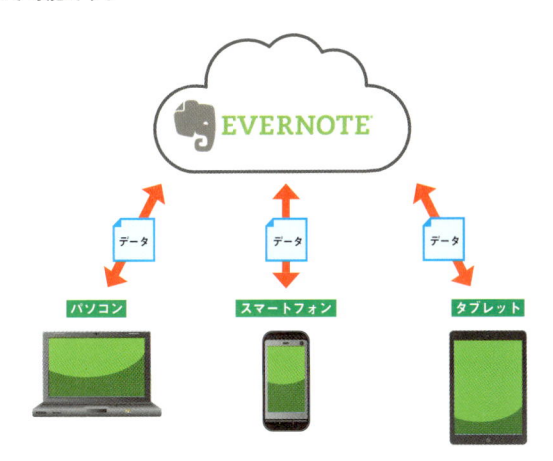

Evernote のデータは、パソコンやスマートフォンなど、あらゆるデバイスで管理できます。

3 高度な情報管理機能

　Evernote では、データをわかりやすく整理することができます。データはそれぞれ「ノート」として保存されますが、このノートを複数まとめた「ノートブック」を作成したり、ノートに「タグ」を付けたりすることができるので、かんたんにデータどうしを関連付けることができます。また、ノートの題名やテキスト内の文字はもちろん、画像内の文字まで検索することができるので、必要なデータにすばやくアクセスすることができます。

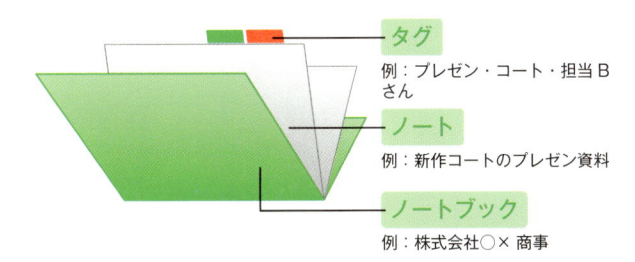

タグ
例：プレゼン・コート・担当 B さん

ノート
例：新作コートのプレゼン資料

ノートブック
例：株式会社○×商事

ノートにタグを付け、そのノートをノートブックにまとめることで、データを整理できます。

Evernote 第1章 Evernoteの基本操作

Section 064 アカウントを登録する

Evernoteを使うには、事前にアカウントを作成する必要があります。アカウントは、Evernoteの公式サイトで作成することができます。なお、本書ではWebブラウザにWindows版Google Chromeを使用しています。

1 公式サイトでアカウントを登録する

1. Webブラウザで Evernote の公式サイト（https://evernote.com/intl/jp/）にアクセスします。

2. ＜新規登録する＞をクリックし、

3. アカウントに登録したいメールアドレスとパスワードを入力し、

4. ＜新規登録＞をクリックします。

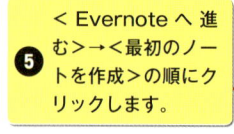

5. ＜Evernoteへ進む＞→＜最初のノートを作成＞の順にクリックします。

134

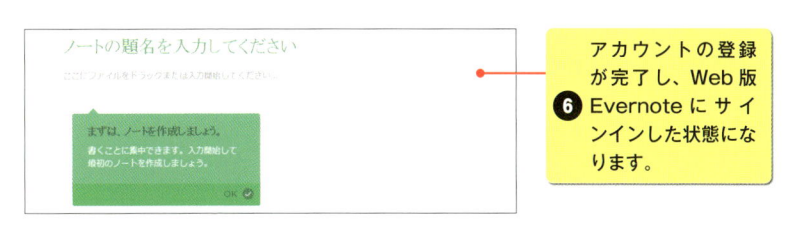

ノートの題名を入力してください

ここにファイルをドラッグまたは入力開始してください。

まずは、ノートを作成しましょう。
書くことに集中できます。入力開始して
最初のノートを作成しましょう。

OK

⑥ アカウントの登録が完了し、Web版Evernoteにサインインした状態になります。

② Web版Evernoteでサインイン／ログアウトする

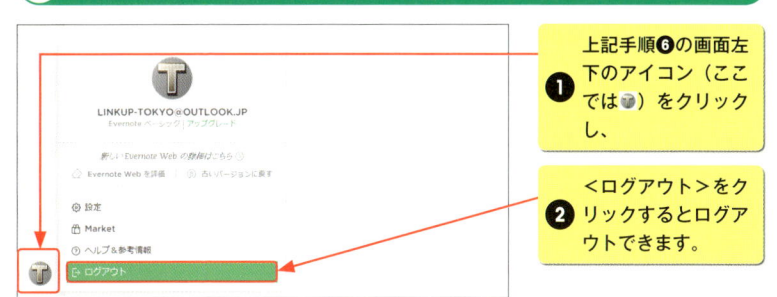

LINKUP-TOKYO@OUTLOOK.JP
Evernote ベーシック | アップグレード

新しい Evernote Web の登録はこちら
⚙ Evernote Web を評価 ｜ ⟲ 古いバージョンに戻す

⚙ 設定
🛒 Market
❓ ヘルプ＆参考情報
➡ ログアウト

① 上記手順⑥の画面左下のアイコン（ここでは●）をクリックし、

② ＜ログアウト＞をクリックするとログアウトできます。

大切な仕事に。

自分のすべての作業を行うワークスペース、それが Evernote です。

新規登録する

または サインイン

③ サインインする場合は、P.134 手順❶の画面で＜サインイン＞をクリックし、

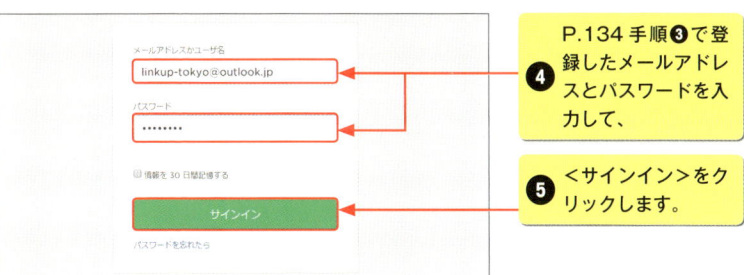

メールアドレスかユーザ名
linkup-tokyo@outlook.jp

パスワード
••••••••

☐ 情報を 30 日間記憶する

サインイン

パスワードを忘れたら

④ P.134 手順❸で登録したメールアドレスとパスワードを入力して、

⑤ ＜サインイン＞をクリックします。

Memo スマートフォンでアカウントを登録する

スマートフォンでは、P.134手順❶の画面で≡→＜アカウントを作成＞の順にタップすると表示される画面で、アカウントを登録します。なお、ここで＜サインイン＞をタップすると、サインイン画面が表示されます。

第1章 Evernoteの基本操作

Evernote

Evernote 第1章 Evernoteの基本操作

Section 065 Windows版Evernoteをインストールする

Evernoteには、データの確認や編集を行うための専用アプリがあります。アプリでは、オフライン時でもデータの管理が可能です。なお、本書ではWindows版Evernoteの使用法を中心に解説します。

1 Windows版Evernoteをインストールする

❶ P.134手順❸で登録したメールアドレスに送信される、EvernoteからのメールをEvernoteからのメールを開きます。

❷ <Evernoteをダウンロード>をクリックします。

❸ Windows版Evernoteのダウンロードページが表示され、自動的にダウンロードが開始されます。

自動的にダウンロードされない場合は、<こちらをクリック>をクリックします。

❹ ダウンロードが完了したらファイルをクリックし、「ユーザーアカウント制御」画面で<はい>をクリックします。

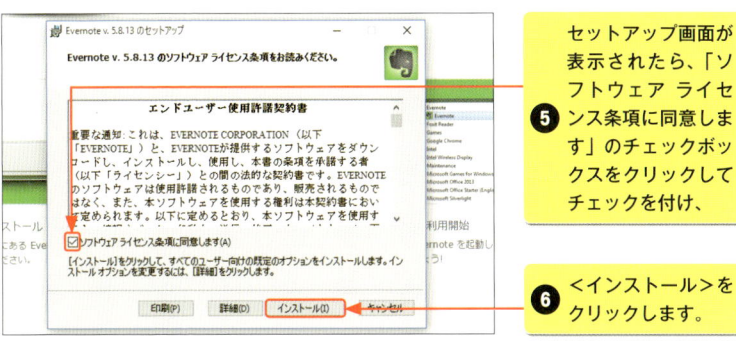

⑤ セットアップ画面が表示されたら、「ソフトウェア ライセンス条項に同意します」のチェックボックスをクリックしてチェックを付け、

⑥ <インストール>をクリックします。

⑦ インストールが完了したら、<完了>をクリックします。

2 Windows版Evernoteにサインインする

① デスクトップ画面で< Evernote >をダブルクリックします。

② <既にアカウントを持っている場合>をクリックし、

③ P.134 手順❸で登録したメールアドレスとパスワードを入力して、

④ <サインイン>をクリックします。

第1章 Evernoteの基本操作

Evernote

137

Evernote 第1章 Evernoteの基本操作

Section 066 スマートフォン版Evernoteをインストールする

Evernoteには、スマートフォン用のアプリもあります。ここでは、Android版Evernoteのインストール方法を紹介します。iPhone版Evernoteのインストール方法は、P.139のHintを参照してください。

1 Android版Evernoteをインストールする

1 Android スマートフォンのホーム画面またはアプリ画面で、＜Playストア＞をタップします。

2 Playストアが起動したら、＜Google Play＞をタップします。

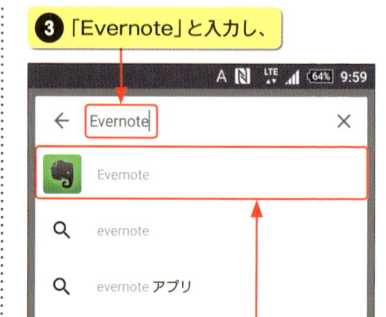

3 「Evernote」と入力し、

4 ＜Evernote＞をタップします。

5 ＜インストール＞をタップします。

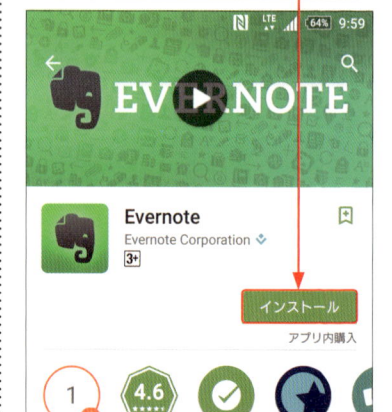

138

❻ <同意する>をタップすると、インストールが開始されます。

❼ インストールが完了したら、<開く>をタップします。

❽ Evernoteが起動したら、<サインイン>をタップして、

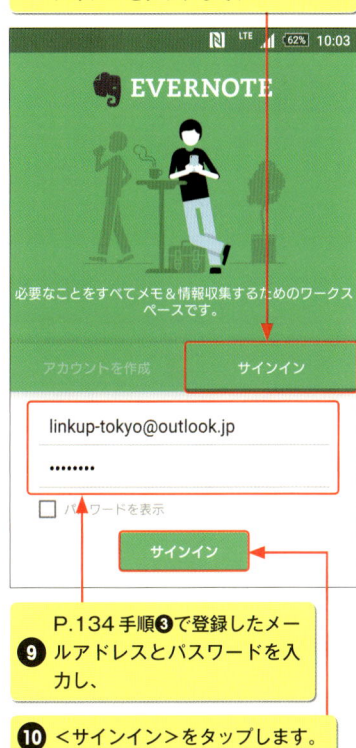

❾ P.134手順❸で登録したメールアドレスとパスワードを入力し、

❿ <サインイン>をタップします。

第1章 Evernoteの基本操作

> ### Hint
> #### iPhone版Evernoteをインストールする
>
> iPhone版Evernoteをインストールするには、iPhoneのホーム画面で<App Store>→<検索>の順にタップし、「Evernote」と入力して検索します。Evernoteアプリが表示されたら<入手>→<インストール>の順にタップし、Apple IDのパスワードを入力して<OK>をタップすると、インストールが開始されます。

Evernote

Evernote 第1章 Evernoteの基本操作

Section 067 Evernoteのアプリの画面構成

デバイスごとに、Evernoteのアプリの画面構成は異なります。まずは、それぞれのアプリのホーム画面の見方を覚えましょう。基本的な構造を覚えれば、すぐに操作できるようになります。

1 Windows版Evernoteのホーム画面

❶ アカウント情報	Evernoteアカウントの追加や、サインアウトができます。
❷ 戻る	クリックすると、直前の場所に戻ることができます。
❸ 進む	クリックすると、戻る前の場所に進むことができます。
❹ 同期	ノートを同期できます。
❺ アクティビティストリーム	共有ノート・共有ノートブックなどの最新の更新情報を確認できます。
❻ 新規ノート	指定したノートブックに、新しいノートを作成できます。
❼ 新規チャット	新しくワークチャットを開始することができます。
❽ 検索ボックス	キーワードを入力してノートを検索できます。画像内の文字も検索できます。
❾ サイドバー	ノートやノートブックなどのコンテンツが表示されます。
❿ ノートリスト	コンテンツ内のすべてのノートが一覧表示されます。
⓫ ノートエディタ	ノートリストで選択しているノートの内容を閲覧／編集できます。

② Android版Evernoteのホーム画面

ホーム画面（すべてのノート）

❶ 展開	ノートブックやタグなどのコンテンツメニューを展開できます。
❷ ワークチャット	ワークチャットの履歴が表示されます。新しくワークチャットを開始することもできます。
❸ 検索	キーワードを入力してノートを検索できます。画像内の文字も検索できます。
❹ その他	同期や並べ替えなどのその他のメニューが表示されます。
❺ 新規ノートを作成	テキストや手書き、カメラやリマインダーなど、用途ごとにノートを作成できます。

コンテンツメニュー展開時

❶ ワークチャット	ワークチャットの履歴が表示されます。新しくワークチャットを開始することもできます。
❷ すべてのノート	すべてのノートが一覧表示されます。表示方法や並び順を変更することもできます。
❸ ノートブック	すべてのノートブックと、それぞれに保存されているノートにアクセスできます。
❹ タグ	すべてのタグが一覧表示されます。タグをタップすると関連するノートを表示できます。
❺ EVERNOTEの詳細を見る	Evernoteに関するニュースや機能紹介が表示されます。
❻ 設定	設定を変更できます。
❼ アップグレード	プレミアム版などにアップグレードできます。
❽ 同期	ノートを同期できます。

第1章 Evernoteの基本操作

③ iPhone版Evernoteのホーム画面

❶ 設定	設定を変更できます。
❷ 同期	ノートを同期できます。
❸ 検索	キーワードを入力してノートを検索できます。画像内の文字も検索できます。
❹ テキスト	テキストでノートを作成できます。
❺ 写真	写真を撮影してノートに保存できます。
❻ リマインダー	リマインダーのノートを作成できます。
❼ リスト	箇条書きのノートを作成できます。
❽ 音声	音声を録音してノートに保存できます。
❾ ノート	すべてのノートが一覧表示されます。表示方法や並び順を変更することもできます。
❿ ノートブック	すべてのノートブックと、それぞれに保存されているノートにアクセスできます。
⓫ ワークチャット	ワークチャットの履歴が表示されます。新しくワークチャットを開始することもできます。
⓬ アップグレード	プレミアム版などにアップグレードできます。

Evernote > **第1章** Evernoteの基本操作

Section 068
ノートを作成する

Evernoteのノートでは、かんたんにテキストデータを作成できます。保存の操作をしなくても、テキストを入力するだけで自動的に保存されるので、ちょっとしたアイデアのメモから打ち合わせ日時の記録まで、さまざまな用途で重宝します。

1 新規ノートを作成する

❶ Windows版Evernoteを起動します。

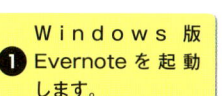

❷ <新規ノート>をクリックします。

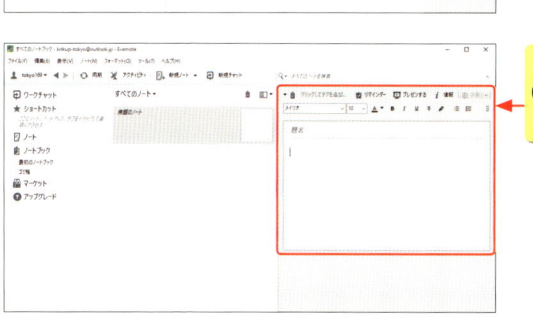

❸ 新しいノートが作成され、ノートエディタが表示されます。

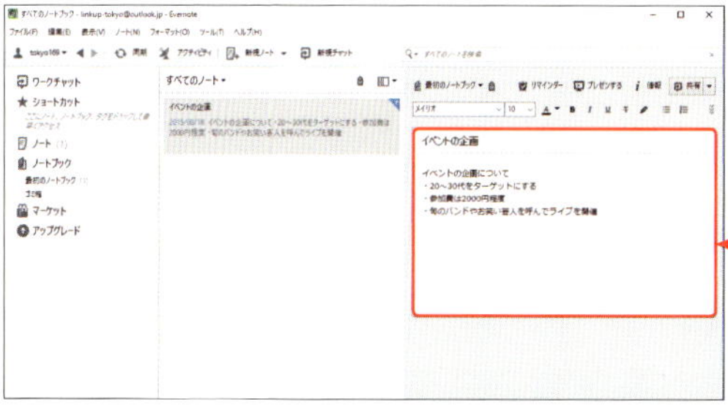

❹ 題名と本文を入力すると、ノートが自動的に保存されます。

第1章 Evernoteの基本操作

143

Evernote　第1章　Evernoteの基本操作

Section 069 ノートを編集する

作成したノートは、自由に編集できます。編集結果は自動で保存・同期されます。また、フォントの種類や文字の配置などを編集することができます。強調したい文字や文章がひと目でわかるように残しておきましょう。

1 文字を削除/追加する

❶ 編集したいノートをクリックします。

❷ 文字を削除したい部分をクリックして Back Space を押すと、文字が削除されます。

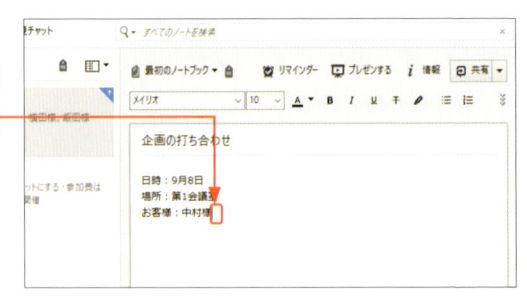

❸ 文字を追加したい部分をクリックして入力すると、文字が追加されます。

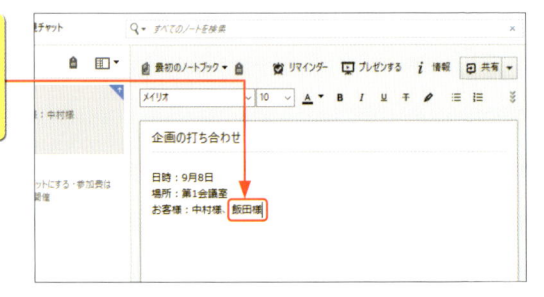

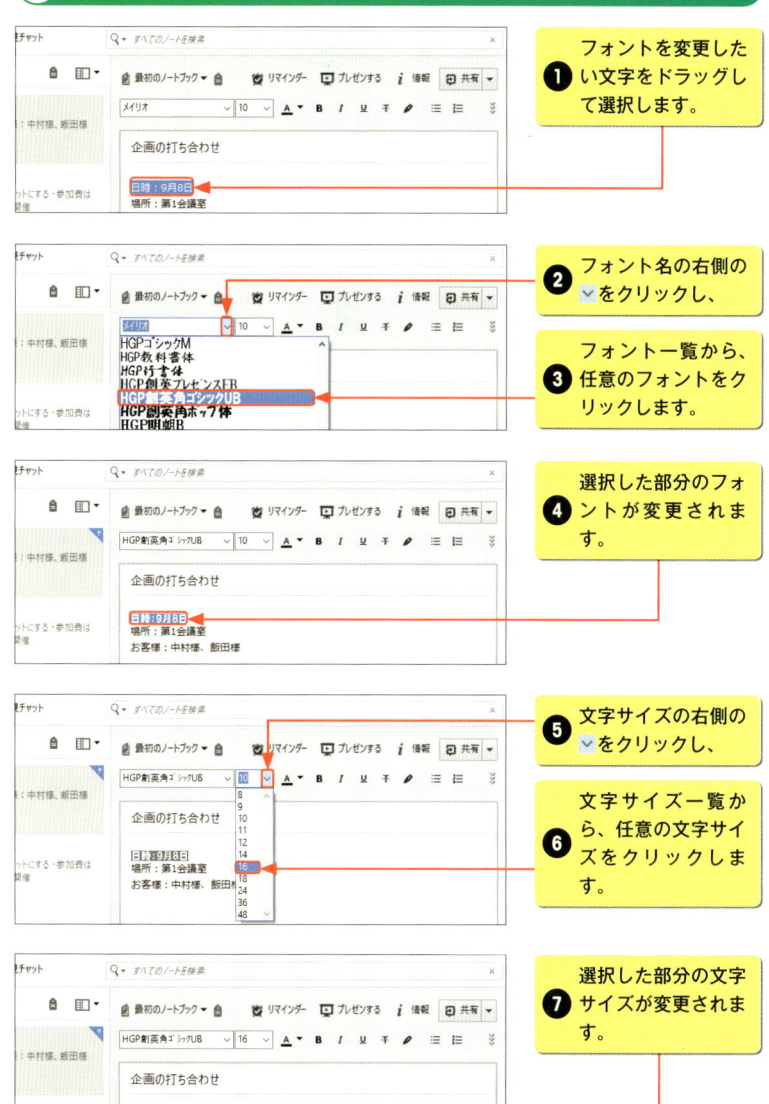

② フォントを変更する

① フォントを変更したい文字をドラッグして選択します。

② フォント名の右側の⌄をクリックし、

③ フォント一覧から、任意のフォントをクリックします。

④ 選択した部分のフォントが変更されます。

⑤ 文字サイズの右側の⌄をクリックし、

⑥ 文字サイズ一覧から、任意の文字サイズをクリックします。

⑦ 選択した部分の文字サイズが変更されます。

第1章 Evernoteの基本操作

Evernote

145

Section 070

ノートを同期する

「同期」とは、アプリ版Evernoteのデータと、Evernoteのサーバーのデータを、お互いに最新の状態にすることです。同期することで、常に最新の状態のノートを、すべてのデバイスで利用できるようになります。

1 同期とは？

Evernote の「同期」とは、アプリ版 Evernote や Web 版 Evernote で作成もしくは変更が加えられたノートのデータを、お互いに最新の状態にすることです。たとえば、自宅のパソコンの Windows 版 Evernote でノートを編集したあとで同期を実行しておけば、外出中にスマートフォンで最新のノートを閲覧したり、出先のパソコンで Web 版 Evernote から最新のノートを閲覧したりすることができます。

なお、Evernote では自動的に同期が実行されますが、もっとも短い間隔でも 5 分ごとの同期しかできません。ノートをすばやく最新の状態にするためには、手動で同期する必要があります。

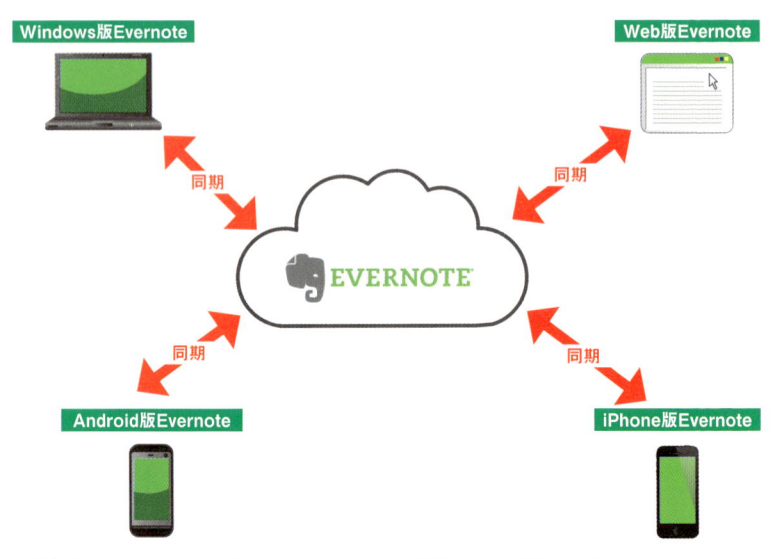

同期を実行することで、どのデバイスの Evernote でも最新のノートを閲覧できます。

2 ノートを手動で同期する

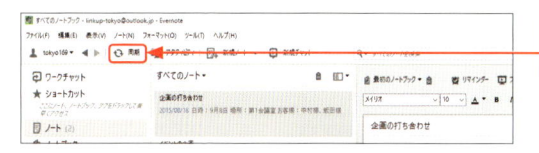

❶ 画面左上の＜同期＞をクリックします。

❷ 同期が完了すると、デスクトップ画面右下に「同期完了」と表示されます。

❸ AndroidスマートフォンEvernoteなど、ほかのデバイスでEvernoteにサインインします。

❹ 同期したノートを確認できます。

企画の打ち合わせ

■ 最初のノートブック

日時：9月8日
場所：第1会議室
お客様：中村様、飯田様

Hint 自動同期の間隔を変更する

初期設定では5分ごとに自動的に同期するようになっています。同期の間隔を変更する場合は、＜ツール＞→＜オプション＞→＜同期＞→＜5分ごと＞の順にクリックし、任意の間隔をクリックして、＜OK＞をクリックします。

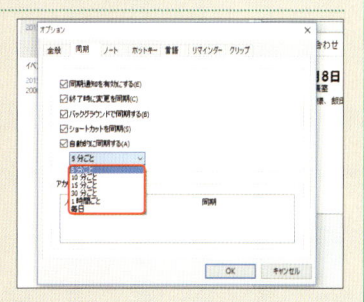

第1章 Evernoteの基本操作

Evernote

147

Evernote　第1章　Evernoteの基本操作

Section 071

Webページを取り込む

Evernoteでは、Webクリッパーを利用することで、閲覧しているWebページのテキストや画像などのコンテンツをかんたんに取り込むことができます。ここでは、Google Chromeを使用してWebページを取り込む手順を紹介します。

1 Google ChromeでWebページを取り込む

1. Google Chromeで「https://evernote.com/intl/jp/webclipper/」にアクセスします。

2. ＜WEBクリッパー FOR CHROMEをダウンロード＞をクリックします。

3. ＜CHROMEに追加＞をクリックし、

4. ＜追加＞をクリックすると、Google ChromeにWebクリッパーが追加されます。

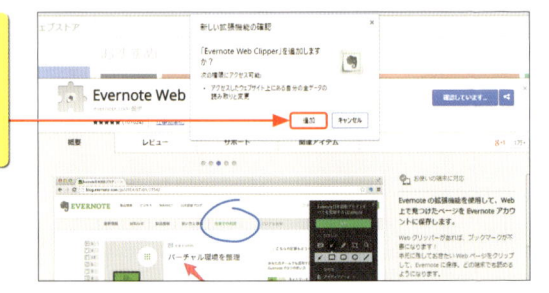

148

5 取り込みたいWebページで、画面右上の象をクリックし、

6 登録しているメールアドレスとパスワードを入力し、

7 <サインイン>をクリックします。

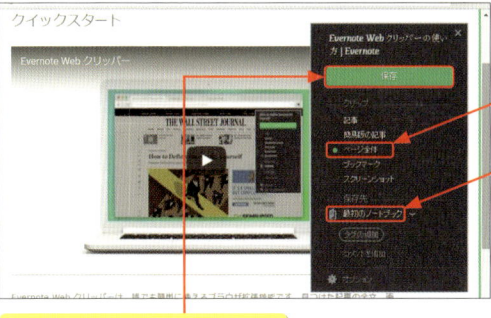

8 取り込む内容（ここでは<ページ全体>）をクリックし、

9 保存先（ここでは<最初のノートブック>）を選択し、

10 <保存>をクリックします。

11 「○○（ここでは「最初のノートブック」）にクリップしました」と表示されたら、☒をクリックします。

12 Windows版Evernoteで<同期>をクリックすると、

13 取り込んだWebページがノートとして追加されたことが確認できます。

第 1 章 Evernoteの基本操作

Evernote

149

Evernote 第1章 Evernoteの基本操作

Section 072
Webページの必要な部分を取り込む

Webクリッパーでは、Webページの全体をEvernoteに取り込めるだけでなく、ドラッグして選択した部分だけを取り込むこともできます。なお、ここでは文字列を取り込む例を紹介していますが、同様の手順で画像も取り込めます。

1 Webページの選択した部分だけを取り込む

1. Google Chromeで保存したいWebページを開きます。

2. 保存したい部分をドラッグして選択し、

3. 画面右上の象をクリックします。

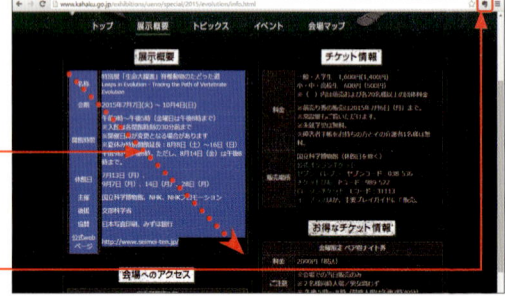

4. 保存先を指定し、

5. <保存>をクリックして取り込みます。

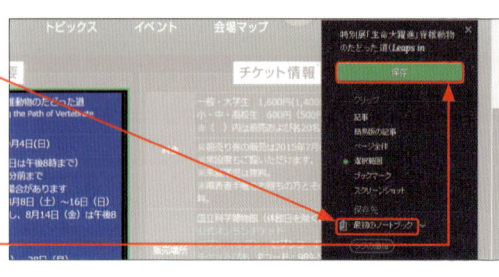

6. Windows版Evernoteで<同期>をクリックすると、

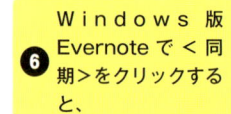

7. 取り込んだ部分がノートとして追加されたことが確認できます。

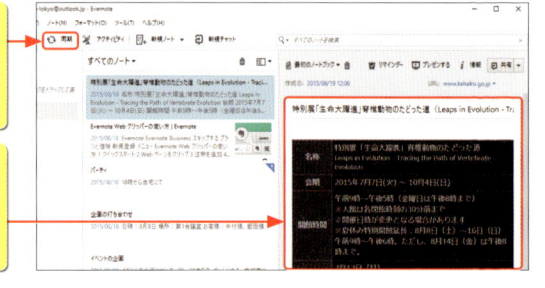

150

Evernote 第1章 Evernoteの基本操作

Section 073

画像を取り込む

Evernoteでは、パソコン内に保存されている画像ファイルを、ノートにドラッグ＆ドロップするだけでかんたんに取り込むことができます。1つの画像ファイルだけでなく、複数の画像ファイルを同時に取り込むこともできます。

1 画像をノートに取り込む

① 画面上部の＜新規ノート＞をクリックして、新規ノートを作成します。

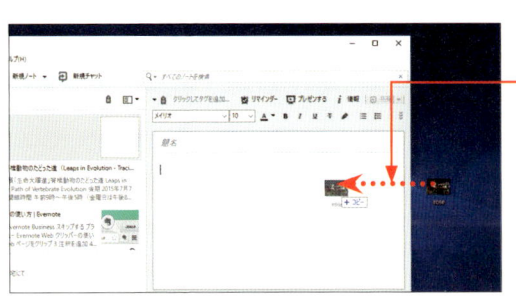

② 取り込みたい画像ファイルを、ノートにドラッグ＆ドロップします。

③ ノートに画像が取り込まれます。

Section 074 Webカメラから写真を取り込む

Evernoteでは、Webカメラで撮影した写真をノートに取り込むことができます。なお、Evernoteの起動中にWebカメラを接続すると、Webカメラが認識されない場合があるので、Evernoteの起動前にWebカメラを接続しておきましょう。

1 Webカメラで撮影した写真を取り込む

1. 「新規ノート」の右側の∨をクリックし、
2. ＜新規Webカメラノート＞をクリックします。

3. Webカメラ名をクリックし、
4. 使用するWebカメラをクリックして、
5. ＜写真を撮影＞をクリックします。

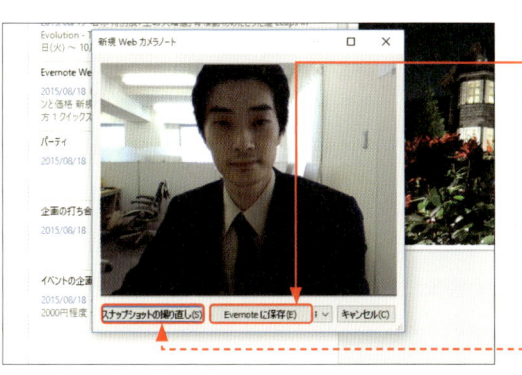

⑥ <Evernoteに保存>をクリックします。

写真を撮り直したい場合は、<スナップショットの撮り直し>をクリックし、P.152手順❺に戻ります。

⑦ 追加されたノートをクリックすると、

⑧ 撮影した写真がノートに取り込まれたことが確認できます。

Memo

次に「新規ノート」を作成する場合

ツールバーの新規ノートボタンは、直前に使用した種類のボタンに変更されます。「新規Webカメラノート」などに変更されたあとで、通常の「新規ノート」を作成する場合は、右側の∨→<新規ノート>の順にクリックします。

第1章 Evernoteの基本操作

Evernote

153

Evernote 第1章 Evernoteの基本操作

Section 075

フォルダ内のファイルを まとめて取り込む

インポートフォルダ機能を使えば、フォルダ内のあらゆるファイルをまとめて取り込むことができます。また、設定したフォルダに新しくファイルが追加されると、自動的にEvernoteに転送されるので、よく使うフォルダを設定すると便利です。

1 フォルダ内のファイルをまとめて取り込む

① <ツール>をクリックし、

② <インポートフォルダ>をクリックします。

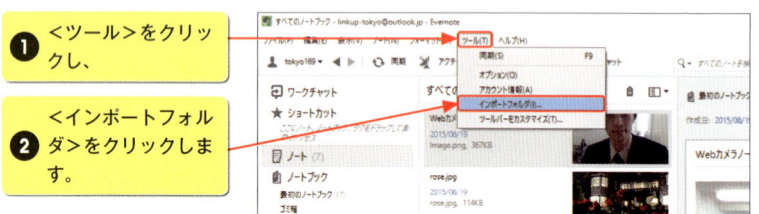

③ <追加>をクリックし、

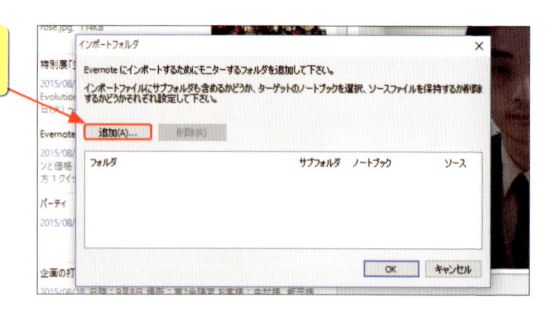

④ まとめて取り込みたいフォルダをクリックして選択し、

⑤ <OK>をクリックします。

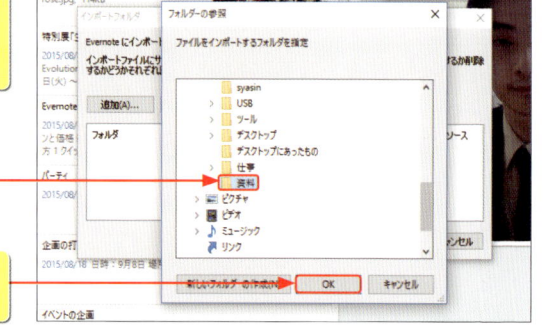

⑥ サブフォルダ内のファイルを取り込むかどうかを選択し、

⑦ 保存先のノートブックを指定して、

⑧ インポート元のデータを保持するかどうかを選択し、

⑨ <OK>をクリックします。

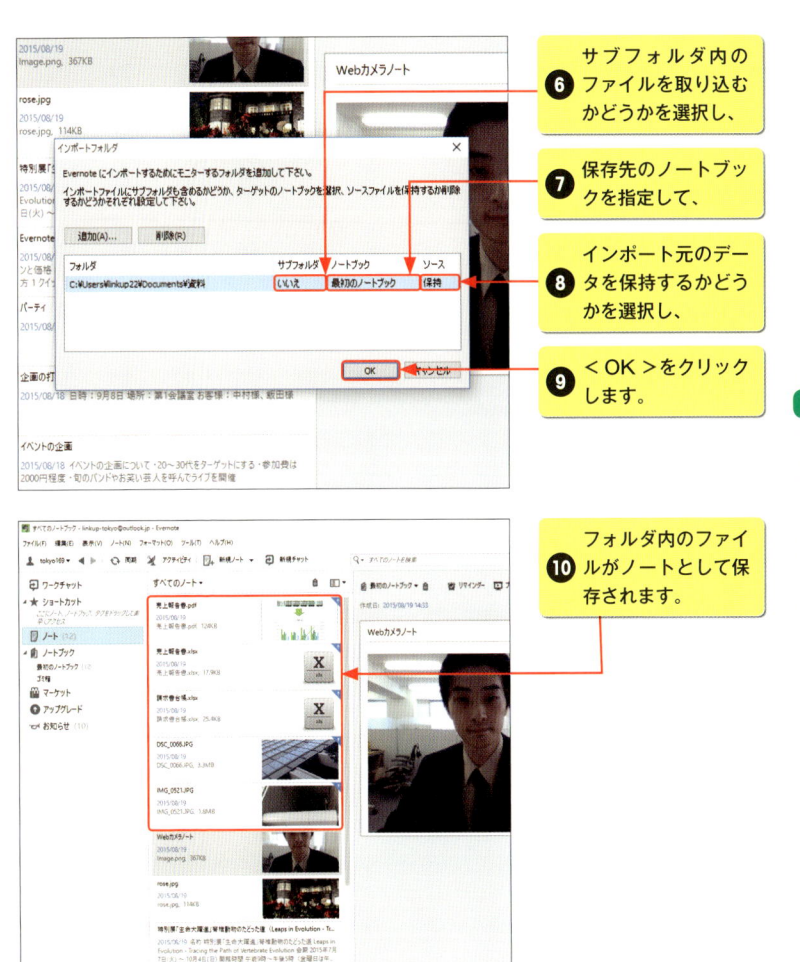

⑩ フォルダ内のファイルがノートとして保存されます。

Hint

フォルダからの転送を解除する

インポートフォルダに追加されたファイルは、自動的にEvernoteに転送されます。転送を解除する場合は、P.154手順❸の画面でフォルダを選択し、<削除>→<OK>の順にクリックします。なお、転送を解除しても、Evernoteに保存済みのファイルは削除されません。

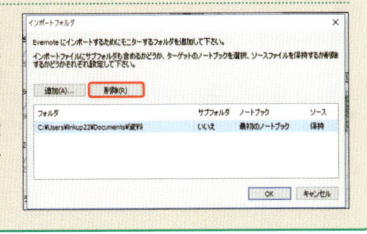

第1章 Evernoteの基本操作

Evernote

155

Evernote 　第1章　Evernoteの基本操作

Section 076

音声を取り込む

Evernoteでは、音声を録音してノートに取り込むことができます。音声はWAV形式で保存され、Evernoteだけでなく、ほかのアプリでも再生できます。また、作成済みのノートに音声を追加することも可能です。

1 音声を録音して取り込む

① 「新規ノート」の右側の∨をクリックし、

② <新規音声ノート>をクリックします。

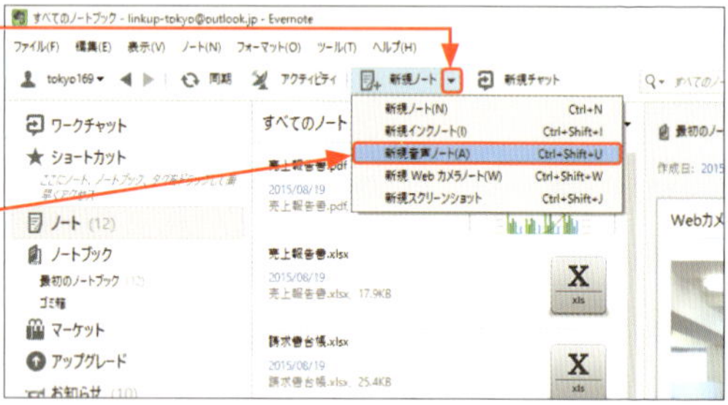

③ 新規ノートに題名や文章を入力し、

④ <録音>をクリックしてマイクから録音を開始します。

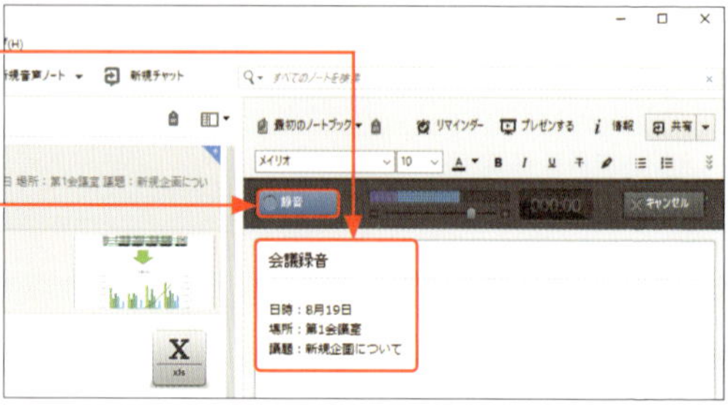

⑤ ■を左右にドラッグして録音レベルを調節します。

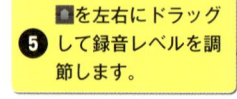

⑥ <保存>をクリックすると、録音が終了します。

7 ▶をクリックすると、録音した音声が再生されます。

2 作成済みのノートに音声を追加する

1 作成済みのノートを開き、音声を追加したい部分をクリックします。

2 ⋮をクリックし、

3 🎤をクリックします。

4 <録音>をクリックして録音を開始します。

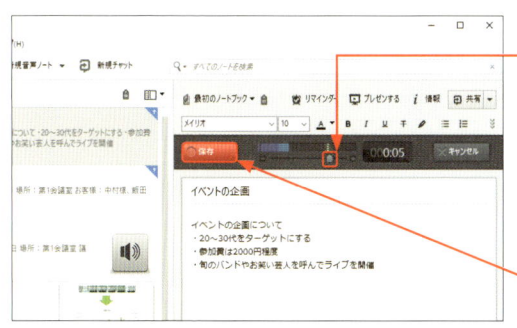

5 🎚を左右にドラッグして録音レベルを調節します。

6 <保存>をクリックすると、録音が終了します。

第1章 Evernoteの基本操作

Evernote

157

Evernote > 第1章 Evernoteの基本操作

Section 077 スクリーンショットを取り込む

Evernoteでは、スクリーンショットを撮影してノートに取り込むことができます。アプリのウィンドウ全体をそのまま取り込んだり、画面上の必要な部分だけをドラッグして取り込んだりできるので、あらゆる用途で活躍します。

1 アプリのウィンドウ全体を取り込む

❶ 「新規ノート」の右側の∨をクリックし、

❷ <新規スクリーンショット>をクリックします。

❸ ウィンドウ全体を取り込みたいアプリをクリックします。

「スクリーンのクリップ」ウィンドウが表示されたら、×をクリックします。

❹ アプリのウィンドウ全体のスクリーンショットがノートに取り込まれます。

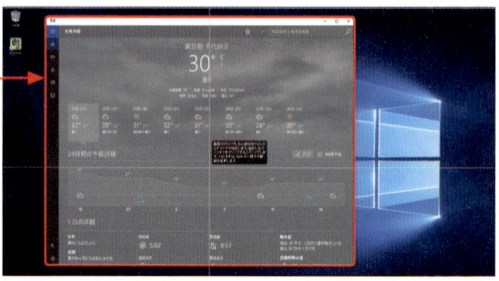

158

2 選択範囲を取り込む

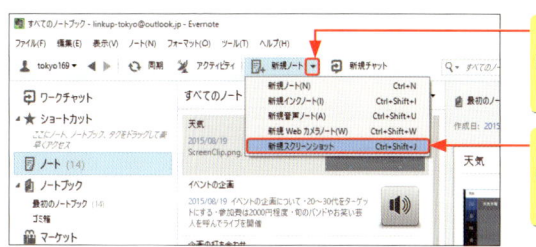

① 「新規ノート」の右側の∨をクリックし、

② <新規スクリーンショット>をクリックします。

③ 取り込みたい範囲をドラッグして選択します。

「スクリーンのクリップ」ウィンドウが表示されたら、×をクリックします。

④ 選択した範囲のスクリーンショットがノートに取り込まれます。

Step up 注釈モードを利用する

スクリーンショットの撮影直後に表示される「スクリーンのクリップ」ウィンドウで<Get Started>をクリックすると、スクリーンショットに注釈などを追加できるようになります。注釈モードを無効にしたい場合は、<ツール>→<オプション>→<クリップ>の順にクリックし、「スクリーンショット起動後に注釈モードを起動」のチェックを外します。

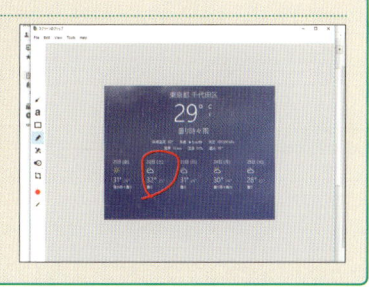

第1章 Evernoteの基本操作

Evernote

159

Evernote 第1章 Evernoteの基本操作

Section 078

ノートブックとタグを活用する

Evernoteで作成したノートは、「ノートブック」と「タグ」を利用することで、わかりやすく管理することができます。あとからノートを効率的に閲覧できるように、まずはノートブックやタグの役割と使用方法を覚えましょう。

1 「ノートブック」の役割

「ノートブック」とは、さまざまなノートをまとめて収納しておくためのフォルダのようなものです。Evernoteの初期状態では「最初のノートブック」というノートブックが用意されており、作成したノートはこの「最初のノートブック」に保存されます。ノートブックは新しくいくつでも作成することができ、自由に名前を付けることができます。ただし、それぞれのノートは1つのノートブックにしか分類することができません。そのため、ノートブックには、プロジェクト名や取引先の社名などといった、ほかのノートブックと内容が重ならないような大まかな名前を付けておくとよいでしょう。

サイドバーの「ノートブック」の下に表示されている、それぞれのノートブックをクリックすれば、それぞれのノートブックに分類されているノートが一覧表示されます。なお、初期状態ではサイドバーにそれぞれのノートブックが表示されていますが、「ノートブック」の左側の◢をクリックすることで、折りたたむことができます。

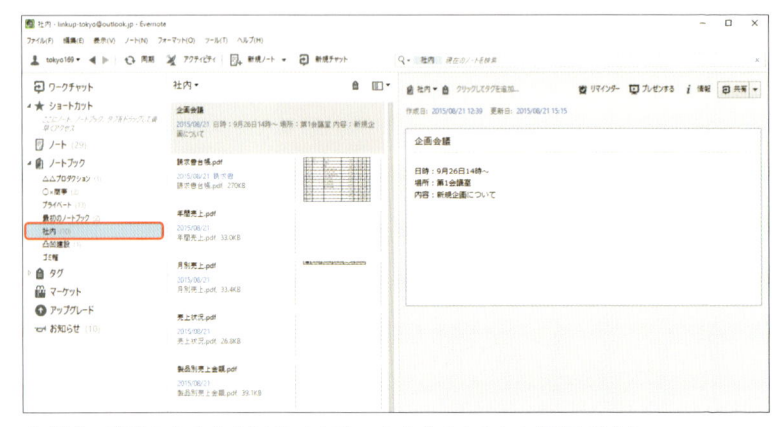

サイドバーで任意のノートブックをクリックすると、ノートブック内のノートを表示できます。

② 「タグ」の役割

「タグ」とは、それぞれのノートに付けることが可能な、ノートの内容を表すキーワードのようなものです。1つのノートに複数のタグを割り当てることが可能なので、ノートをより厳密に整理することができます。また、別々のノートブックに分類されているあらゆるノートで、同じタグを使用することができるため、「文章」や「写真」、「スケジュール」や「イベント」など、あらゆるノートに共通する名前を付けておくと効果的でしょう。

初期状態では、ノートにタグを追加しても、サイドバーにそれぞれのタグは表示されません。サイドバーで「タグ」の左側の▷をクリックすると、それぞれのタグが一覧表示され、そこで任意のタグをクリックすると、そのタグの割り当てられたノートを一覧表示することができます。

サイドバーで任意のタグをクリックすると、そのタグの付けられたノートを表示できます。

③ ノートブックとタグによる検索

特定のノートブックをクリックしたり、特定のタグをクリックしたりすることで、それぞれに分類されたノートを検索することができますが、ノートの数が多くなってくると、それだけでは絞り込みが不十分になります。そのような場合のために、ノートブックとタグを同時に指定して検索することができるようになっています。この検索方法を効果的に機能させるためにも、ノートブックとタグで適切にノートを整理しておきましょう。

ノートブックとタグを同時に使えば、よりすばやく目的のノートを検索できます。

161

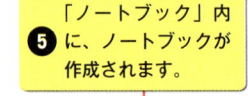

Evernote 第1章 Evernoteの基本操作

Section 079 ノートブックで整理する

ノートブックはいくつでも作成することができます。また、ノートブックごとに複数のノートを分類することが可能です。「プライベート」、「仕事」といったノートブックを作成するなどして、ノートを用途に応じて効率的に分類しましょう。

1 ノートブックを作成する

① サイドバーで<ノートブック>をクリックし、

② <新規ノートブック>をクリックします。

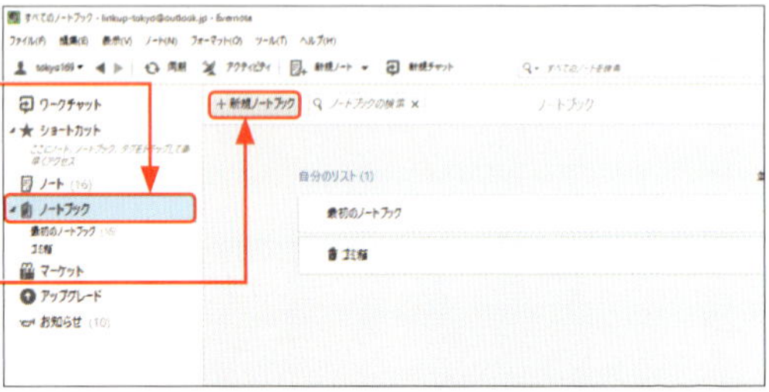

③ 任意のノートブック名を入力し、

④ <作成>をクリックします。

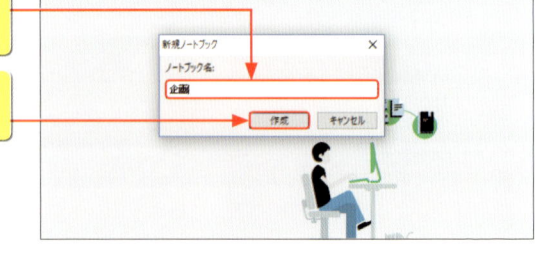

⑤ 「ノートブック」内に、ノートブックが作成されます。

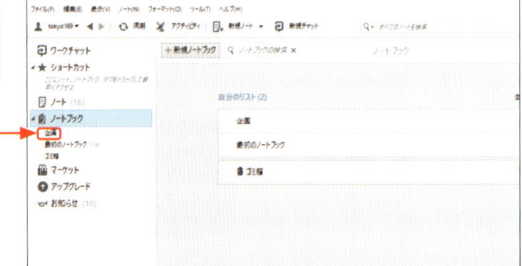

2 ノートを別のノートブックに移動する

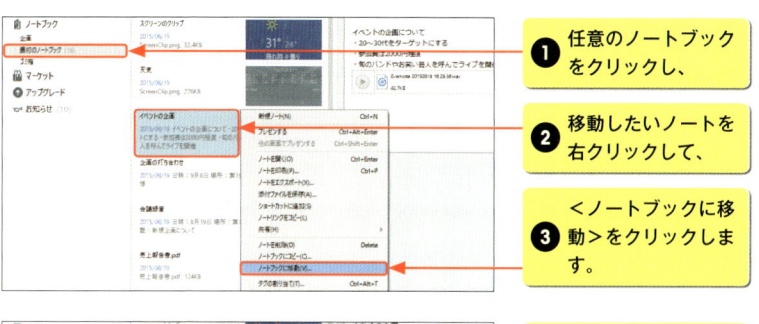

❶ 任意のノートブックをクリックし、

❷ 移動したいノートを右クリックして、

❸ ＜ノートブックに移動＞をクリックします。

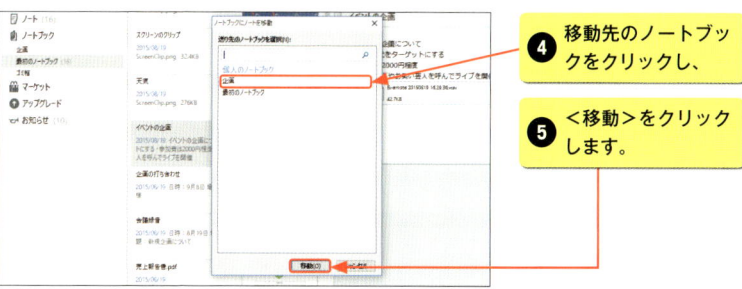

❹ 移動先のノートブックをクリックし、

❺ ＜移動＞をクリックします。

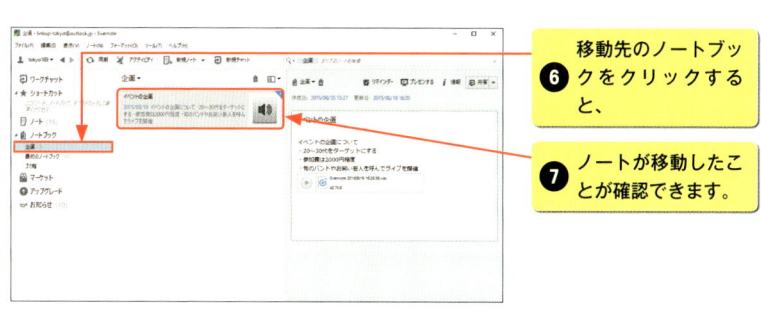

❻ 移動先のノートブックをクリックすると、

❼ ノートが移動したことが確認できます。

Hint ノートブック名を変更する

ノートブック名を変更するには、ノートブックを右クリックし、＜名前を変更＞をクリックして、新しいノートブック名を入力します。

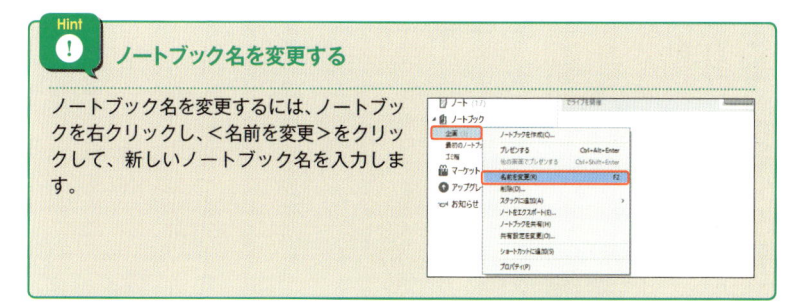

第1章 Evernoteの基本操作

Evernote

163

Evernote 第1章 Evernoteの基本操作

Section 080 タグで整理する

Evernoteで作成したノートは、タグを使って整理することができます。タグとは、ノートの内容を表すキーワードのようなものです。1つのノートに複数のタグを設定することができるので、ノートの詳細な分類に役立ちます。

1 タグを作成する

1. 任意のノートを開き、<クリックしてタグを追加>をクリックします。

2. タグを入力し、

3. タグ以外のスペースをクリックするとノートにタグが付けられます。

タグを入力後に [Enter] を押すと、続けてタグを追加できます。

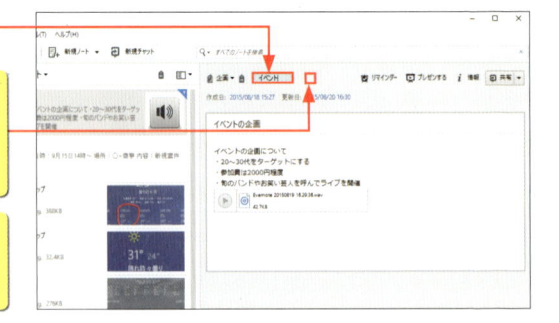

4. サイドバーの「タグ」の左側の ▷ をクリックし、

5. 追加したタグをクリックすると、

6. タグが付けられたノートだけが表示されます。

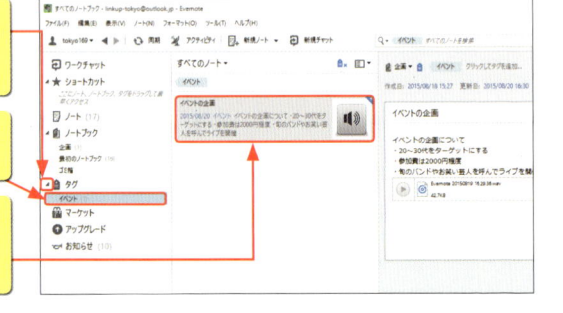

2 既存のタグを付ける

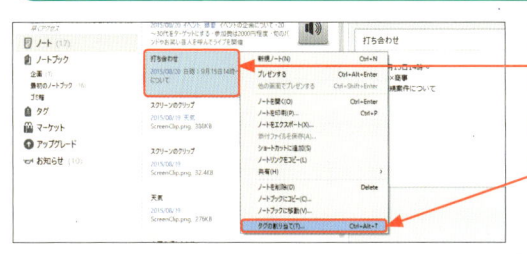

❶ タグを付けたいノートを右クリックし、

❷ <タグの割り当て>をクリックします。

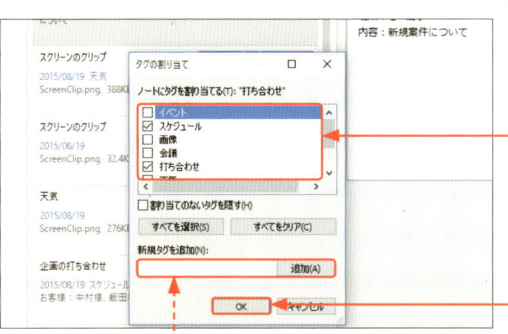

❸ 既存のタグが一覧表示されるので、付けたいタグのチェックボックスをクリックしてチェックを付け、

❹ <OK>をクリックすると、タグが付けられます。

「新規タグを追加」にタグを入力して<追加>をクリックすると、新規タグが付けられます。

3 ドラッグ&ドロップでタグを付ける

❶ サイドバーの「タグ」の左側の▷をクリックして、タグの一覧を表示します。

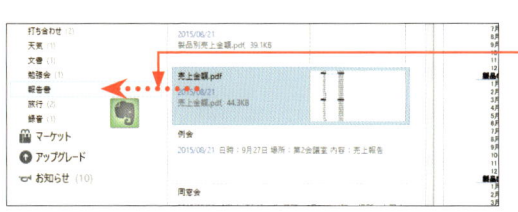

❷ ノートを、付けたいタグにドラッグ&ドロップすると、タグが付けられます。

第1章 Evernoteの基本操作

Evernote

165

Evernote 　第1章　Evernoteの基本操作

Section 081 ノートブックとタグで検索する

特定のノートブックや特定のタグにアクセスするだけでも、ノートは探しやすくなります。しかし、ノートブックとタグを同時に使って検索すれば、さらに効率よくノートを絞り込むことができます。ノートが多い場合に重宝する方法です。

1 ノートブックとタグでノートを絞り込む

① 目的のノートブックをクリックし、

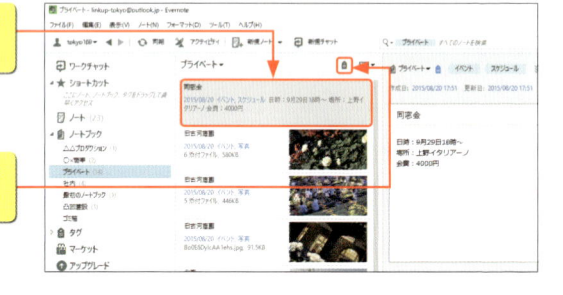

② 🏷をクリックします。

③ 目的のタグをクリックします。

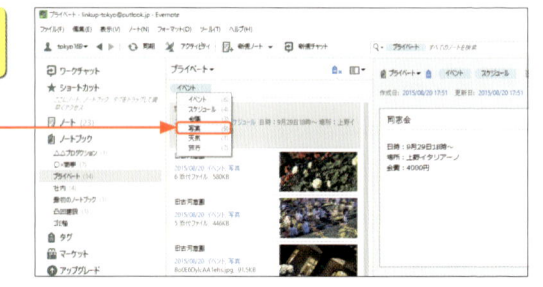

④ タグに該当するノートが表示されます。

⑤ さらに別のタグで絞り込む場合は、＜クリックしてタグで絞り込み＞をクリックします。

166

⑥ 目的のタグをクリックします。

⑦ 目的のノートをクリックします。

⑧ ノートの内容が表示されます。

第1章 Evernoteの基本操作

Hint 検索条件のタグを取り消す

ノートの検索条件として追加したタグは、かんたんに取り消すことができます。取り消したいタグの上にポインターを合わせ、×をクリックします。

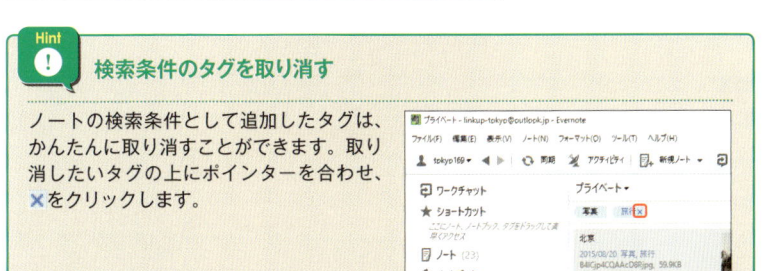

Evernote

167

Evernote > 第1章 > Evernoteの基本操作

Section 082 キーワードで検索する

ノートは、キーワードで検索することもできます。ノートの題名や本文だけでなく、タグや画像内の文字なども検索対象に含まれるため、すばやく検索することができます。なお、画像内の文字は正しく読み取れない場合もあります。

1 キーワードで検索する

① 検索したいノートブックをクリックします。

すべてのノートから検索したい場合は、<ノート>をクリックします。

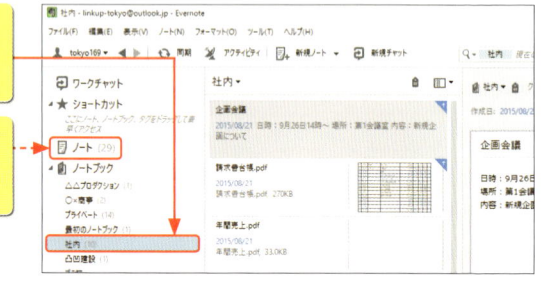

② 検索ボックスにキーワードを入力し、

③ Enter を押すと、

④ キーワードに該当するノートが表示されます。

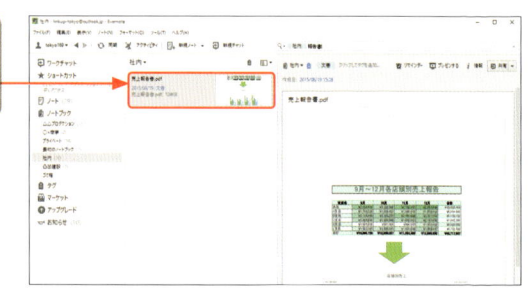

168

2 すべてのキーワードを含むノートを検索する

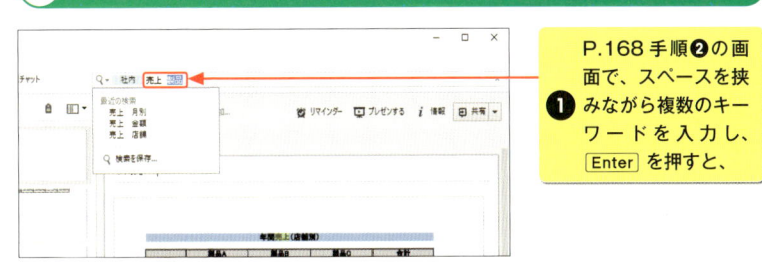

① P.168手順②の画面で、スペースを挟みながら複数のキーワードを入力し、Enterを押すと、

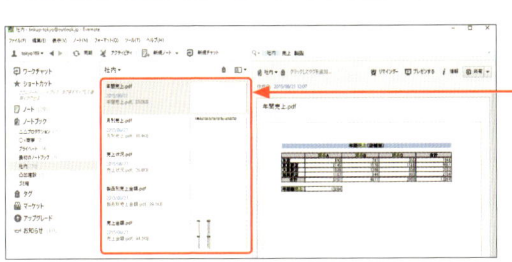

② すべてのキーワードを含むノートが表示されます。

3 いずれかのキーワードを含むノートを検索する

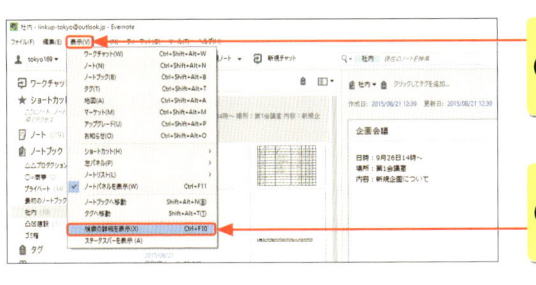

① P.168手順②の画面で、<表示>をクリックし、

② <検索の詳細を表示>をクリックします。

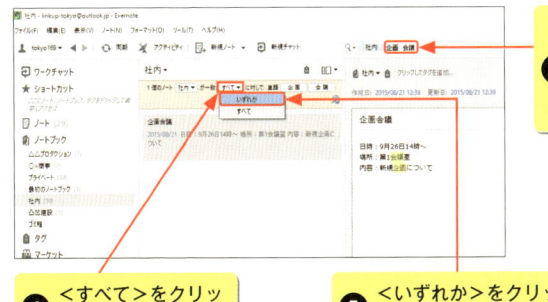

③ スペースを挟みながら複数のキーワードを入力してEnterを押し、

④ <すべて>をクリックし、

⑤ <いずれか>をクリックすると、いずれかのキーワードを含むノートが表示されます。

第1章 Evernoteの基本操作

169

Evernote 第1章 Evernoteの基本操作

Section 083 ノート／ノートブック／タグを削除する

作成したノートは、かんたんに削除することができます。削除したノートはいったん「ゴミ箱」に移動するので、そこで削除したノートを復元することもできます。ノートブックやタグも削除できますが、復元できないことに注意しましょう。

1 ノートを削除する

❶ 任意のノートブックをクリックします。

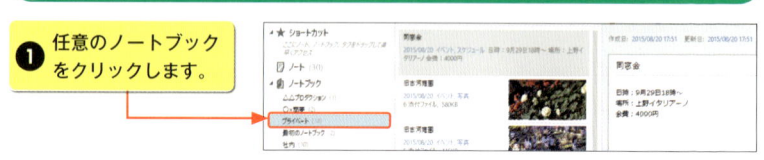

❷ 削除したいノートを右クリックし、

❸ <ノートを削除>をクリックします。

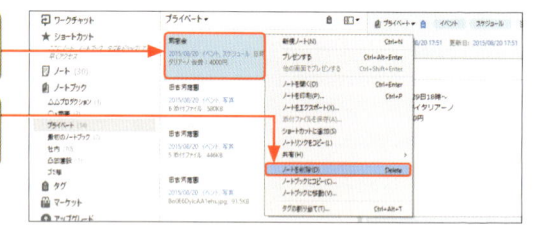

❹ <ゴミ箱>をクリックし、

❺ 削除したノートをクリックして、

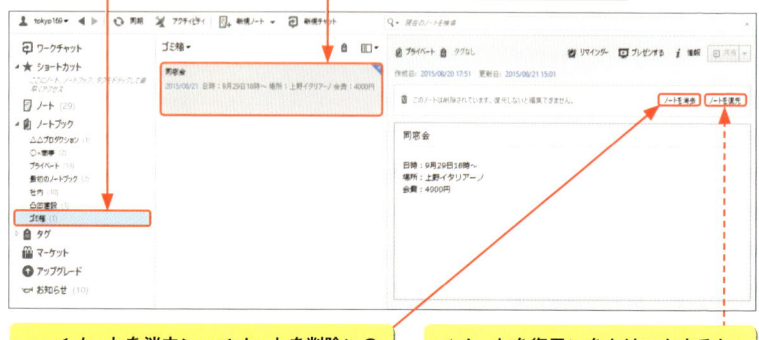

❻ <ノートを消去>→<ノートを削除>の順にクリックすると、ノートを完全に削除できます。

<ノートを復元>をクリックすると、ノートをもとに戻すことができます。

② ノートブックを削除する

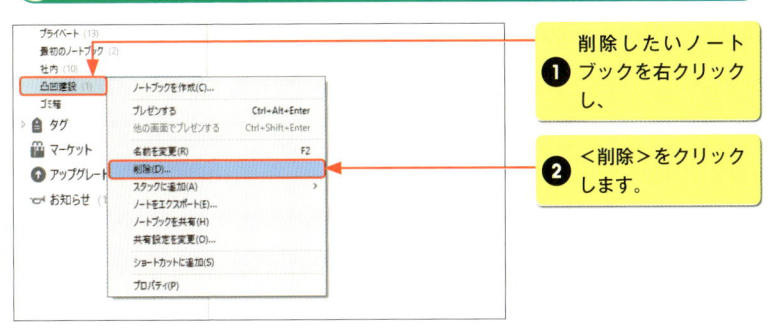

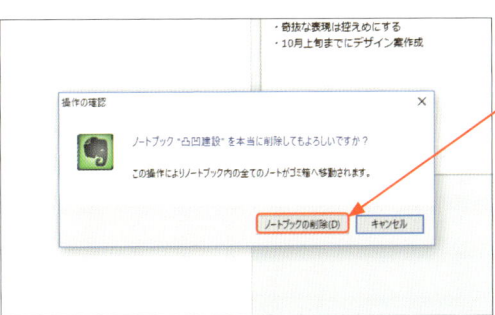

① 削除したいノートブックを右クリックし、

② <削除>をクリックします。

③ <ノートブックの削除>をクリックすると、ノートブックが完全に削除されます。

削除したノートブック内のノートは、「ゴミ箱」に移動します。

③ ノートに付けたタグを削除する

① タグを削除したいノートを開き、タグにポインターを合わせて、×をクリックします。

② タグが削除されます。

④ タグ自体を削除する

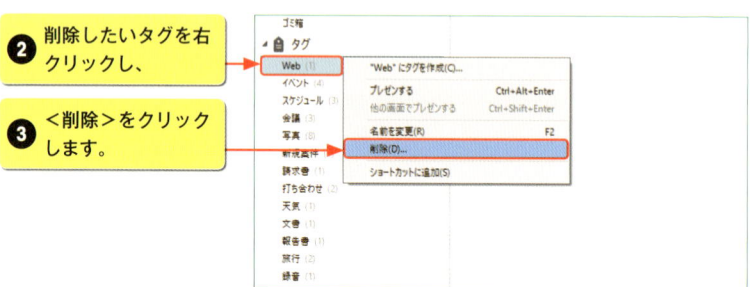

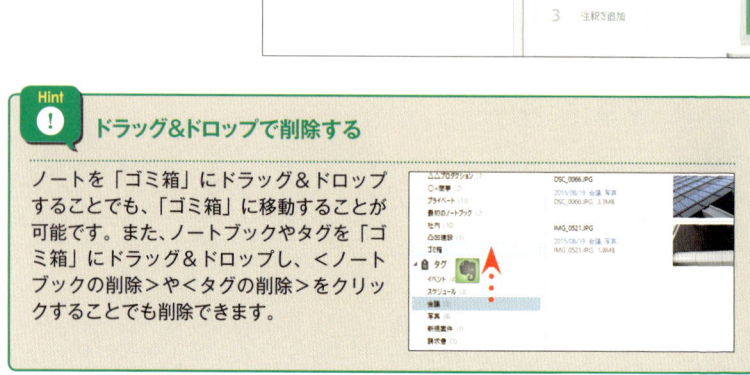

❶ サイドバーの「タグ」の左側の ▷ をクリックします。

❷ 削除したいタグを右クリックし、

❸ <削除>をクリックします。

❹ <タグの削除>をクリックすると、タグ自体が削除されます。

タグが付けられたノートは削除されません。

Hint ドラッグ&ドロップで削除する

ノートを「ゴミ箱」にドラッグ&ドロップすることでも、「ゴミ箱」に移動することが可能です。また、ノートブックやタグを「ゴミ箱」にドラッグ&ドロップし、<ノートブックの削除>や<タグの削除>をクリックすることでも削除できます。

Evernote 編

第 2 章

Evernoteの活用

Evernote 　第2章　Evernoteの活用

Section 084
PDFファイルやOfficeファイルを管理する

Evernoteでは、PDFファイルを取り込んで、閲覧したり注釈を加えたりできます。Officeファイルも取り込めますが、Officeファイルを閲覧するには、あらかじめOfficeアプリやOffice互換アプリをインストールしておく必要があります。

1 PDFファイルを取り込んで閲覧する

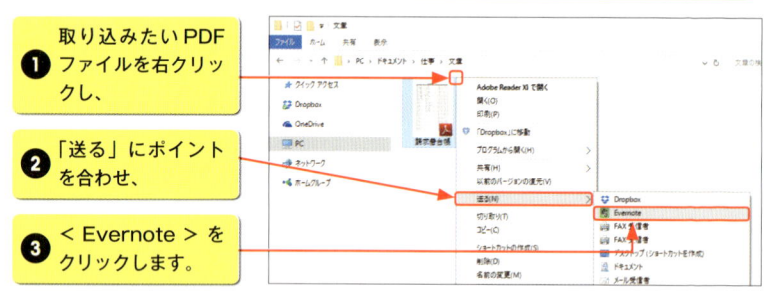

1. 取り込みたいPDFファイルを右クリックし、
2. 「送る」にポイントを合わせ、
3. <Evernote>をクリックします。
4. 作成されたノートをクリックすると、
5. PDFファイルが閲覧できます。

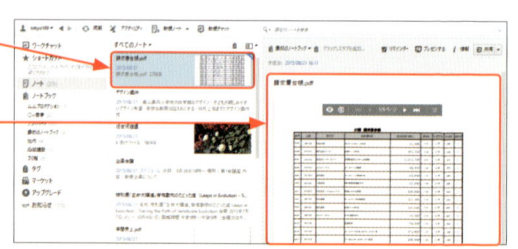

▶をクリックすると次のページを、⏭をクリックすると最後のページを閲覧できます。
◀をクリックすると前のページを、⏮をクリックすると最初のページを閲覧できます。

Step up　PDF注釈機能を利用する

手順❺の画面で ⓘ →<今すぐ試す>の順にクリックすると、PDF注釈機能が利用できます。画面左端のボタンをクリックすることで、矢印やテキストなどの書き込み形式を選択できます。

2 Officeファイルを取り込んで閲覧する

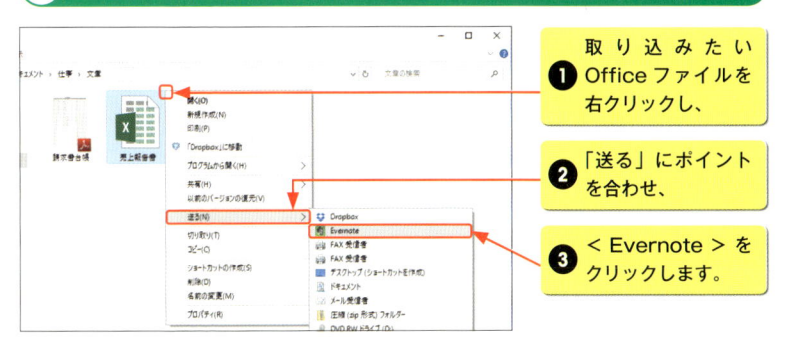

① 取り込みたいOfficeファイルを右クリックし、

② 「送る」にポイントを合わせ、

③ < Evernote > をクリックします。

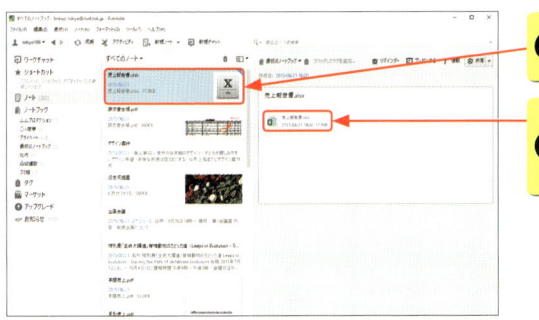

④ 作成されたノートをクリックし、

⑤ 添付されているOfficeファイルをダブルクリックすると、

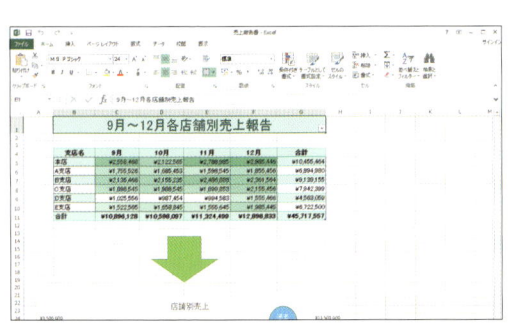

⑥ OfficeファイルがOfficeアプリで閲覧できます。

Memo

Officeアプリがない場合

パソコンにOfficeアプリがインストールされていない場合は、Office互換アプリを使うとよいでしょう。Apache OpenOffice（http://www.openoffice.org/ja/）やLibreOffice（https://ja.libreoffice.org/）などは、無料でダウンロードして使用できます。

Evernote 第2章 Evernoteの活用

Section 085 カタログやプレゼン資料として活用する

ノートブックとWebクリッパーなどを組み合わせれば、商品やお店のカタログをかんたんに作成することができます。また、プレゼンテーションモードを利用すれば、ノートを魅力的なプレゼン資料として活用できます。

1 カタログを作成する

① P.162を参考に、カタログにしたいノートブック（ここでは「レストラン」）を作成します。

② Google Chromeでカタログに取り込みたいレストランのWebページを表示します。

③ 🐘 をクリックし、

④ 保存先にカタログ名（ここでは「レストラン」）を指定し、

⑤ <タグの追加>をクリックします。

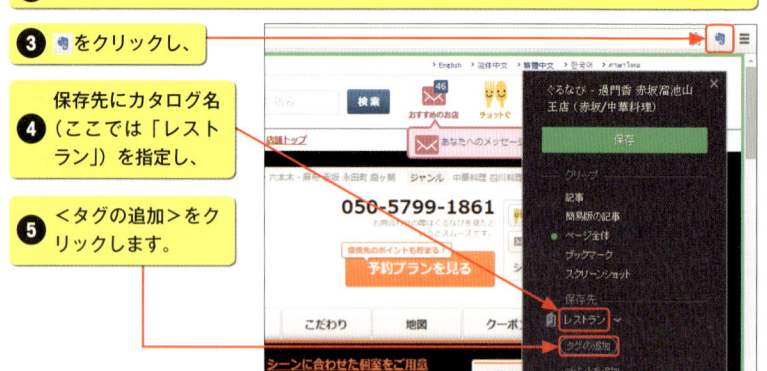

⑥ 分類しやすいタグを入力して [Enter] を押し、

⑦ <保存>をクリックします。

2 プレゼン資料として活用する

① テキストや画像などで構成されたノートを作成し、

② ＜プレゼンする＞→＜トライアルを開始＞をクリックします（ベーシック版では30日間無料で試用できます）。

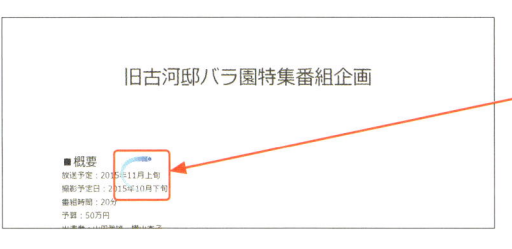

③ マウスやタッチパッドを動かすと、ポインターがレーザーポインターとして表示されます。

④ ↓ を押すと、次のページに移動します。

↑ を押すと、前のページに移動します。

⑤ 画面右上にポインターを移動させると、メニューアイコンが表示されます。画面を暗転するには を、レーザーポインターの種類を変更するには を、終了するには をクリックします。

⑧ 同様の手順でノートを追加していけば、カタログが作成できます。

第2章 Evernoteの活用

Evernote

177

Evernote 第2章 Evernoteの活用

Section 086 テンプレートを作成する

ビジネス文書やメールの送信状など、文書のテンプレートを作成して保存しておけば、いつでも好きなときに利用することができます。よく利用する文書はテンプレートを作成して、仕事の効率化に役立てましょう。

1 テンプレートを作成する

① Sec.068を参照して新規ノートを開きます。

② タイトルにテンプレートの用途などを入力し、

③ 文書を作成します。

④ 文書の作成が完了したら、あとから見つけやすいように、P.164を参照してタグで分類しましょう。

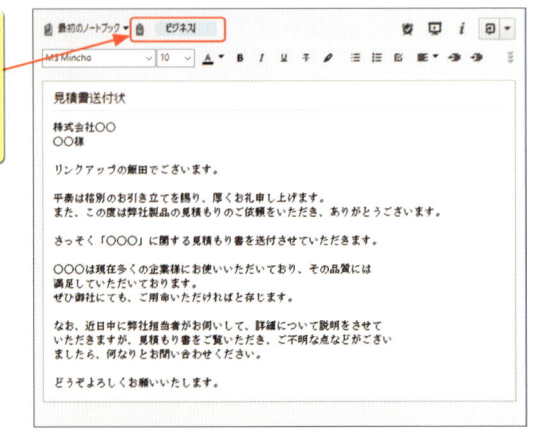

2 テンプレートを使ってメールを作成する

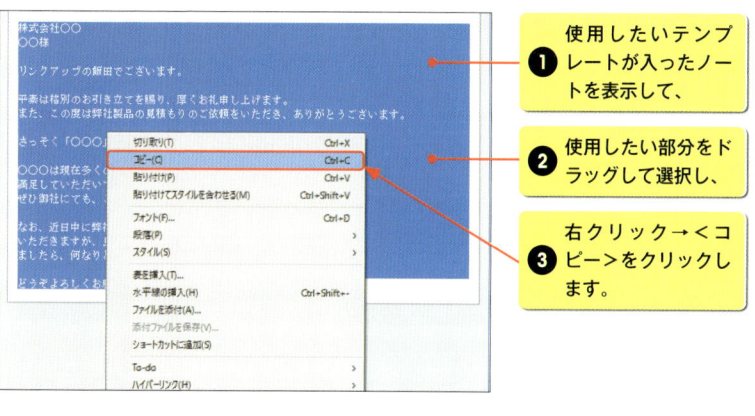

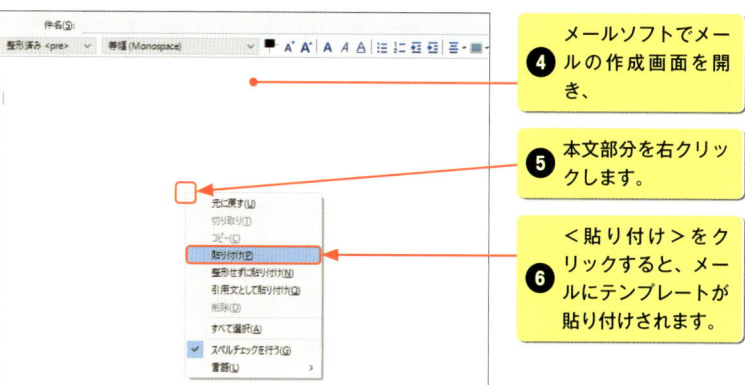

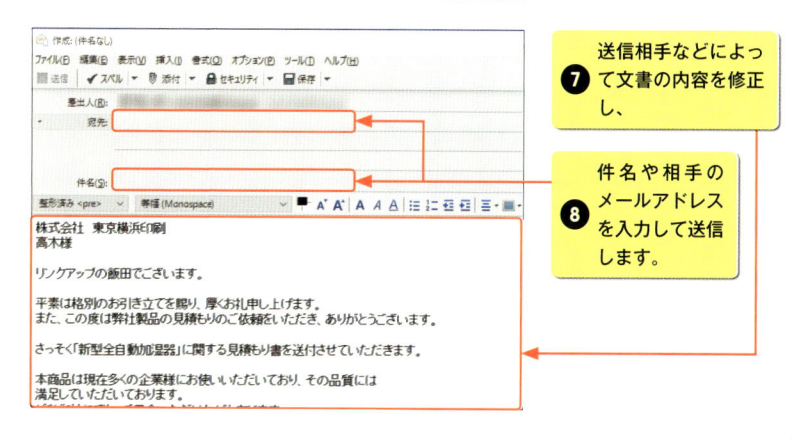

① 使用したいテンプレートが入ったノートを表示して、

② 使用したい部分をドラッグして選択し、

③ 右クリック→<コピー>をクリックします。

④ メールソフトでメールの作成画面を開き、

⑤ 本文部分を右クリックします。

⑥ <貼り付け>をクリックすると、メールにテンプレートが貼り付けされます。

⑦ 送信相手などによって文書の内容を修正し、

⑧ 件名や相手のメールアドレスを入力して送信します。

第2章 Evernoteの活用

Evernote

179

Evernote 第2章 Evernoteの活用

Section 087 名刺を管理する

スマートフォンのカメラで名刺を撮影し、Evernoteに保存すれば、タグなどを使って効率的に管理することができます。ここでは、名刺の取り込み方法と分類する方法を解説します。

1 名刺を取り込む

① スマートフォン版 Evernote を起動してカメラを起動し、

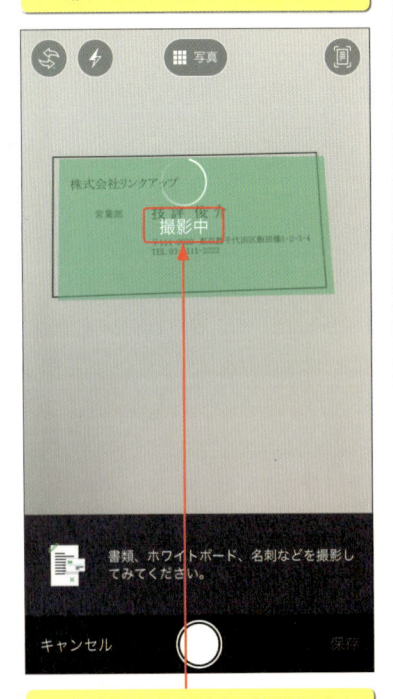

② 名刺を画面に写すと、「撮影中」と表示されるので、そのまま待ちます。

③ 撮影が完了すると、名刺に記載されているデータが自動で読み取られるので、

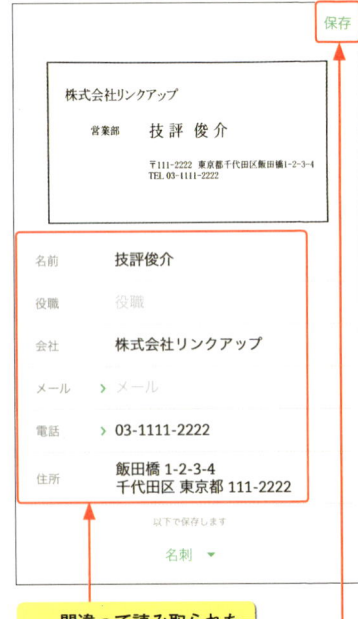

④ 間違って読み取られた項目があれば修正し、

⑤ <保存>をタップすると、名刺がノートとして保存されます。

2 名刺を分類する

● ノートブックで分類

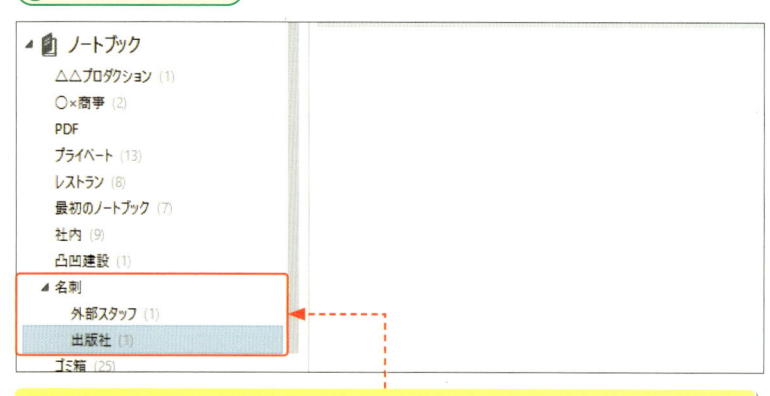

- ノートブック
  - △△プロダクション (1)
  - ○×商事 (2)
  - PDF
  - プライベート (13)
  - レストラン (8)
  - 最初のノートブック (7)
  - 社内 (9)
  - 凸凹建設 (1)
  - 名刺
    - 外部スタッフ (1)
    - 出版社 (1)
  - ゴミ箱 (25)

名刺情報を保存したノートブックはスタックして、ひとまとめにしておくとよいでしょう。

● タグでさらに細かく分類

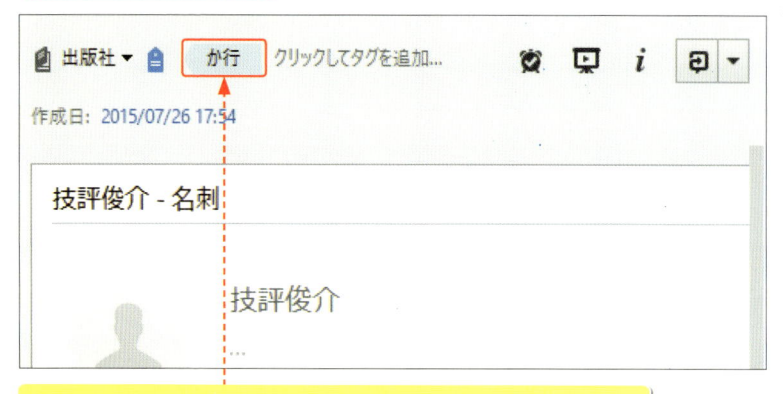

出版社 ▼ か行 クリックしてタグを追加...

作成日: 2015/07/26 17:54

技評俊介 - 名刺

技評俊介

名刺情報に「か行」などのタグを付けておくと、50音順で検索ができます。

Memo 無料のベーシックアカウントでは5枚まで

ここで解説しているスマートフォン版に搭載されている名刺スキャン機能は、プレミアムアカウント用のサービスです。無料のベーシックアカウントでは、お試しとして5枚までしか取り込みを行うことができません。もっと多くの名刺を取り込みたい場合は、プレミアムアカウント（4,000円／年）にアップグレードしましょう。

Evernote 第2章 Evernoteの活用

Section 088 ショートカットキーでニュース記事をすばやく取り込む

ショートカットキーを活用すれば、複雑な操作をかんたんなキー操作のみで行うことができます。また、Evernoteでよく使う機能をかんたんに呼び出せるショートカットキーを使いこなすことで、作業効率がグンと上がります。

1 ショートカットキーを使ってニュース記事を取り込む

① Webブラウザで取り込みたいニュース記事のページを開きます。

② 保存したい部分をドラッグして選択し、CtrlとCを押してコピーします。

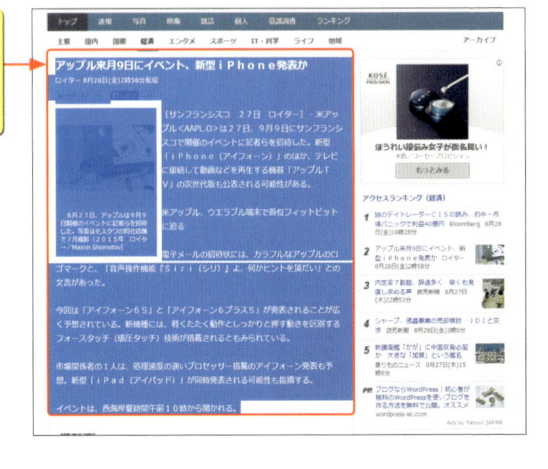

> Ctrl と Alt と V を押すと、コピーした記事が Evernote に貼り付けられ、「貼り付け済み」と表示されます。

❸ 貼り付け済み: アップル来月9日にイベント、新型iPhone発表か
5.6 KB

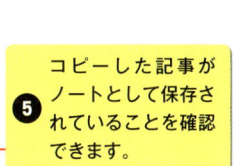

> ❹ 追加されたノートをクリックすると、

> ❺ コピーした記事がノートとして保存されていることを確認できます。

第2章 Evernoteの活用

Memo そのほかのショートカットキー

Ctrl + Alt + N	Evernoteを起動して、新規ノートを開く
⊞ + PrintScreen	スクリーンショットを撮る
⊞ + A	選択している項目をコピーする
⊞ + Shift + F	Evernoteで検索する

Evernote

183

Section 089 手書きメモをまとめる

思い付いたアイデアやイメージは、インクノートを使うことですばやくEvernoteに保存することができます。インクノートには、キーボードで文字入力をするのではなく、マウスカーソルをドラッグして手書きでメモを作成できます。

1 インクノートを利用する

1. 画面上部にある「新規ノート」の右側の▼をクリックし、
2. <新規インクノート>をクリックします。

新しいインクノートが作成されます。

3. マウスカーソルをノートの空白部分に重ね、
4. ドラッグすると、イラストを描画できます。
5. □をクリックし、
6. イラストの周りをドラッグして範囲を指定すると、

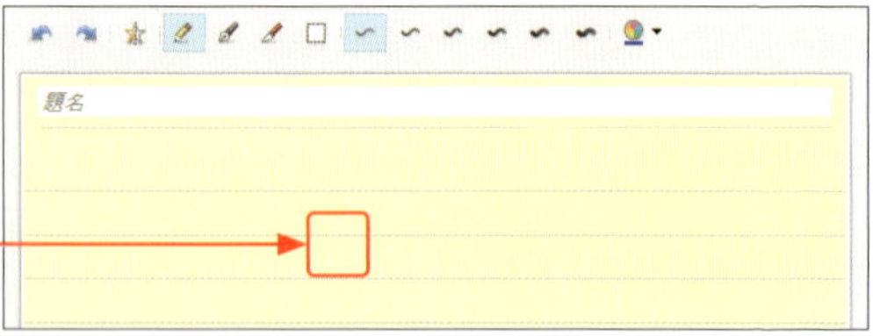

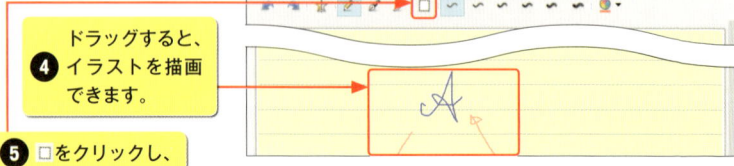

任意の位置に移動させたり、大きさを変更できます。

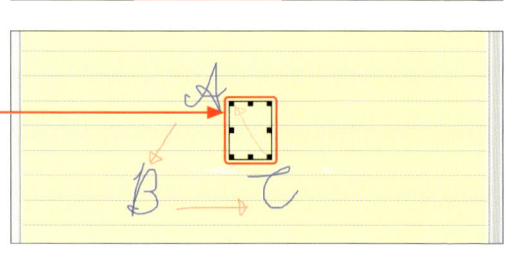

② インクノートの描画方法

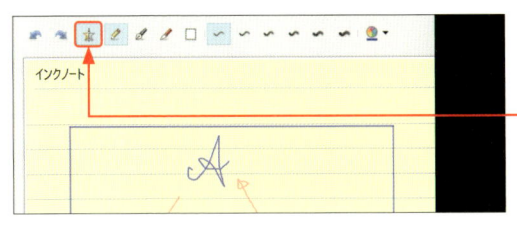

まっすぐな直線を描画したい場合は、📐をクリックしてから、インクノート上でマウスカーソルをドラッグします。

🎨・をクリックすると、線の色を変更することができます。

線の太さを変更したい場合は、〜〜〜〜〜よりいずれかの種類をクリックします。

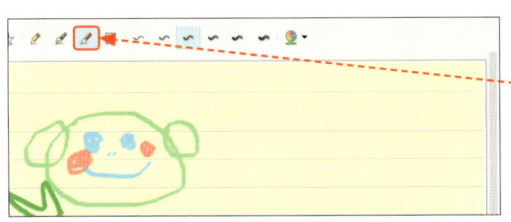

✐をクリックして、任意の線をクリックすると、クリック先の線を消去できます。

Hint｜インクノートで作成したファイルを共有する

ノートリストで、共有したいインクノートを右クリックし、「共有」にポイントを合わせて＜コピーを送信＞をクリックすると、作成したファイルを画像としてメールに添付し、相手に送信できます。

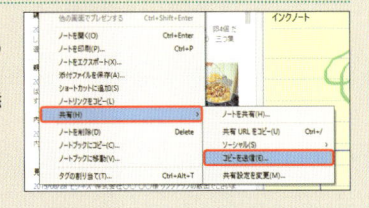

Section 090 ToDoリストで予定を管理する

チェックボックス機能を利用すると、かんたんにタスク管理を行うことができます。日替わりのスケジュールや、大規模プロジェクトの進捗状況など、ひと目で管理できるので、抜け漏れを防ぐ役を担ってくれます。

1 チェックボックスを活用する

任意のノートを開きます（ここでは、新しいノートを作成しています）。

❶ 編集メニューの ☑ をクリックすると、

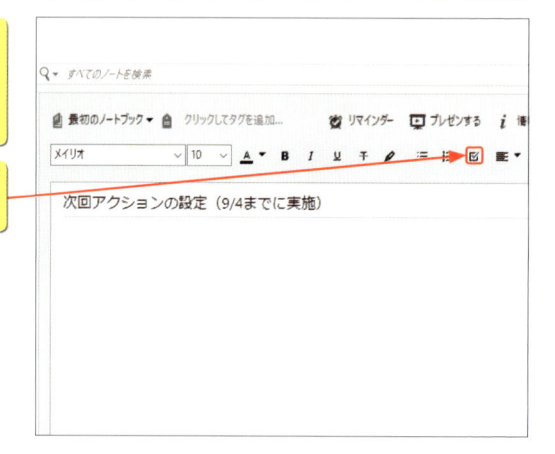

本文フィールドにチェックボックスが挿入されます。

❷ チェックボックスのうしろに、表示したい内容を入力します。

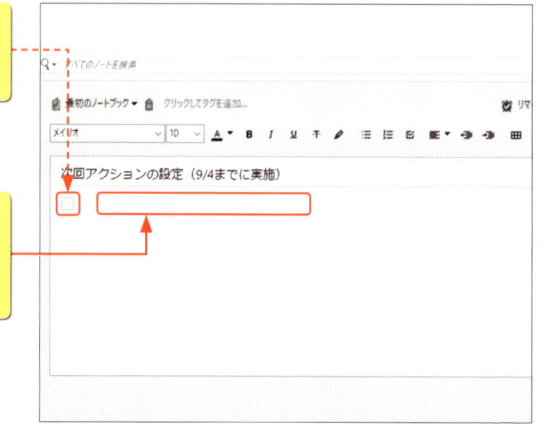

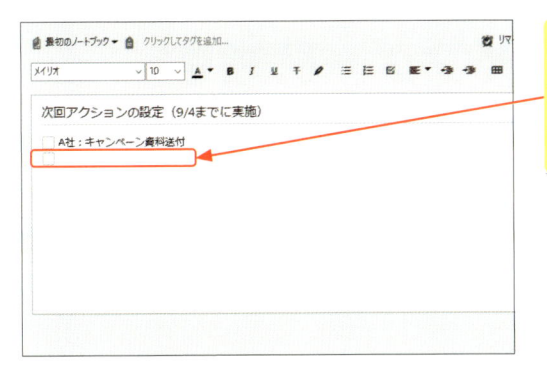

> Enter を押して改行すると、自動的に次の行頭にチェックボックスが挿入されます。

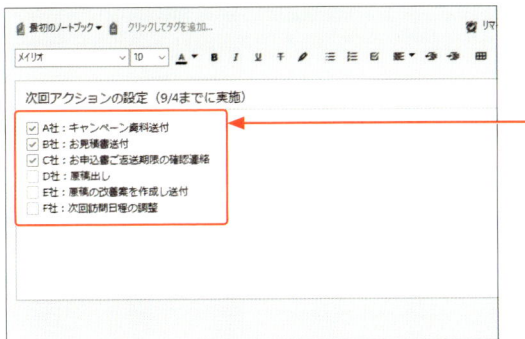

❸

> チェックボックスをクリックすると、チェックが入るのでToDoリストとして活用できます。

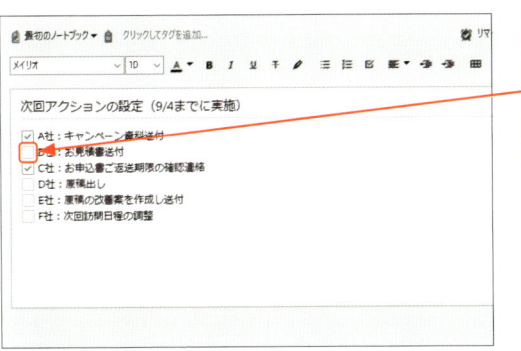

❹

> チェックの入ったチェックボックスを再びクリックすると、チェックがはずれます。

❺

Hint

❗ リマインダー機能と併用する

Evernoteからの通知を、指定した日時に受け取れるリマインダー機能と併用することで、より確実にToDoチェックができます。リマインダー機能の設定方法などは、Sec.091を参照してください。

Evernote 第2章 Evernoteの活用

Section 091 リマインダー機能を利用する

Evernoteには、タスク管理に便利なリマインダー機能を搭載しています。リマインダーを設定すると、あらかじめ指定した期日にポップアップやアラームなどで通知を受け取ることができます。

1 指定した日時に通知する

リマインダーを設定したいノートを開きます。

❶ <リマインダー>をクリックし、

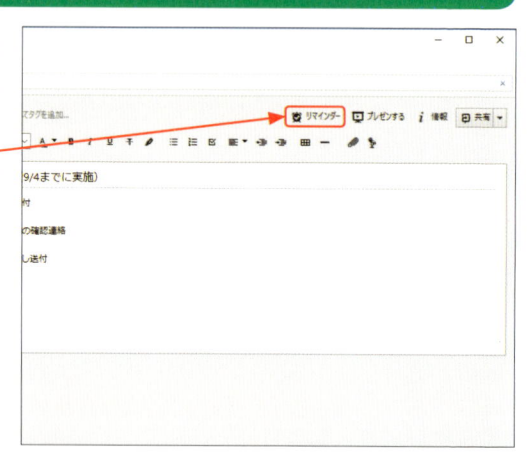

❷ <日付を追加>をクリックします。

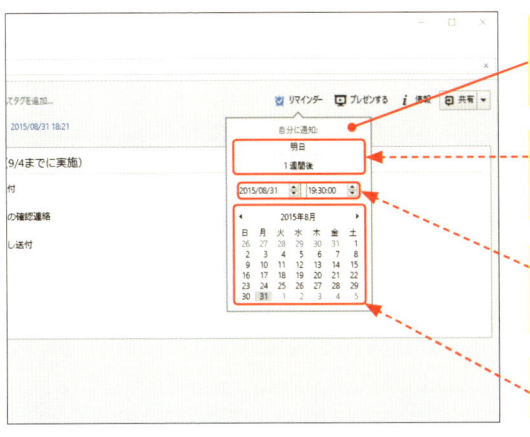

	リマインダーを通知したい日時を設定します。

自分に通知:
- 明日
- 1週間後
- 2015/08/31 19:30:00

2015年8月
日	月	火	水	木	金	土
26	27	28	29	30	31	1
2	3	4	5	6	7	8
9	10	11	12	13	14	15
16	17	18	19	20	21	22
23	24	25	26	27	28	29
30	31	1	2	3	4	5

- 翌日あるいは1週間後に通知したい場合は、こちらをクリックします。
- 通知する日時を細かく設定したい場合は、こちらを使用します。
- カレンダーから日付を設定することもできます。

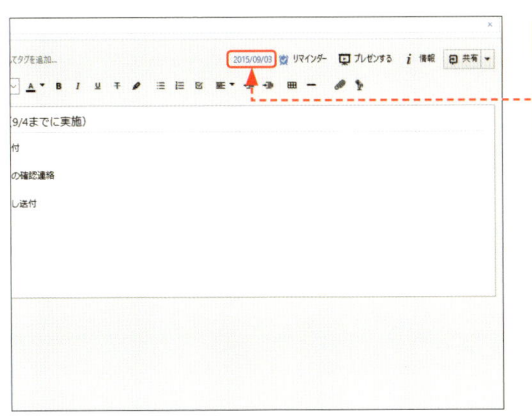

設定が完了すると、<リマインダー>の左側に通知予定日が表示されます。

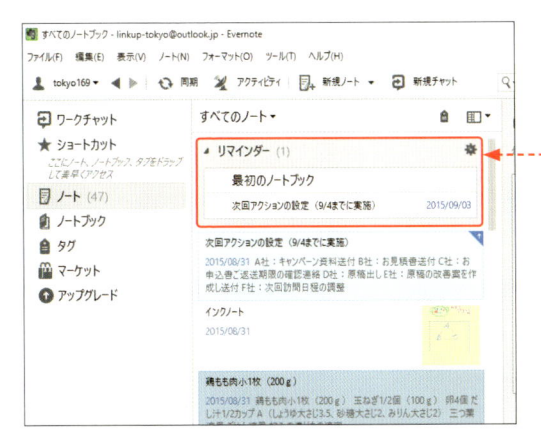

すべてのノートブック - linkup-tokyo@outlook.jp - Evernote

- ワークチャット
- ★ ショートカット
- 📝 ノート (47)
- 📓 ノートブック
- 🏷 タグ
- 🛒 マーケット
- ⬆ アップグレード

すべてのノート ▼

▲ リマインダー (1)

　最初のノートブック
　次回アクションの設定 (9/4までに実施) 2015/09/03

次回アクションの設定 (9/4までに実施)
2015/08/31 A社：キャンペーン資料送付 B社：お見積書送付 C社：お申込書ご返送期限の確認連絡 D社：原稿出し E社：原稿の改善案を作成し送付 F社：次回訪問日程の調整

インクノート
2015/08/31

鶏もも肉小1枚 (200g)
2015/08/31 鶏もも肉小1枚 (200g) 玉ねぎ1/2個 (100g) 卵4個 だし汁1/2カップA (しょうゆ大さじ3.5、砂糖大さじ2、みりん大さじ2) 三つ葉

リマインダーを設定したノートがあると、ノートリスト上部に「リマインダー」の項目が表示されます。

第2章 Evernoteの活用

189

Evernote 第2章 Evernoteの活用

Section 092 レシピ集から買い物リストを作る

インターネットなどでお気に入りのレシピを見つけたら、Evernoteに記録しておきましょう。レシピとEvernoteの機能を組み合わせることで、チェックボックス付きの買い物リストを作成することができます。

1 レシピ集から買い物リストを作る

1. 料理レシピサイトなどで気になるレシピが見つかったら、

2. 保存したい部分をドラッグして選択し、

3. Sec.071を参照してEvernoteに保存します。

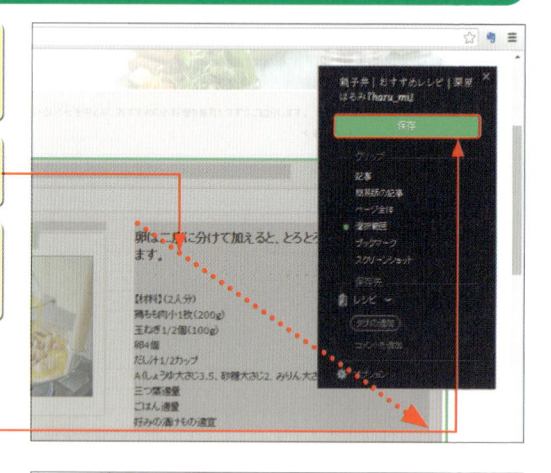

4. 保存したレシピをEvernoteで表示して、

5. 買い物リストにする材料の箇所だけをドラッグして選択し、

6. 右クリックして、

7. <コピー>をクリックします。

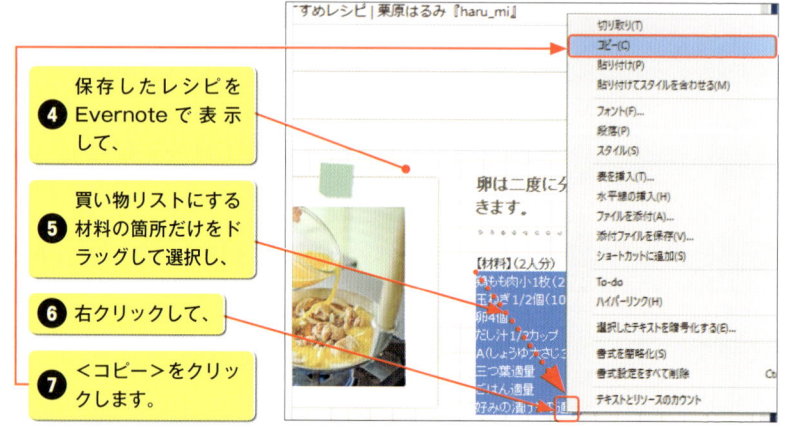

⑧ Sec.068を参照して新規ノートを作成し、

⑨ 何もない場所を右クリックして、

⑩ <貼り付け>をクリックして、買い物リストをペーストします。

⑪ ペーストした材料をドラッグして選択し、

⑫ 右クリックして、

⑬ 「To-do」にポイントを合わせ、

⑭ <チェックボックスを挿入>をクリックします。

⑮ 材料の一覧が、チェックボックス付きの買い物リストになりました。

第2章 Evernoteの活用

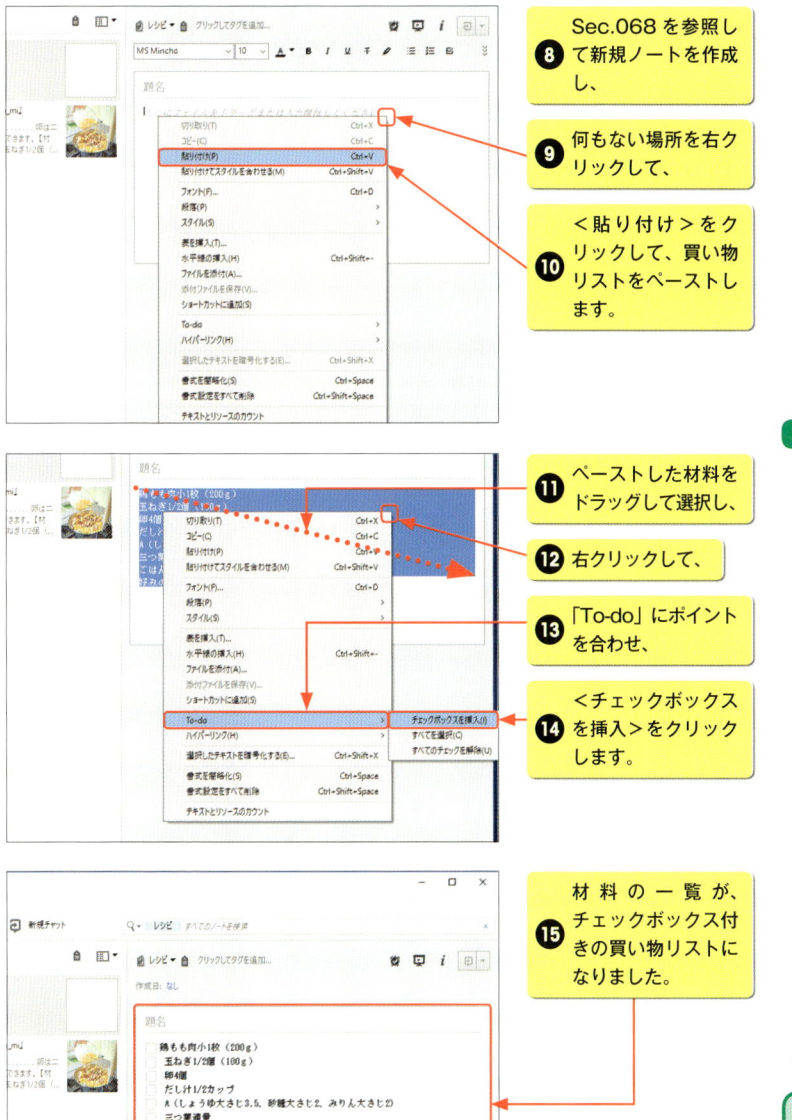

Evernote

191

Evernote > 第2章 Evernoteの活用

Section 093 ノートブックを共有する

Evernoteでは、特定の相手を指定して、その相手とノートブックを共有することができます。なお、ノートブックを共有するためには、相手もEvernoteのアカウントが必要です。

1 ノートブックを特定のユーザーと共有する

① 共有したいノートブックを右クリックし、

② <ノートブックを共有>をクリックします。

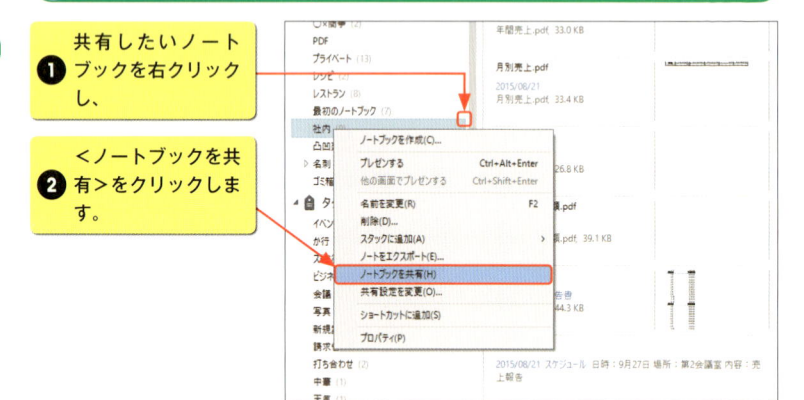

「ノートブックを共有」ダイアログボックスが表示されます。

③ 共有したい相手のメールアドレス（複数いる場合はアドレスとアドレスのあいだを「,」（カンマ）で区切る）を入力し、

④ <編集・招待が可能>をクリックします。

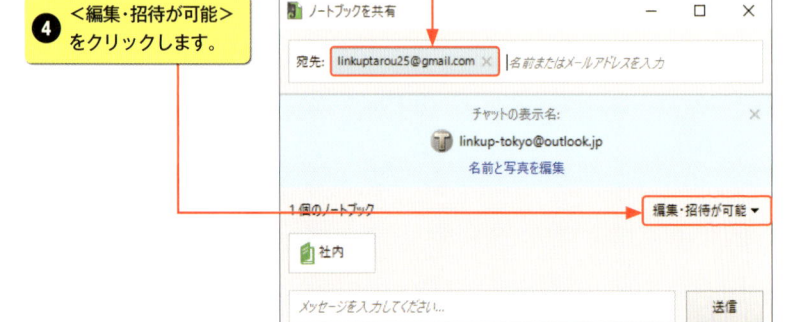

> 閲覧のみ許可する場合は＜閲覧が可能＞、編集も許可する場合は＜編集が可能＞、ほかの人との共有も許可する場合は、＜編集・招待が可能＞をクリックして選択します。

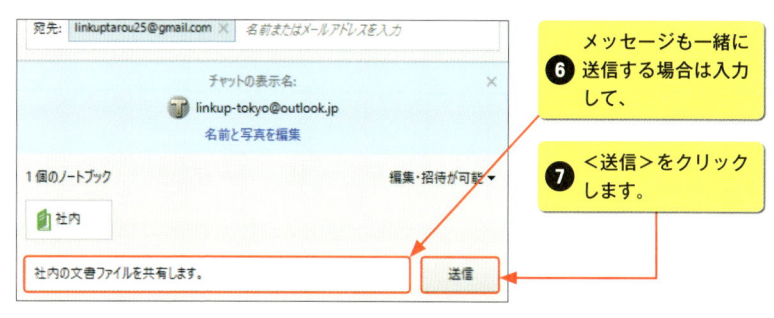

❺

> メッセージも一緒に送信する場合は入力して、

❻

> ＜送信＞をクリックします。

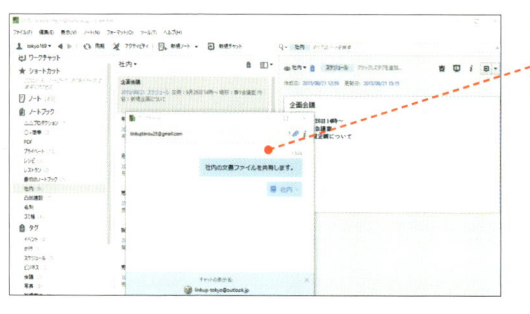

❼

> ポップアップが表示され、ノートブックが共有されました。

> 共有されたユーザーには、このようなメールが送信されます。

❽

第 2 章　Evernoteの活用

Evernote

193

Evernote 第2章 Evernoteの活用

Section 094 写真を公開する

Evernoteでは、写真を挿入したノートにURLを設定して公開できます。ここでは、パソコンに保存している画像ファイルを新しく作成したノートに貼り付けて公開する方法を解説します。

1 公開リンクで写真を公開する

① エクスプローラーで取り込む画像をクリックし、

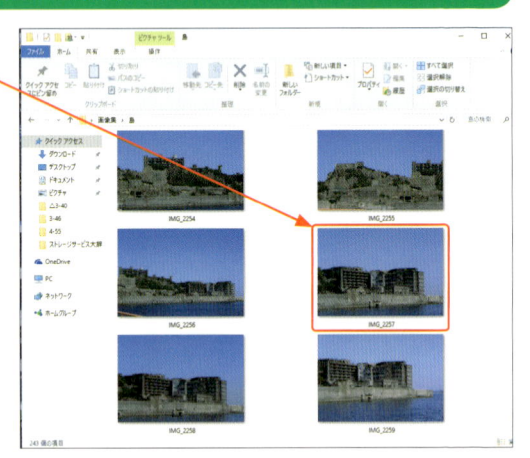

② 任意のノートにドラッグ&ドロップすると、

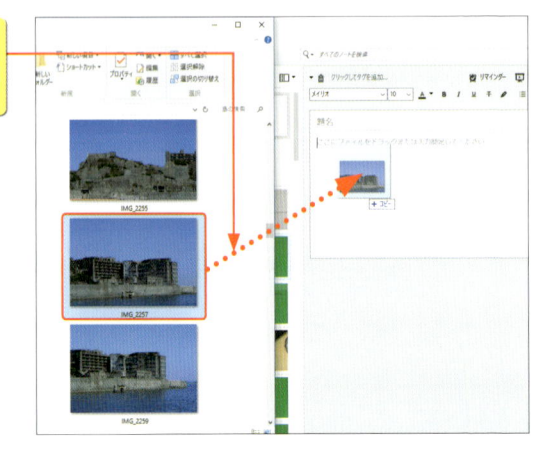

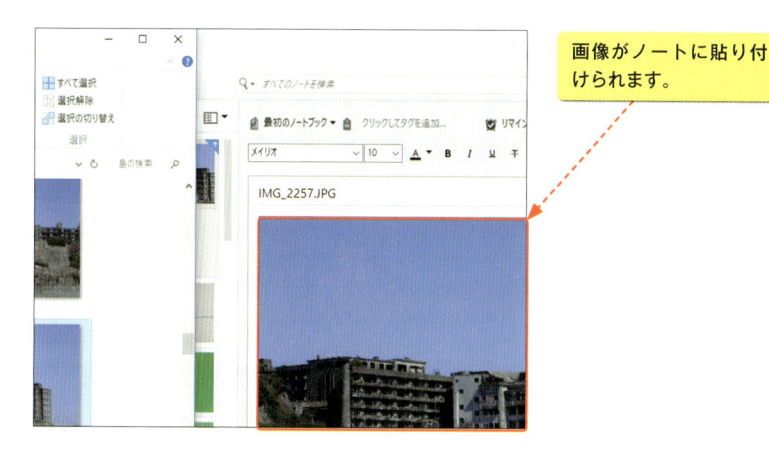

画像がノートに貼り付けられます。

❸ 内容を公開したいノートを右クリックし、

❹ 「共有」にポイントを合わせ、

❺ <共有URLをコピー>の順にクリックします。

公開用のURL作成が完了し、URLがコピーされました。右クリック→<貼り付け>をクリックすると、メールなどにペーストして共有できます。

Hint
URLをコピー&ペーストすることなく写真を公開する

手順❺の画面で<ノートを共有>をクリックすると、URLをコピー&ペーストすることなく、Evernoteのアプリから直接ノートブックを公開したい相手に共有することもできます。

第2章 Evernoteの活用

Evernote

195

Evernote 第2章 Evernoteの活用

Section 095

Evernoteの有料プランを利用する

Evernoteはプランによって使える機能に違いがあります。Evernoteの利用頻度や、使いたい機能によって自分に合ったプランを選択し、効果的にEvernoteを活用しましょう。

① Evernoteのプラン

　Evernoteはプランによって利用できる機能や月当たりのアップロード容量に違いがあります。Evernoteをどのように活用するか、どの機能の使用頻度が高いのかを見極め、自分に合ったプランを選択しましょう。なお、有料プランに切り替えるには、P.135手順❷の画面で＜アップグレード＞をクリックすると、プランの選択画面が表示されます。

Evernoteの機能 \ プラン名	ベーシック（無料）	プラス（2,000円/年）	プレミアム（4,000円/年）
月当たりのアップロード容量	60MB	1GB	10GB
ノートの上限サイズ	25MB	50MB	200MB
ノートをオフラインで利用	ー	●	●
モバイル版アプリにロックを追加	ー	●	●
メールをEvernoteに保存	ー[※1]	●	●
Office文書や各種ファイルの中まで検索	ー	ー	●
ノートをプレゼン資料に変換	ー	ー	●
添付のPDFファイルに注釈を追加	ー	ー	●
名刺をスキャンしてデジタル化[※2]	ー[※1]	ー	●
ノート履歴にアクセス	ー	ー	●
自分のノートに関連深いコンテンツを表示	ー	ー	●

※1　5通（5枚）まではお試しで利用可能
※2　スマートフォン版で撮影した名刺のみ（Sec.087参照）

Evernote 編

第3章

Evernoteの便利技

Evernote 第3章 Evernoteの便利技

Section 096 チャット機能を利用する

Evernoteのチャット機能を利用すると、他のEvernoteユーザーに瞬時にメッセージを送信することができます。チャット画面上では、メッセージ交換のほか、文書ファイルや画像、ノートの共有も行うことができます。

1 ワークチャットを利用する

① ホーム画面で＜新規チャット＞をクリックし、

② 「宛名」の欄をクリックして、

③ チャットする相手の名前またはメールアドレスを入力します。

④ チャットで話しかけたい内容をメッセージボックスに入力し、

チャットの表示名:
linkup-tokyo@outlook.jp
名前と写真を編集

メッセージを入力してください...　　送信

⑤ <送信>をクリックします。

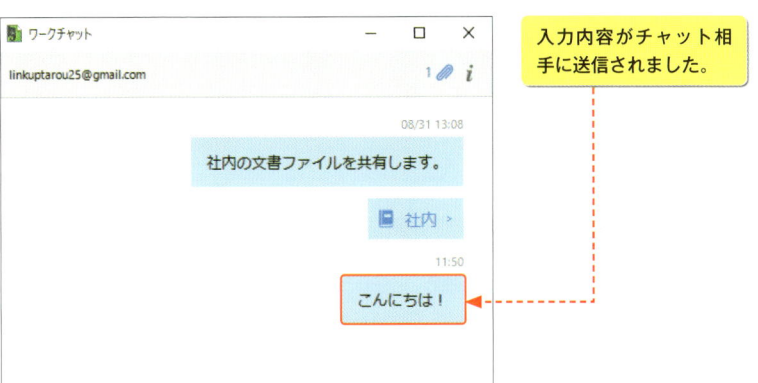

チャットの表示名:
linkup-tokyo@outlook.jp
名前と写真を編集

こんにちは！　　送信

ワークチャット
linkuptarou25@gmail.com

08/31 13:08
社内の文書ファイルを共有します。
社内 >
11:50
こんにちは！

入力内容がチャット相手に送信されました。

第3章 Evernoteの便利技

Hint 複数人でチャットをする

P.198手順❸の画面で、チャットをする相手のメールアドレスを入力したあとにEnterを押し、続けて別の相手のメールアドレスを入力すると、複数人でチャットを開始することができます。メンバー内で同時に発言や閲覧を進められるため、ディスカッションなどをスムーズに進行できます。

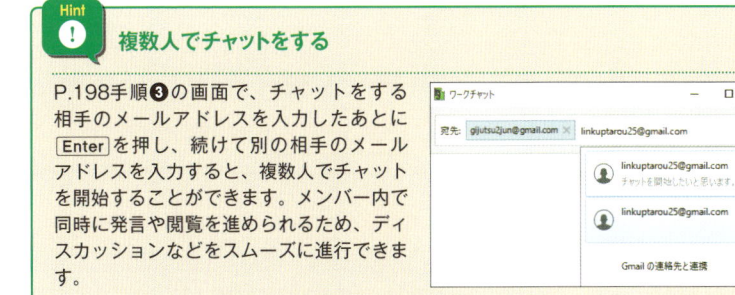

ワークチャット
宛先: gijjutsu2jun@gmail.com × linkuptarou25@gmail.com

linkuptarou25@gmail.com
チャットを開始したいと思います。

linkuptarou25@gmail.com

Gmail の連絡先と連携

Evernote

Evernote 　第3章　Evernoteの便利技

Section 097

複数のノートをまとめる

Evernoteには、2つ以上のノートを1つのノートにまとめる「マージ」という機能があります。別々に作成した複数のノートを1つのノートとしてまとめて、増えすぎたノートを整理しましょう。

1 マージ機能を利用する

❶ Evernote を起動し、ノートリストを開きます。

❷ CtrlやShiftを押しながら、1つにまとめたいノートをクリックして、

❸ <マージ>をクリックします。

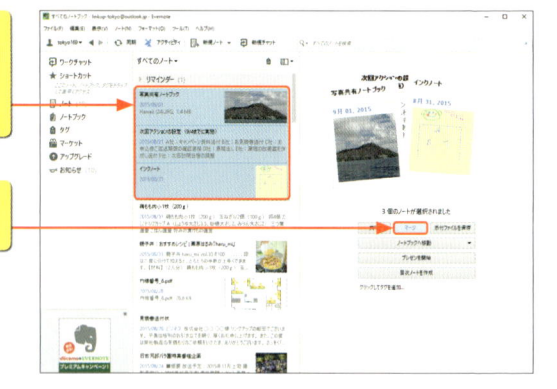

❹ 複数のノートが1つにまとめられました。

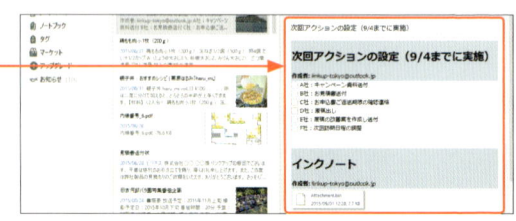

Hint　マージされる順番

複数のノートをマージして1つのノートにまとめる際、ノート本文の並び順は、Windowsの場合、ノートを選択した順になります。一方、Macの場合はノートのソート順（並べ替え順）となります。

② マージしたノートを復元する

マージして1つにまとめたノートを、ふたたび複数のノートに戻すことはできません。もとの状態に戻したい場合は、複数のノートがバラバラの状態でゴミ箱に入っているので、そこから個別に復元することができます。

❶ <ノートブック>をダブルクリックし、

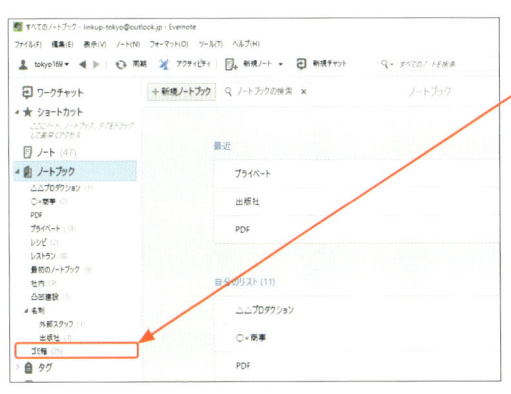

❷ <ゴミ箱>をクリックします。

❸ 復元したいノートをクリックし、

❹ <ノートを復元>をクリックすると、ノートが復元されます。

第3章 Evernoteの便利技

Evernote

Evernote > 第3章 > Evernoteの便利技

Section 098 ノートどうしをリンクする

Evernoteには、ノートどうしをリンクでつなぐ「ノートリンク」という機能があります。これをノート内の文字や画像に設定すると、Webページなどのリンクと同様に、クリックするだけでかんたんにリンク先のノートに移動できます。

1 ノートリンクを利用する

1. リンク先にしたいノートを選んで右クリックし、

2. <ノートリンクをコピー>をクリックします。

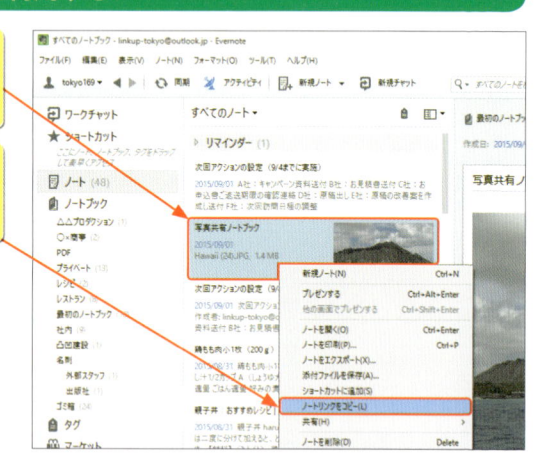

3. リンクもととなるノートを開き、

4. リンクを張りたいテキストまたは画像を、ドラッグして選択します。

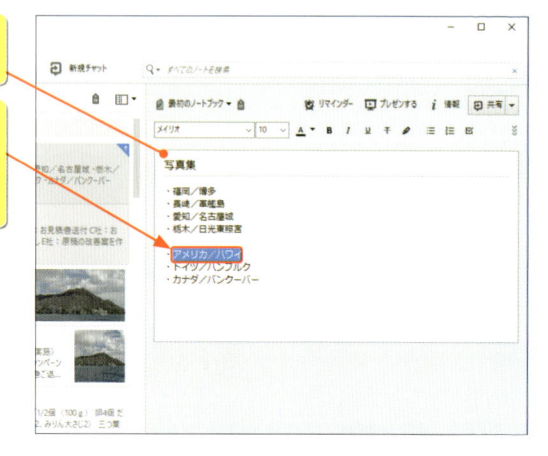

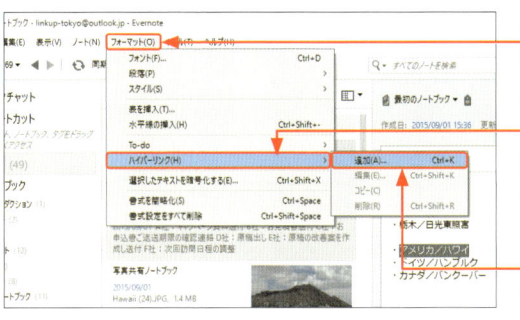

5 メニューバーの<フォーマット>をクリックし、

6 「ハイパーリンク」にポイントを合わせ、

7 <追加>をクリックします。

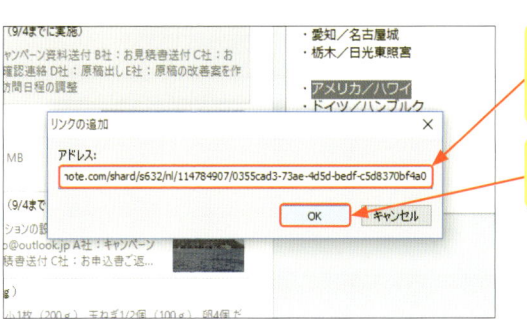

8 P.202 手順❷でコピーしたノートリンクをペーストして、

9 < OK >をクリックします。

10 選択したテキスト部分にリンクが張り付けられました。リンクをクリックします。

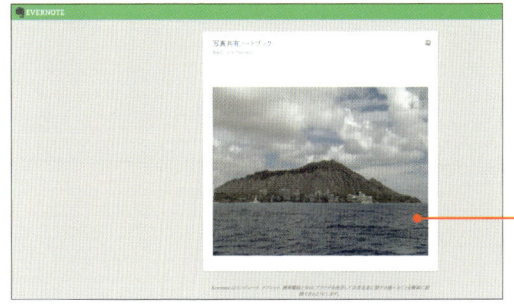

11 Web ブラウザが起動します。サインイン画面が表示された場合はサインインすると、

12 P.202 手順❶でリンク先に選択したノートが表示されます。

第3章 Evernoteの便利技

Evernote

203

Evernote 第3章 Evernoteの便利技

Section 099 ノートを暗号化する

Evernoteでは、重要な内容を記載したノートの内容を、暗号化することができます。個人情報やSNSなどのアカウントID、パスワードといった、ほかの人に知られたくない機密情報を保存する際は、この機能を活用しましょう。

1 ノートを暗号化する

① 暗号化したいテキストをドラッグして選択して右クリックします。

② <選択したテキストを暗号化する>をクリックします。

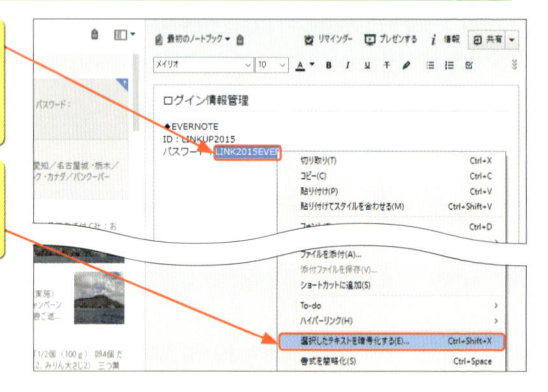

③ 使用するパスワードを入力します。

④ 手順❸で入力したパスワードを再入力します。

⑤ パスワードを思い出すヒントとなる単語を入力して、

⑥ <OK>をクリックすると、パスワードの設定が完了します。

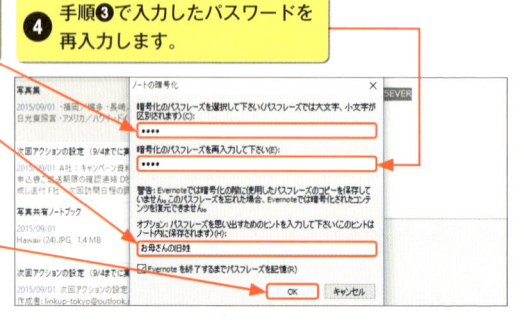

パスワードを設定すると、手順❶で選択した箇所が伏せ字で表示されます。

② ノートの暗号化を解除する

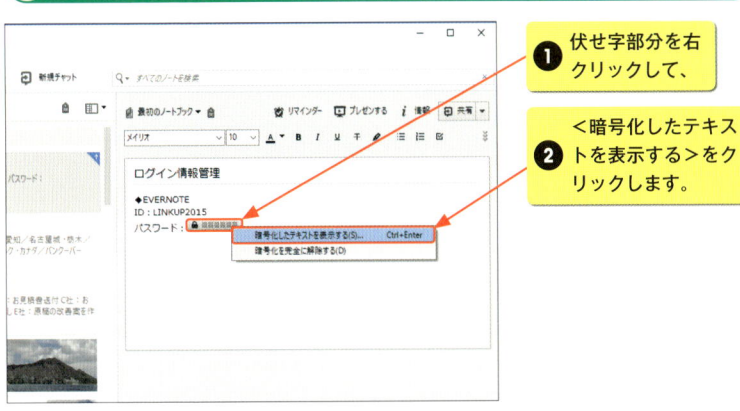

❶ 伏せ字部分を右クリックして、

❷ ＜暗号化したテキストを表示する＞をクリックします。

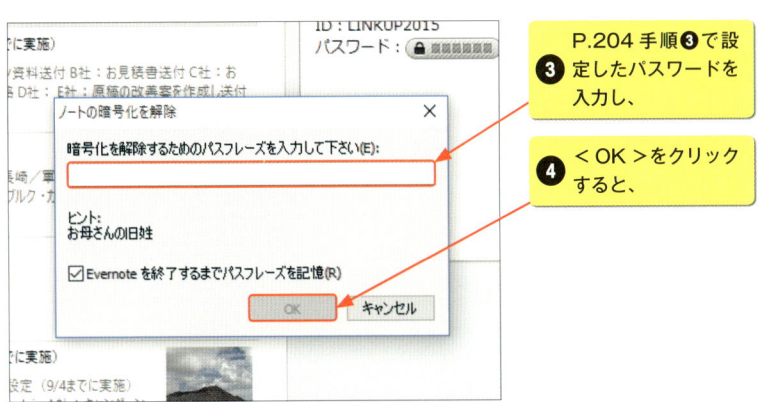

❸ P.204 手順❸で設定したパスワードを入力し、

❹ ＜OK＞をクリックすると、

伏せ字になっていたテキストが表示されます。

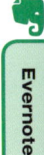

第3章 Evernoteの便利技

Evernote

205

Evernote 第3章 Evernoteの便利技

Section 100 ノートのレイアウトを変える

Evernoteのノートリストは、レイアウトを変更することができます。デフォルトでは、「サマリー」に設定されていますが、ほかにも「リスト」、「カード」という2種類のレイアウトが用意されています。

1 ノートのレイアウトを変更する

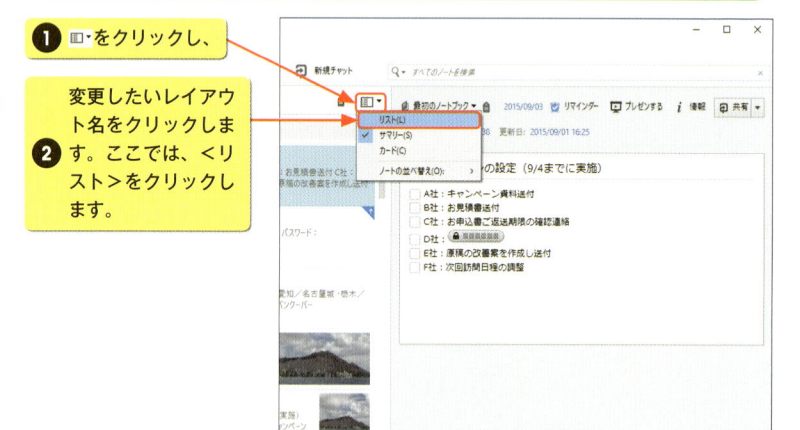

❶ ▭▾をクリックし、

❷ 変更したいレイアウト名をクリックします。ここでは、<リスト>をクリックします。

❸ ノートのレイアウトが「リスト」表示に変更されました。

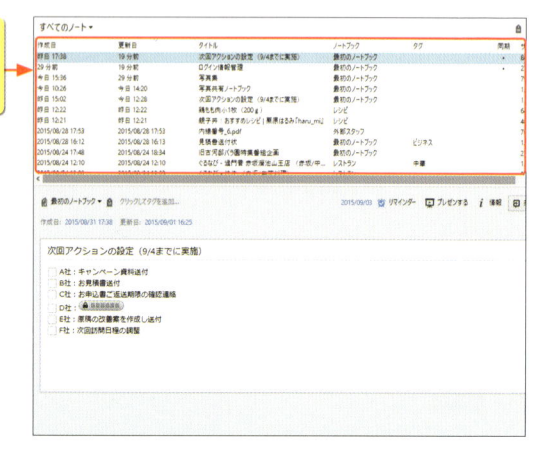

206

Evernote 第3章 Evernoteの便利技

Section 101 メールでEvernoteに保存する

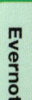

Gmailなどのメールを Evernote の転送用アドレスに送信して、保存することもできます。重要なメールを Evernote に送信しておけば、確認できて便利です。なお、Evernoteのベーシック版では5通までしかメールを送信できません。

1 メールで送った内容をEvernoteに保存する

GmailやOutlookなど、普段利用しているメールアカウントで受信したメールをEvernoteの転送用アドレス宛に送信すると、メールの内容をEvernoteに保存することができます。送信されたメールは新しいノートとして作成されます。メールの件名がノートのタイトルとして反映されるので、見失いがちな大切な情報を保存しておくのに大変便利です。

メールを送信する際、件名の末尾に所定のテキストを入力することで、保存先のノートブック、ノートに付けるタグ、ノートのリマインダーなどを指定することも可能です。その場合、メールの件名は「会議の日程 !2016/09/25@ 仕事 # 会議」のように入力します。指定の形式は次のとおりです。

@ノートブック	「@予定」のように@マークとノートブック名を使用して指定すると、指定したノートブックに送信されます。指定がない場合は、デフォルトのノートブックに送信されます。
＃タグ	「＃名古屋」「＃千葉」のようにハッシュ記号（＃）を使用することで、作成されるノートにタグを追加できます。
!Reminder	「！」（エクスクラメーションマーク）を使用すると、リマインダーを設定することが可能です。リマインダーに日程を設定するには、「!tomorrow」のように記入します。具体的な日付を指定する場合は、「!2016/10/31」のような形式で記入します。

② Evernoteの転送用アドレスを確認する

❶ ホーム画面で<ツール>をクリックし、

❷ <アカウント情報>をクリックします。

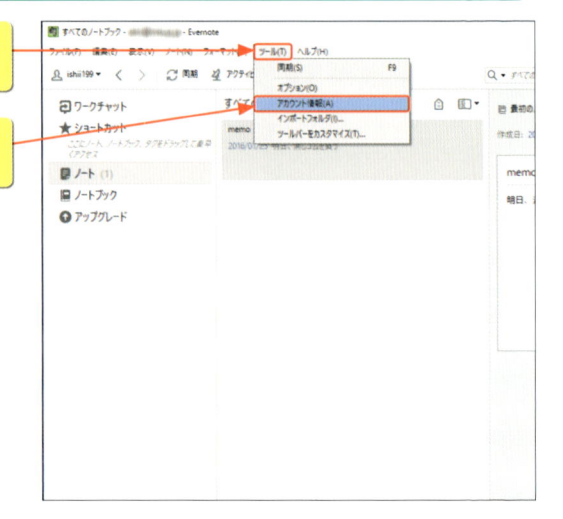

❸ 「メールの転送先」で、メールアドレスを確認できます。

メールアドレスを右クリックし、<コピー>をクリックすると、コピーできます。

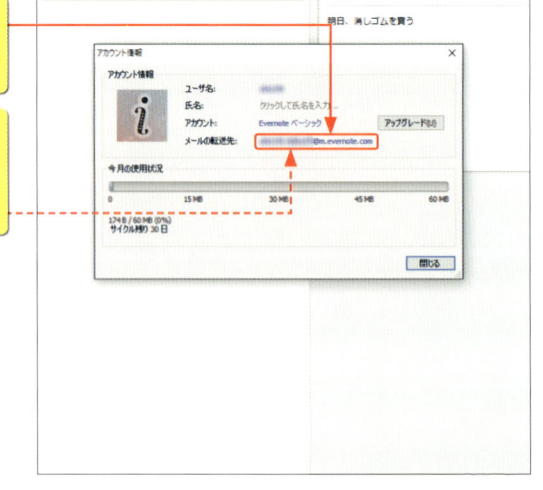

Memo メールアドレスをクリックする

手順❸の画面でメールアドレスをクリックすると、そのパソコンに既定で設定されているメールアプリが起動します。Evernoteで作成したいノートの内容を入力し、送信しましょう。

③ メールを送信してノートを作成する

ここでは例として< Gmail >アプリを使用します。

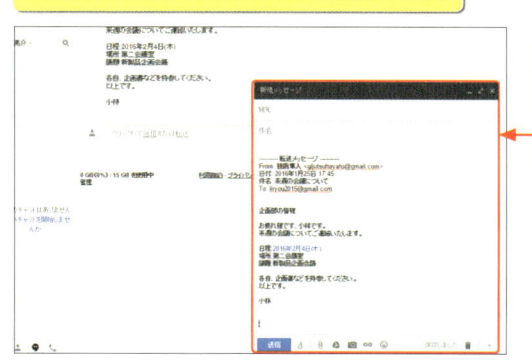

❶ Web ブラウザで Gmail にログインし、Evernote に転送したいメールの編集画面を表示し、

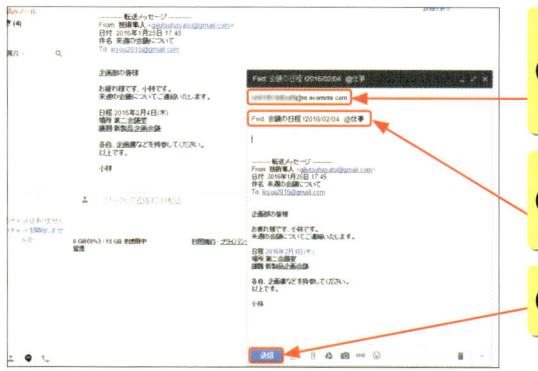

❷「宛先」に P.208 でコピーしたメールアドレスをペーストします。

❸ P.207 を参考に「件名」に任意の内容を入力し、

❹ <送信>をクリックします。

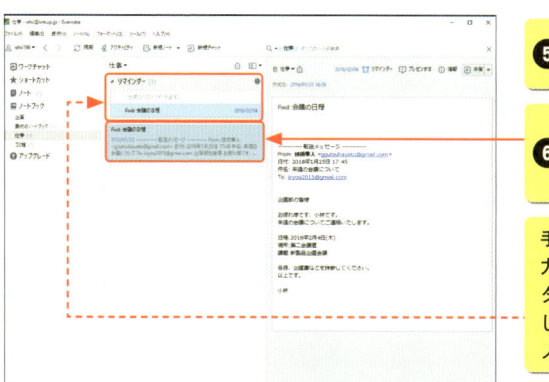

❺ Evernote を起動します。

❻ メールが転送され、ノートが作成されています。

手順❸で「件名」に入力した内容でリマインダーが作成され、指定したノートブックにノートが保存されます。

Evernote 第3章 Evernoteの便利技

Section 102

2段階認証でセキュリティを強化する

Evernoteは、日々のメモを記録するだけでなく、大切な写真やメールのログなどの個人情報も保存できます。そういった場合に有効なセキュリティ対策が、「2段階認証」です。

1 2段階認証の設定を行う

❶ Web版Evernoteで👤をクリックし、

❷ <設定>をクリックします。

❸ <セキュリティ概要>をクリックし、

❹ 「2段階認証」の<有効化>をクリックします。案内画面が表示されたら<続ける>をクリックします。

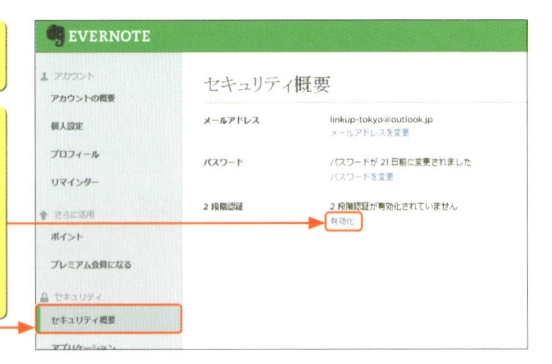

「重要項目」画面が表示されたら、<続ける>をクリックします。

❺ <確認用Eメールを送信する>をクリックすると、

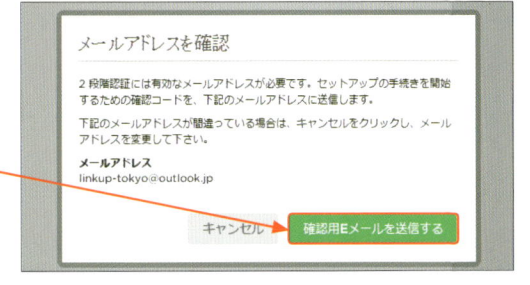

以下をクリックして、Evernote の 2 段階認証のセットアップを進めて下さい

メールアドレスを確認

または下記コードをメールの確認フォームに入力:

tKFJNY

そして手順に従ってセットアップを完了させて下さい。

- Evernote チーム一同

> Evernote アカウントのメールアドレスに確認コード付きのメールが送信されます。

メールアドレス	linkup-tokyo@outlook.jp
	メールアドレスを変更
パスワード	パスワードが 21 日前に変更されました
	パスワードを変更

確認メールを送信しました

linkup-tokyo@outlook.jp に確認コードを送信しました。メールに記載されたリンク先に移動するか、以下に確認コードを入力して下さい。

5 分以内にメールが届かない場合は、迷惑フォルダをクリックして再送信をご確認下さい。

確認コード tKFJNY

セットアップをキャンセル　**続ける**

> ⑥ メールに記載されている確認コードを入力して、
>
> ⑦ <続ける>をクリックします。

パスワード	パスワードが 21 日前に変更されました
	パスワードを変更

携帯電話番号を入力

Evernote にサインインする際に、確認コードが記載されたテキストメッセージを送信します。（テキストメッセージの受信には通信費がかかる場合があります。予めご了承ください。）

日本 (+81) ▼

セットアップをキャンセル　**続ける**

> ⑧ 携帯電話番号を入力し、
>
> ⑨ <続ける>をクリックすると、

確認コードを入力

コードを記載したテキストメッセージを +8109000000000 に送信しました。以下に入力して下さい。

454452

テキストメッセージが届きませんか？

キャンセル　**続ける**

> 携帯電話に確認コード付きのメールが届きます。
>
> ⑩ メールに記載されている確認コードを入力し、
>
> ⑪ <続ける>をクリックします。

⓬ 任意で、バックアップ用の携帯番号を入力して、<続ける>をクリックします(なお、この操作は省略することも可能です)。

(任意)バックアップ用電話番号を設定

メインの電話番号にアクセスできなくなってしまった場合に、この番号に確認コードを送信します。(テキストメッセージの受信には通信費がかかる場合があります。)

日本 (+81)

登録しない場合は、<スキップ>をクリックします。

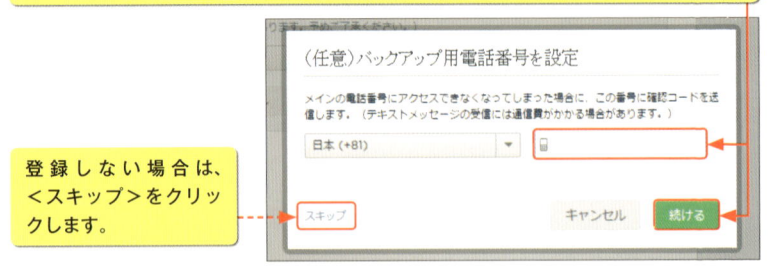

スキップ　　　　　　　　　　　キャンセル　続ける

⓭ 説明に従って、<Google 認証システム>アプリをスマートフォンにインストールします(プレミアムユーザーはスキップできます。スキップする場合、手順㉑へ)。

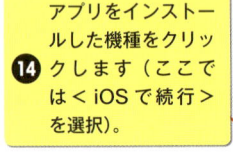

アプリをインストールした機種をクリックします(ここでは< iOS で続行 >を選択)。

Google 認証システムを入手する

🍎 iOS の場合

1. iPhone の App Store アイコンをタップします。
2. 「Google Authenticator」で検索します。
   (App Store からダウンロード)
3. アプリをタップしてから、「無料」をタップしてダウンロードし、インストールします。

iOS で続行

Google 認証システムを設定するための QR コードが表示されます。

1. 以下のバーコードをスキャンします。
   Google 認証システムアプリで、「+」ボタンをタップして携帯電話のカメラでバーコードをスキャンします。

⓯ 手順⓮で選んだ機種で<Authenticator >アプリのアイコンをタップして、Google 認証システムを起動します。

⓰ <+>をタップして、

⓱ <バーコードをスキャン>をタップして、パソコン画面の QR コードにカメラを向けると、

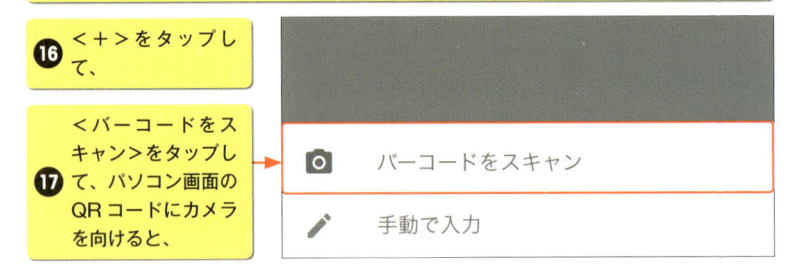

📷 バーコードをスキャン

✏ 手動で入力

⑱ 6ケタの確認コードが表示されます。

⑲ 手順⑱で表示された確認コードを設定画面に入力し、

⑳ <続ける>をタップします。

バックアップコードが4種類、表示されます。

㉑ <続ける>をクリックします。

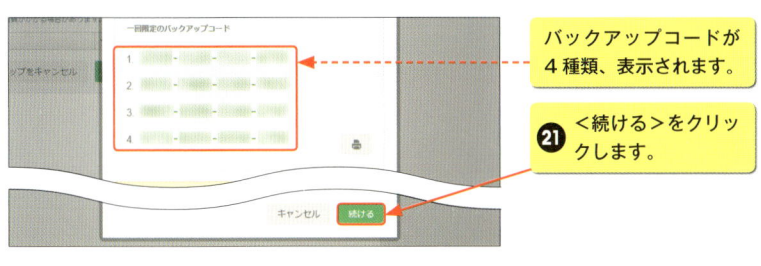

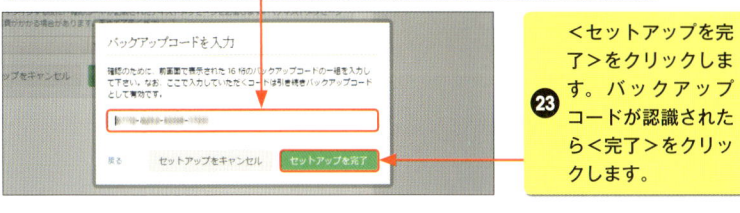

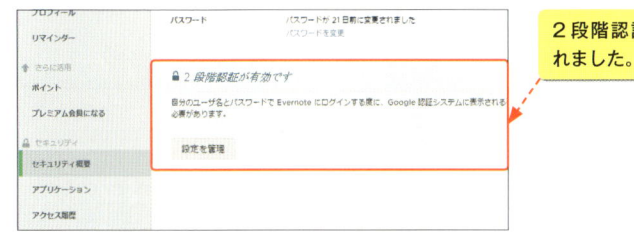

㉒ 前画面で表示されたバックアップコード4種類のうち、いずれかを入力し、

㉓ <セットアップを完了>をクリックします。バックアップコードが認識されたら<完了>をクリックします。

2段階認証が有効化されました。

Evernote 第3章 Evernoteの便利技

Section 103 パスワードを変更する

アカウント登録時に設定したパスワードは、変更することができます。現在設定中のパスワードを変更したい場合のほか、パスワード変更を促すメールを受信した場合などは、こちらを参考にパスワードの変更を行いましょう。

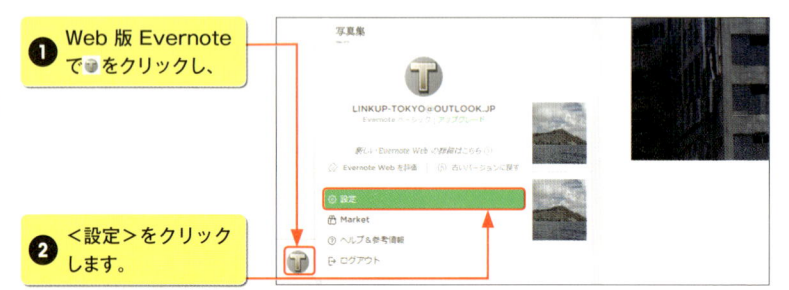

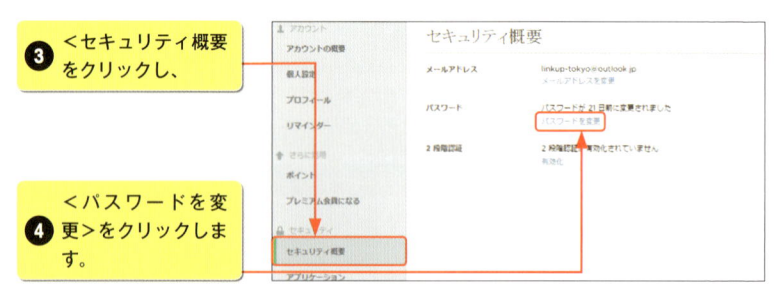

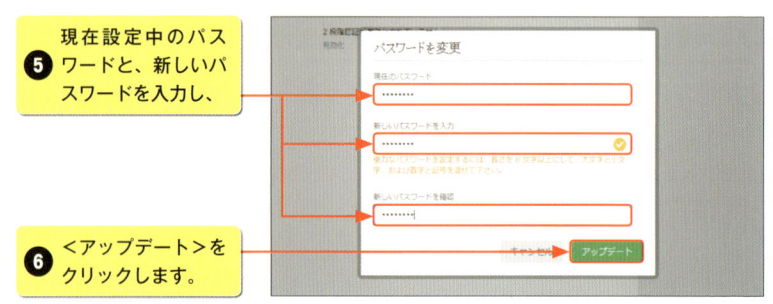

1 パスワードを変更する

1. Web版Evernoteで をクリックし、
2. <設定>をクリックします。
3. <セキュリティ概要>をクリックし、
4. <パスワードを変更>をクリックします。
5. 現在設定中のパスワードと、新しいパスワードを入力し、
6. <アップデート>をクリックします。

Google Drive 編

第 1 章

Google Driveの基本操作

Google Drive 第1章 Google Driveの基本操作

Section 104

Google Driveとは？

Google Driveは、Googleが提供するクラウドストレージサービスです。ファイルを保存、新規作成、編集しながら、ほかのユーザーと共有することができます。ExcelなどのOfficeファイルの閲覧と編集にも対応しています。

1 Google Driveでできること

● 大容量で多機能なクラウドストレージサービス

Googleアカウントがあれば、無料で15GBまでのクラウドストレージを利用できます。データを保存してほかのユーザーと共有したり、パソコン内のデータのバックアップもできます。また、有料で容量の追加も可能です（Sec.129参照）。

● パソコン、スマートフォン、タブレットとの連携

インターネット環境さえあれば、どのデバイスからでも、Google Drive内のファイルを閲覧、編集できます。また、Google Driveのアプリをインストールすれば管理をより便利に行うことができます（Sec.114～116参照）。

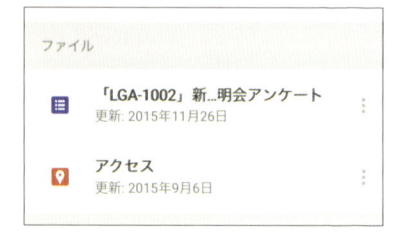

● オンラインでファイルの編集や管理が可能

共有設定（Sec.111参照）を行うことで、複数のメンバーで同じファイルを閲覧、編集できます。また、Officeソフトが搭載されていないパソコンからでも、Officeファイルを閲覧、編集することができます。

Google Drive 第1章 Google Driveの基本操作

Section 105 Googleアカウントを取得する

Googleが提供するオンラインサービスを利用するには、Googleアカウントが必要です。Google DriveやGmailなど、さまざまなサービスを1つのアカウントで使用できます。

1 Googleアカウントを取得する

❶ Webブラウザで Google のサイト (https://accounts.google.com/signup?hl=ja) にアクセスし、名前、ユーザー名、パスワードなど、必要な項目を入力します。

❷ すぐ上に表示されたテキストを入力し、

❸ 「Google の利用規約とプライバシーポリシーに同意します。」のチェックボックスをクリックしてチェックを付けて、

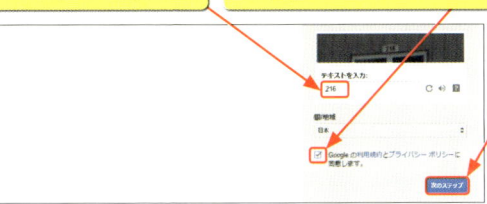

❹ <次のステップ>をクリックします。

❺ アカウントが作成されます。

Memo アカウントの設定画面に進む

手順❺の画面で<開始する>をクリックすると、アカウント設定の画面が表示されます。入力した内容の確認と修正が可能です。

217

Section 106

Google Driveを表示する

あらかじめGoogleアカウントにログインしておくと、Googleのトップページからのメニュー操作でGoogle Driveにかんたんにアクセスできます。なお、本書ではWeb版のGoogle Driveの操作のみ解説します。

1 Google Driveを表示する

1. Web ブラウザで「https://www.google.co.jp/」にアクセスし、
2. ⊞をクリックして、
3. <ドライブ>をクリックします。
4. Google Drive が表示されます。

Memo Google Driveにログインする

Google Driveにログインしていない場合は手順❸のあとにログイン画面が表示されます。P.217手順❶で設定したユーザー名を入力し、<次へ>をクリックします。同様にP.217手順❶で設定したパスワードを入力し、<ログイン>をクリックしましょう。「ログイン状態を保持する」のチェックボックスをクリックしてチェックを付けるとログインしたままにできます。

Google Drive 第1章 Google Driveの基本操作

Section 107

ファイルをアップロードする

Google Driveにファイルをアップロードすると、インターネット環境があればいつでもファイルを閲覧・編集し、ほかのユーザーと共有することができます。また、パソコン上のファイルのバックアップにも利用可能です。

1 ファイルをアップロードする

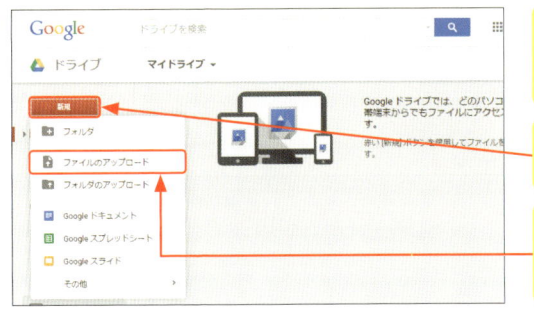

1. Sec.106を参考にGoogle Driveを表示し、
2. <新規>をクリックし、
3. <ファイルのアップロード>をクリックします。

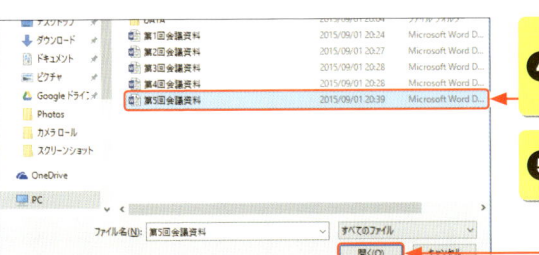

4. アップロードするファイルをクリックし、
5. <開く>をクリックします。

6. ファイルがアップロードされます。

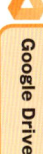

Google Drive 第1章 Google Driveの基本操作

Section 108
Googleドキュメントの使い方

Google Drive上でのドキュメントの作成は「Googleドキュメント」で行います。Webブラウザ上でファイルの作成・編集ができるので、特別なアプリは必要ありません。Wordなどで作成されたファイルも、Googleドキュメントで開けます。

1 ドキュメントを作成する

① Sec.106を参考にGoogle Driveを表示します。

② <新規>をクリックし、

③ <Googleドキュメント>をクリックします。

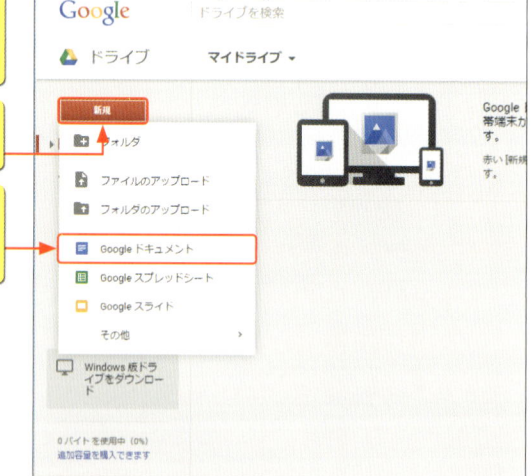

④ 本文を入力し、

⑤ <無題のドキュメント>をクリックし、ファイル名を入力して、

⑥ ✕ をクリックしてGoogleドキュメントを終了します。

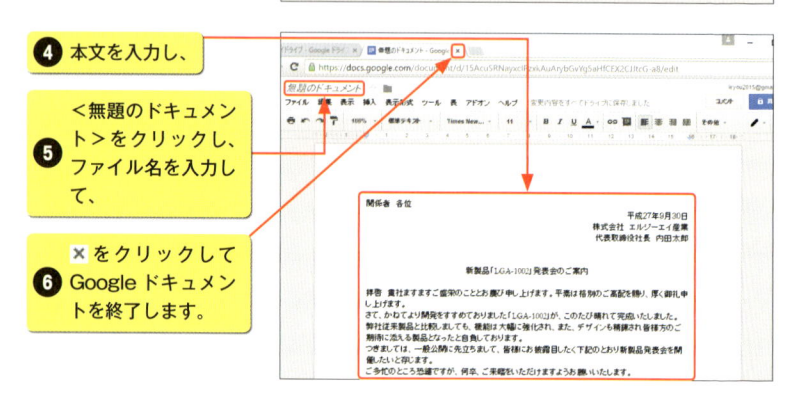

2 ドキュメントを編集する

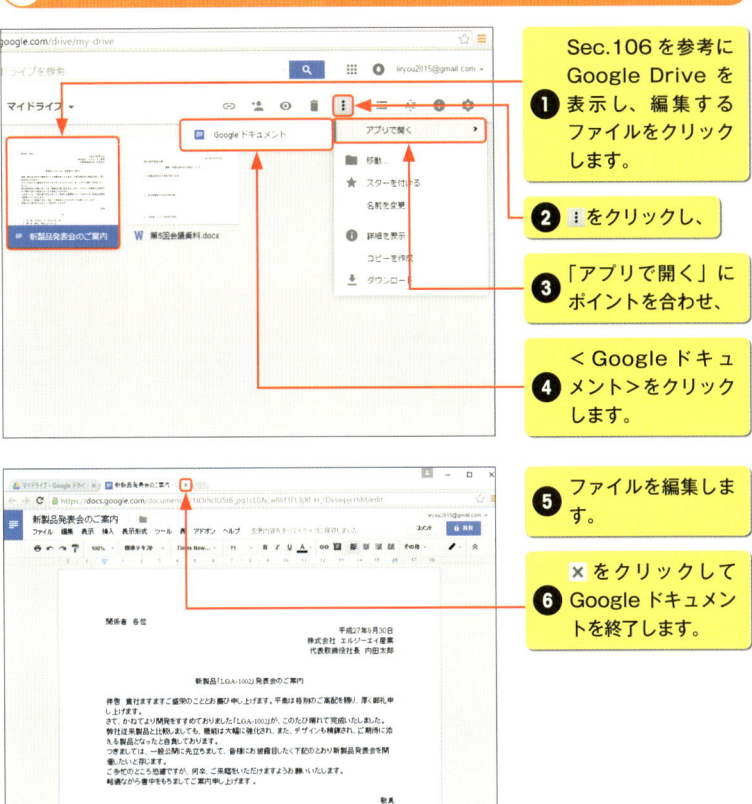

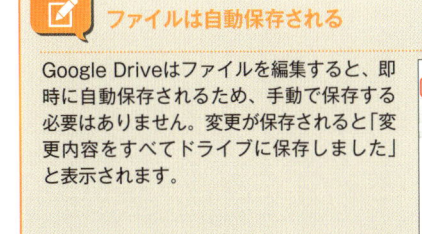

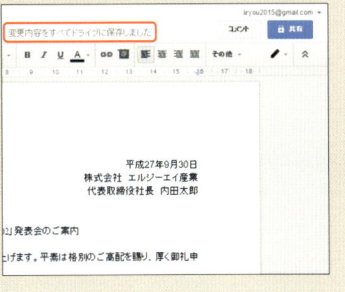

① Sec.106を参考にGoogle Driveを表示し、編集するファイルをクリックします。

② ︙をクリックし、

③ 「アプリで開く」にポイントを合わせ、

④ ＜Googleドキュメント＞をクリックします。

⑤ ファイルを編集します。

⑥ ✕をクリックしてGoogleドキュメントを終了します。

Memo

ファイルは自動保存される

Google Driveはファイルを編集すると、即時に自動保存されるため、手動で保存する必要はありません。変更が保存されると「変更内容をすべてドライブに保存しました」と表示されます。

第1章 Google Driveの基本操作

Google Drive

Google Drive > 第1章 > Google Driveの基本操作

Section 109 Googleスプレッドシートの使い方

Google Drive上での表計算は「Googleスプレッドシート」で行います。Webブラウザ上で表計算、グラフやピボットテーブルの作成・編集ができます。Excelで作成されたファイルも、Googleスプレッドシートで開けます。

1 スプレッドシートを作成する

1. Sec.106 を参考に Google Drive を表示し、
2. ＜新規＞をクリックし、
3. ＜Googleスプレッドシート＞をクリックします。
4. アプリが起動して、ファイルが作成できます。
5. データを入力し、
6. ＜無題のスプレッドシート＞をクリックし、ファイル名を入力して、
7. × をクリックして Googleスプレッドシートを終了します。

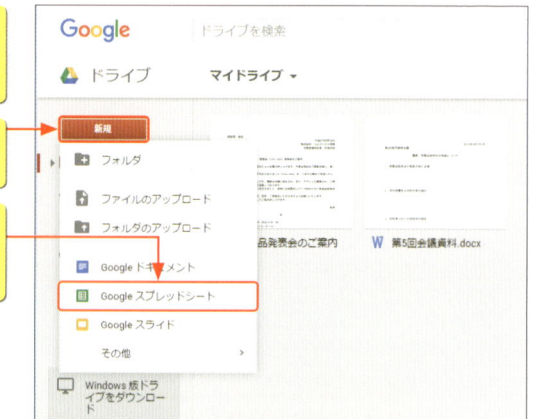

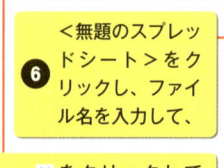

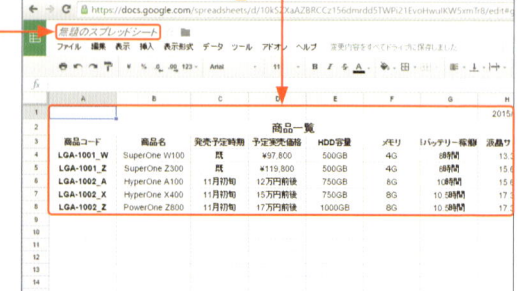

2 スプレッドシートを編集する

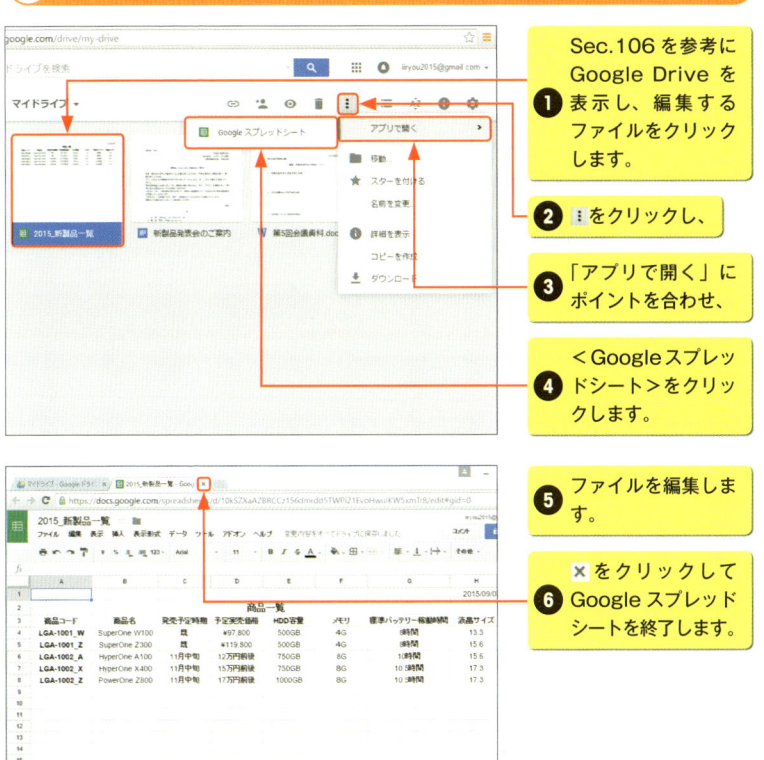

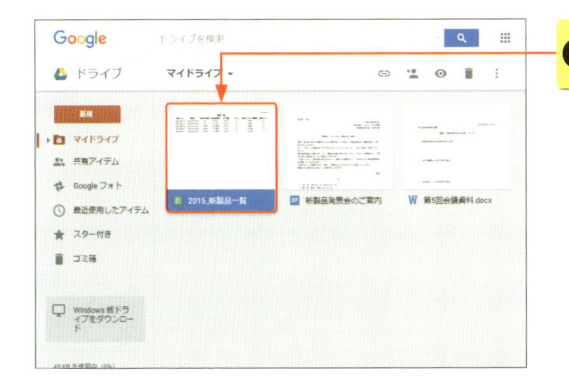

1. Sec.106 を参考に Google Drive を表示し、編集するファイルをクリックします。
2. ⋮ をクリックし、
3. 「アプリで開く」にポイントを合わせ、
4. ＜Google スプレッドシート＞をクリックします。
5. ファイルを編集します。
6. ✕ をクリックして Google スプレッドシートを終了します。
7. ファイルが編集され、保存されました。

第 1 章　Google Drive の基本操作

Google Drive

Google Drive 第1章 Google Driveの基本操作

Section 110

Googleスライドの使い方

Google Driveでのプレゼンテーション資料の作成は、「Googleスライド」で行います。Webブラウザ上でスライドの作成・編集、スライドショーが実行できます。PowerPointで作成したファイルも、Googleスライドで開けます。

1 スライドを作成する

1. Sec.106を参考にGoogle Driveを表示し、
2. <新規>をクリックし、
3. <Googleスライド>をクリックします。
4. アプリが起動して、ファイルが作成できます。
5. データを入力し、
6. <無題のプレゼンテーション>をクリックし、ファイル名を入力して、
7. ×をクリックしてGoogleスライドを終了します。

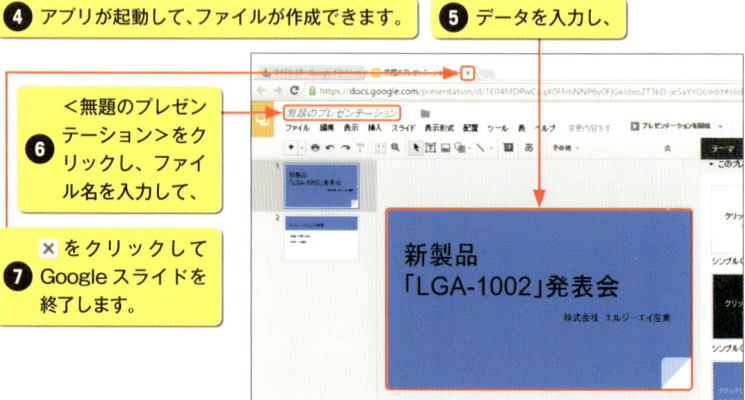

2 スライドを編集する

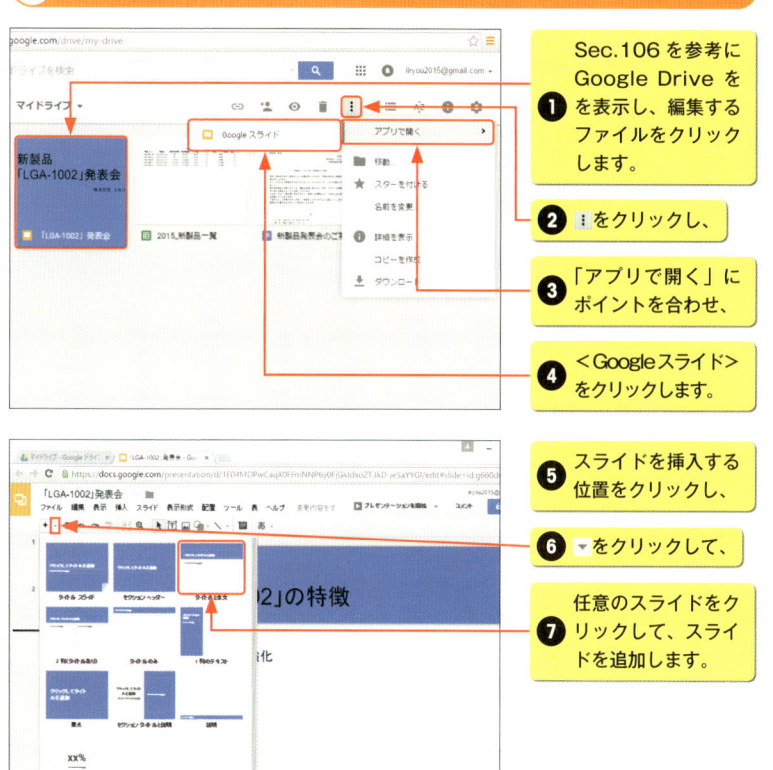

1. Sec.106を参考にGoogle Driveを表示し、編集するファイルをクリックします。
2. **:** をクリックし、
3. 「アプリで開く」にポイントを合わせ、
4. ＜Googleスライド＞をクリックします。
5. スライドを挿入する位置をクリックし、
6. ▼をクリックして、
7. 任意のスライドをクリックして、スライドを追加します。
8. ファイルが編集できます。
9. ×をクリックしてGoogleスライドを終了します。

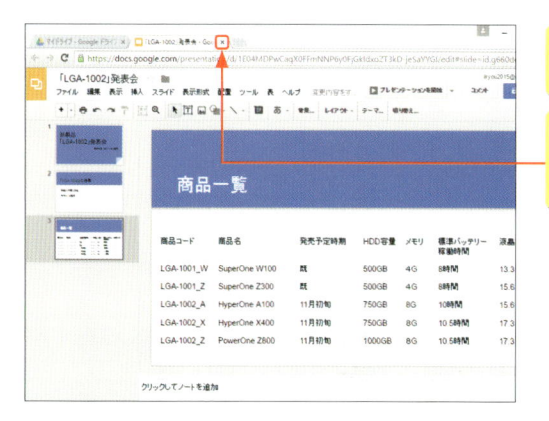

第1章 Google Driveの基本操作

Google Drive

225

Google Drive 第1章 Google Driveの基本操作

Section 111 ファイルを共有する

Google Driveで作成されたファイルやアップロードされたファイルは、ほかのユーザーと共有できます。ほかのユーザーから共有されたファイルは＜共有アイテム＞に表示されます。

1 ファイルを共有する

① Sec.106を参考にGoogle Driveを表示し、

② 共有するファイルをクリックし、

③ をクリックします。

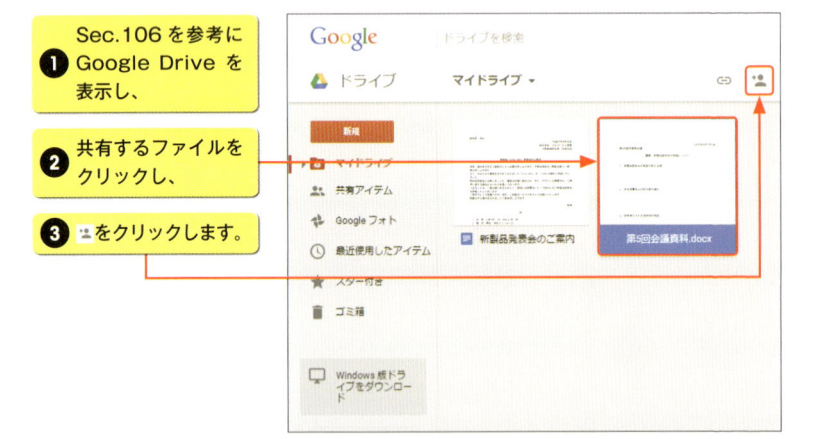

④ 共有するユーザーのメールアドレスを入力し、

⑤ メモを入力して、

⑥ ＜送信＞をクリックします。

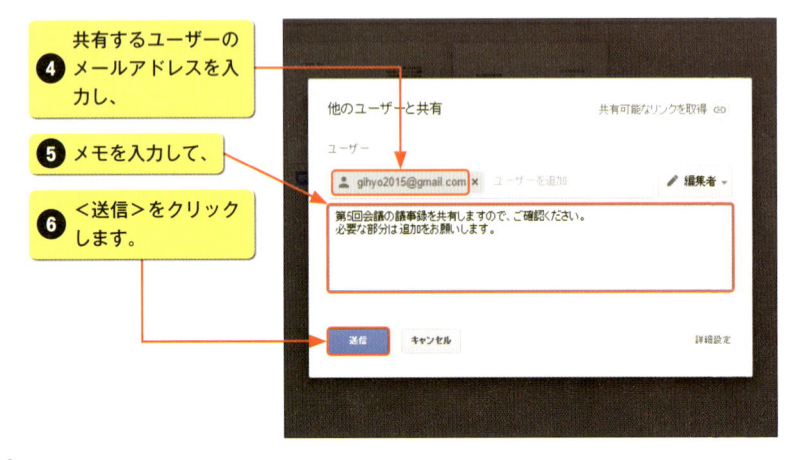

7 メールが送信され、ファイルが共有されます。

8 ≡をクリックして、リスト表示に切り替えます。

9 ファイル名の右に表示される🔗で、共有されていることが確認できます。

2 共有したユーザーを確認する

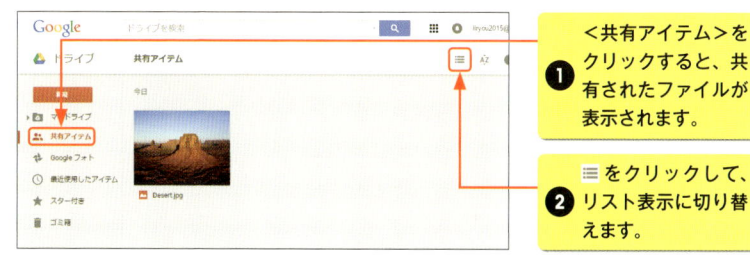

1 <共有アイテム>をクリックすると、共有されたファイルが表示されます。

2 ≡をクリックして、リスト表示に切り替えます。

3 共有したユーザーが表示されます。

Memo ファイルのコピーを無効化する

P.226手順❹の画面で<詳細設定>をクリックし、<コメント権を持つユーザーと閲覧権を持つユーザーのダウンロード、印刷、コピーの機能を無効にします>をクリックしてチェックを付けると、自分以外のユーザーによるファイルのコピーを無効化できます。

Google Drive 第1章 Google Driveの基本操作

Section 112 ファイルを公開する

Google Driveで「公開」に設定されたファイルやフォルダは、Googleアカウントがなくてもアクセスが可能です。公開範囲は、「リンクを知っている全員」または「ウェブ上で一般公開」のどちらかを選択できます。

1 ファイルの共有設定を変更する

① Sec.106を参考にGoogle Driveを表示し、

② 共有するファイルをクリックし、

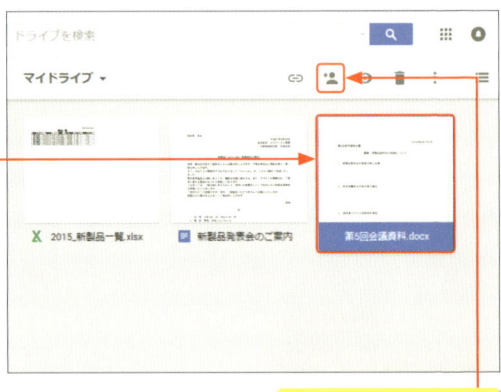

③ をクリックします。

④ <詳細設定>をクリックします。

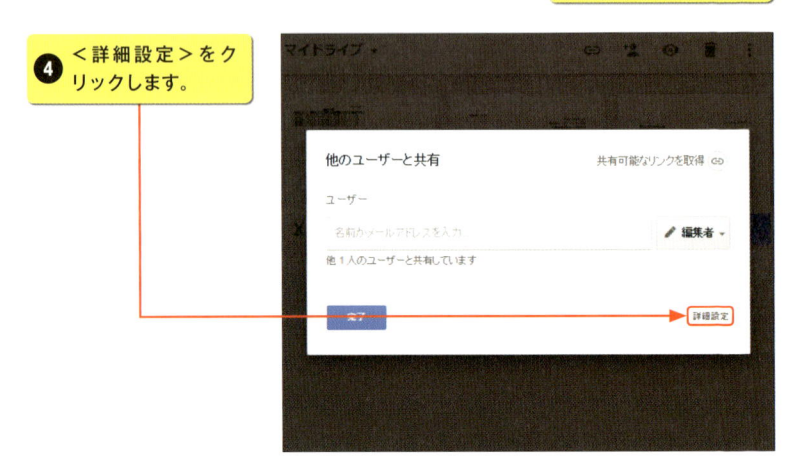

共有設定

共有リンク（共同編集者のみ利用可）

https://drive.google.com/file/d/0B1WoKq6fLbXGZ3FvS1FTVHJYMms/view?usp=sha

リンクの共有方法

アクセスできるユーザー

- 特定のユーザーがアクセスできます　　　　　　　　変更
- 飯田亮介（自分）　　　　オーナー
  iryou2015@gmail.com
- gihyo2015@gmail.com　　　編集者 ▼　×

⑤ 「特定のユーザーがアクセスできます」の＜変更＞をクリックします。

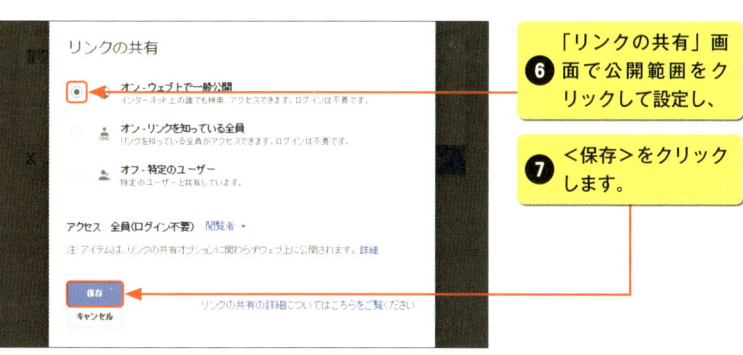

リンクの共有

- ● オン - ウェブ上で一般公開
  インターネット上の誰でも検索、アクセスできます。ログインは不要です。
- ○ オン - リンクを知っている全員
  リンクを知っている全員がアクセスできます。ログインは不要です。
- ○ オフ - 特定のユーザー
  特定のユーザーと共有しています。

アクセス: 全員（ログイン不要）　閲覧者 ▼

注: アイテムは、リンクの共有オプションに関わらずウェブ上に公開されます。詳細

[保存]　　リンクの共有の詳細についてはこちらをご覧ください
キャンセル

⑥ 「リンクの共有」画面で公開範囲をクリックして設定し、

⑦ ＜保存＞をクリックします。

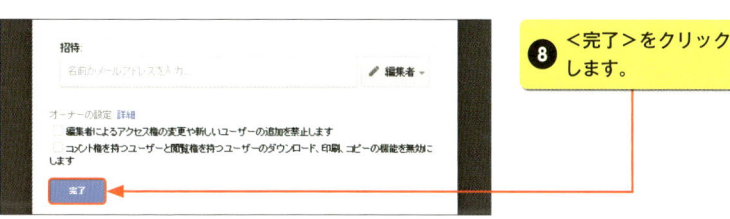

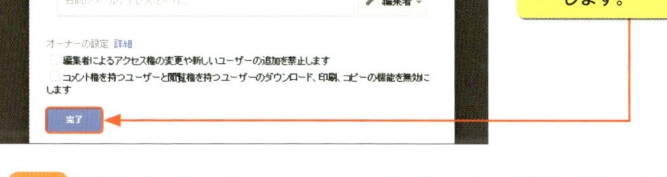

招待:

名前かメールアドレスを入力　　　　　　　　　✏ 編集者 ▼

オーナーの設定 詳細

☐ 編集者によるアクセス権の変更や新しいユーザーの追加を禁止します
☐ コメント権を持つユーザーと閲覧権を持つユーザーのダウンロード、印刷、コピーの機能を無効にします

[完了]

⑧ ＜完了＞をクリックします。

Memo: 公開範囲

手順⑥の「リンクの共有」画面でファイルの公開範囲を設定できます。「オン - ウェブ上で一般公開」を選択すると、インターネット上の誰でもアクセスが可能です。「オン - リンクを知っている全員」を選択すると、リンクを知っているユーザーのみアクセスできます。「オフ - 特定のユーザー」を選択すると、特定のユーザーのみファイルにアクセスできます。

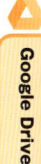

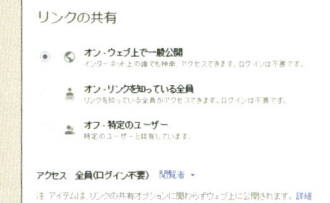

リンクの共有

- ● オン - ウェブ上で一般公開
  インターネット上の誰でも検索、アクセスできます。ログインは不要です。
- ○ オン - リンクを知っている全員
  リンクを知っている全員がアクセスできます。ログインは不要です。
- ○ オフ - 特定のユーザー
  特定のユーザーと共有しています。

アクセス: 全員（ログイン不要）　閲覧者 ▼

注: アイテムは、リンクの共有オプションに関わらずウェブ上に公開されます。詳細

第1章　Google Driveの基本操作

Google Drive

Google Drive 第1章 Google Driveの基本操作

Section 113 ファイルをダウンロードする

Google Driveに保存されているファイルはパソコンにダウンロードすることができます。ダウンロードされたファイルは、「ダウンロード」フォルダに保存されます。ファイルを別の形式でダウンロードする方法は、Sec.118を参照してください。

1 ファイルをダウンロードする

1. Sec.106を参考にGoogle Driveを表示し、

2. ダウンロードするファイルをクリックし、

3. ︙をクリックして、

4. <ダウンロード>をクリックします。

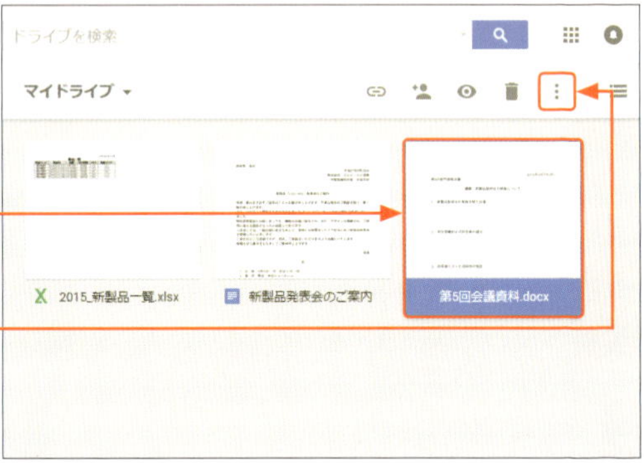

5. ダウンロードが実行されます。

6. ダウンロードされたファイルは、パソコンの「ダウンロード」フォルダに保存されます。

Google Drive 第1章 Google Driveの基本操作

Section 114
iPhone版Google Driveをインストールする

Google Driveにはスマートフォン用Google Driveのアプリがあり、外出先からでもGoogle Driveのさまざまな機能を利用できます。ここではiPhone版Google Driveのインストールの方法を紹介します。

1 iPhone版Google Driveをインストールする

❶ iPhoneのホーム画面で＜App Store＞をタップし、画面下部のメニューから＜検索＞をタップします。

❷ 検索欄に「Google Drive」と入力し、

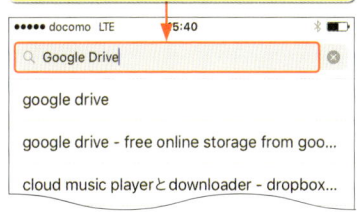

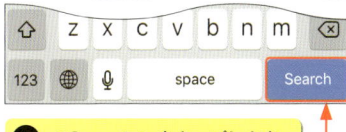

❸ ＜Search＞をタップします。

❹ 検索結果が表示されます。「Googleドライブ」の＜入手＞をタップすると＜インストール＞に変わるので、＜インストール＞をタップします。

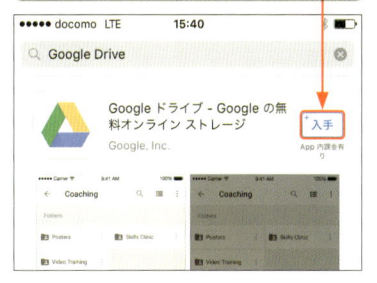

❺ Apple IDのパスワードを入力して、

❻ ＜OK＞をタップすると、インストールが開始されます。「Apple App」画面が表示された場合は、＜後で試す＞をタップします。

231

Google Drive 第1章 Google Driveの基本操作

Section 115 iPhone版Google Driveでファイルを閲覧する

スマートフォン版Google Driveをインストールすると、スマートフォンからすばやくGoogle Driveのデータにアクセスできます。ここでは、iPhone版Google Driveの使い方を解説します。

1 iPhone版Google Driveを設定する

① Sec.114を参考にインストールが完了したら<開く>をタップするか、ホーム画面に追加されたアイコンをタップします。

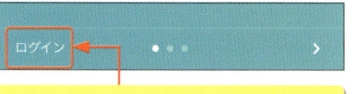

② Google Driveが起動したら、<ログイン>をタップします。

③ P.217手順❶〜❹で設定したGoogleアカウントのメールアドレスを入力し、<次へ>をタップします。

ログイン

メールアドレスを入力してください
iiryou2015@gmail.com

その他の設定　　　　　　次へ

④ 手順❸で入力したGoogleアカウントのパスワードを入力して、

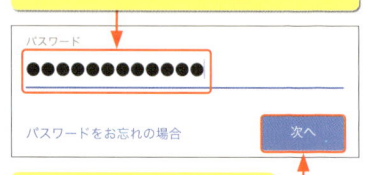

パスワード
●●●●●●●●●●●●●

パスワードをお忘れの場合　　次へ

⑤ <次へ>をタップします。

⑥ 「写真や動画のバックアップ」画面で任意のバックアップ設定をタップして選択し、<オン>をタップします。

⑦ ログインが完了し、最近アップロードしたフォルダやファイルの一覧が表示されます。

フォルダ　　　　　　　　↑ 名前

■ IFTTT
　 更新: 2015年9月20日

会議資料

Memo Android版Google Driveのインストールと使い方

Android版Google Driveがデフォルトでインストールされていない場合は、<Playストア>アプリで「Google Drive」と検索して、インストールしてください。使い方はiPhone版とほぼ同様です。

2 iPhoneでファイルを閲覧する

1 P.232を参考にiPhone版Google Driveを表示します。

2 表示したいファイルが保存されているフォルダ（ここでは＜会議資料＞）をタップします。

3 ファイルの一覧が表示されます。

4 表示したいファイルをタップします。

5 ファイルが表示されます。

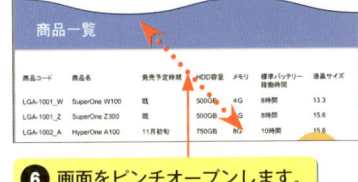

6 画面をピンチオープンします。

7 画面が拡大表示されます。

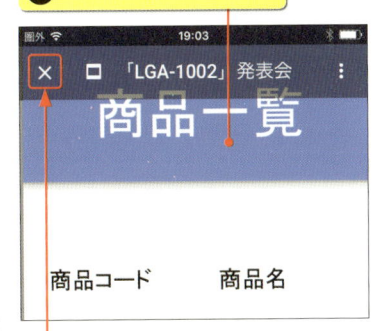

8 ✕をタップすると、

9 ファイルが閉じます。

第1章 Google Driveの基本操作

Google Drive

Google Drive 第1章 Google Driveの基本操作

Section 116

iPhone版Google Driveでファイルを編集する

iPhone版Google Driveに保存されているファイルは、対応したアプリをインストールしていれば編集することが可能です。ファイルを編集したい場合は、あらかじめ対応したアプリをインストールしておきましょう。

1 iPhoneでファイルを編集する

① P.233手順①〜⑤を参考に、編集したいファイルを表示し、

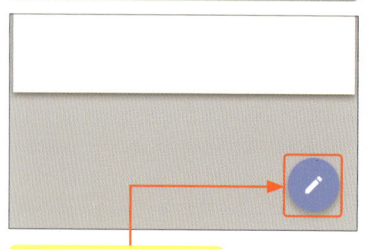

② ✎をタップします。

③ 編集したいファイルに対応したアプリ（ここでは＜Googleドキュメント＞アプリ）の紹介画面が表示されます。

④ ＜APP STOREへ移動＞をタップします。

⑤ アプリのインストール画面が表示されるので、

⑥ ＜入手＞→＜インストール＞の順にタップし、

⑦ Apple IDのパスワードを入力して、

⑧ ＜OK＞をタップします。

9 <ドライブに戻る>をタップします。

10 ✏️をタップします。

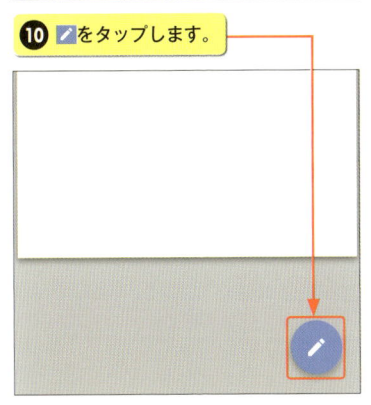

11 初回起動時は確認画面が表示されるので、<開く>をタップします。

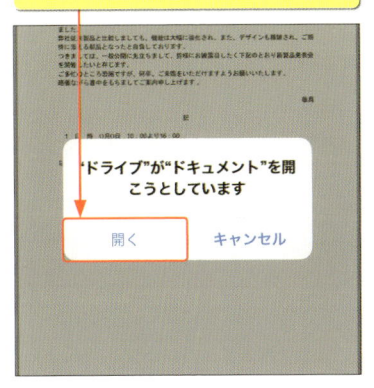

12 編集したい箇所をタップし、

13 ファイルを編集して、

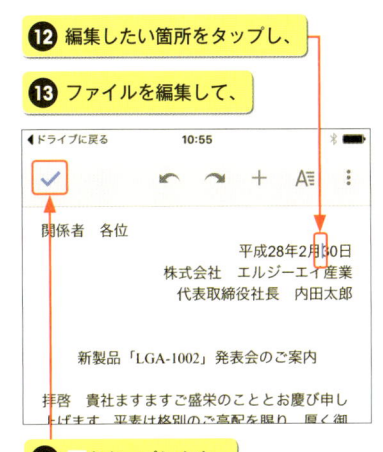

14 ✓をタップします。

15 ファイルが保存されます。<ドライブに戻る>をタップします。

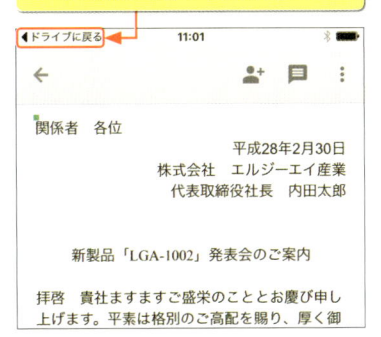

16 Google Driveに戻ります。

第1章 Google Driveの基本操作

Google Drive

② iPhoneにファイルを保存する

❶ P.232を参考にiPhone版Google Driveを表示します。

```
≡  マイドライブ        Q  ▦  :

フォルダ                        ↑ 名前

📁 IFTTT
   更新: 2016年1月8日

📁 会議資料
   更新: 2015年9月6日

📁 画像
   更新: 2015年9月20日

ファイル

📄 「LGA-1002」新...明会アンケート
   更新: 2015年11月26日
```

❷ 表示したいファイルが保存されているフォルダ(ここでは<会議資料>)をタップします。

❸ ファイルの一覧が表示されるので、保存したいファイルの⋮をタップします。

```
←  会議資料           Q  ▦

ファイル                        ↑ 名前

🟧 「LGA-1002」発表会
   更新: 2016年1月25日

📄 「LGA-1002」新...発表会のご案内
   ⁛ 更新: 2016年2月1日

🟩 2015_新製品一覧
   ★ 更新: 2015年9月3日

W  第1回会議資料.docx
   更新: 2015年9月1日

📄 第1回会議資料.docx
   更新: 2015年11月26日
```

❹ <オフラインで使用可>をタップします。

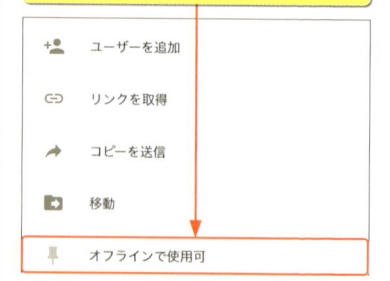

```
+👤  ユーザーを追加

🔗  リンクを取得

➤   コピーを送信

📂  移動

📌  オフラインで使用可
```

❺ ファイルがiPhoneに保存され、「(ファイル名)はオフラインで利用できます。」と表示されます。

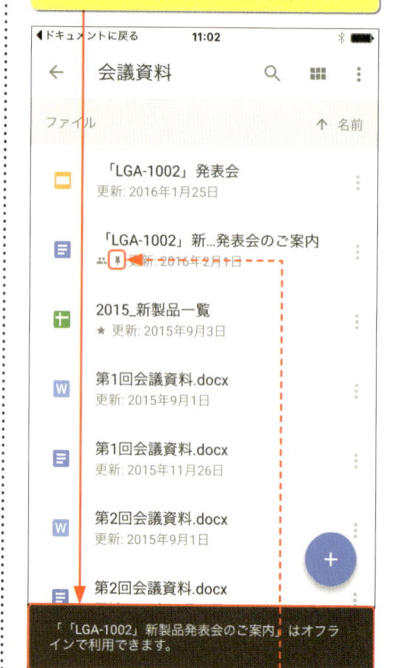

```
◀ドキュメントに戻る  11:02       * ▮

←  会議資料           Q  ▦  :

ファイル                        ↑ 名前

🟧 「LGA-1002」発表会
   更新: 2016年1月25日

📄 「LGA-1002」新...発表会のご案内
   ⁛📌 更新: 2016年2月1日

🟩 2015_新製品一覧
   ★ 更新: 2015年9月3日

W  第1回会議資料.docx
   更新: 2015年9月1日

📄 第1回会議資料.docx
   更新: 2015年11月26日

W  第2回会議資料.docx
   更新: 2015年9月1日

📄 第2回会議資料.docx

「「LGA-1002」新製品発表会のご案内」はオフラインで利用できます。
```

iPhoneに保存されたファイルには📌が表示されます。

Google Drive 編

第 2 章

Google Driveの活用

Section 117 ファイルをオフラインで編集する

オフラインアクセスをオンにすると、Google Driveにアップロードされたファイルは、インターネットに接続せずに閲覧・編集することができます。なお、オフライン時に加えた編集内容は、次回のオンライン時に同期されます。

1 Google Chromeでオフラインアクセスをオンにする

1. Sec.106を参考にGoogle Driveを表示し、
2. をクリックして、
3. <設定>をクリックします。
4. 「Googleドキュメント、スプレッドシート、スライド、図形描画のファイルをこのパソコンに同期して、オフラインで編集できるようにする」のチェックボックスをクリックしてチェックを付け、
5. <完了>をクリックします。

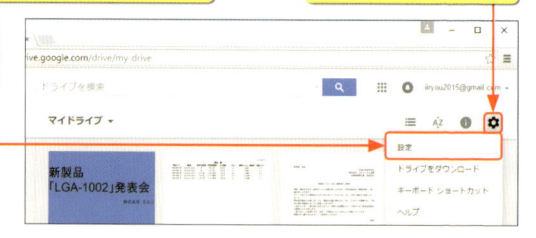

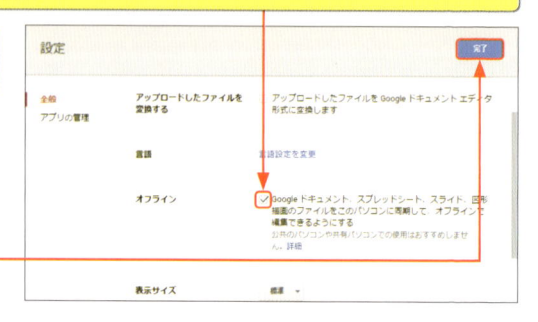

Memo オフラインアクセスが利用できるのはGoogle Chromeのみ

オフラインアクセスを設定するには、WebブラウザがGoogle Chromeである必要があります。ほかのWebブラウザではオフラインアクセスは利用できません。

Google Drive 第2章 Google Driveの活用

Section 118 OfficeファイルをPDFに変換する

Google Driveでは、保存したOfficeファイルをPDFファイルに変換してダウンロードすることができます。ここでは、例としてドキュメントファイルをPDFファイルに変換します。

1 形式を指定してダウンロードする

1. Sec.106 を参考に Google Drive を表示し、
2. ダウンロードするファイルをクリックします。
3. ︙をクリックし、
4. 「アプリで開く」にポイントを合わせ、
5. 「Google ドキュメント>をクリックします。
6. <ファイル>をクリックし、
7. 「形式を指定してダウンロード」にポイントを合わせ、
8. < PDF ドキュメント(.pdf)>をクリックします。
9. ドキュメントが PDF ファイルに変換され、「ダウンロード」フォルダにダウンロードされました。

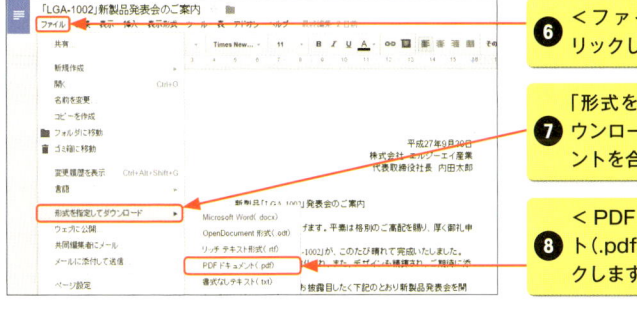

Section 119 図形を描く

Google図形描画を使うと、オンラインで図形を描画し、描画した図形の共有ができます。また、Google図形描画は、ツールを使ってかんたんに画像にコメントを入れたり、地図の作成ができます。

1 Google図形描画を利用する

① Sec.106を参考にGoogle Driveを表示し、

② <新規>をクリックし、

③ 「その他」にポイントを合わせ、

④ <Google図形描画>をクリックします。

Memo 画像の挿入

P.241手順❺の画面で🖼をクリックすると、画像データを取り込むことができます。画像データの取り込み方法には「アップロード」、「スナップショットを撮影」、「URL」、「あなたのアルバム」、「Googleドライブ」、「検索」があります。その場に応じた画像データの取り込み方法を選択しましょう。また、取り込んだ画像に描画することも可能です。

5 アプリが起動して、ファイルが作成できます。

6 をクリックし、

7 「図形」にポイントを合わせ、

8 任意の図形をクリックして選択します。

9 図形を描画していきます。

10 ＜無題の図形描画＞をクリックし、ファイル名を入力して、

11 ×をクリックしてGoogle 図形描画を終了します。

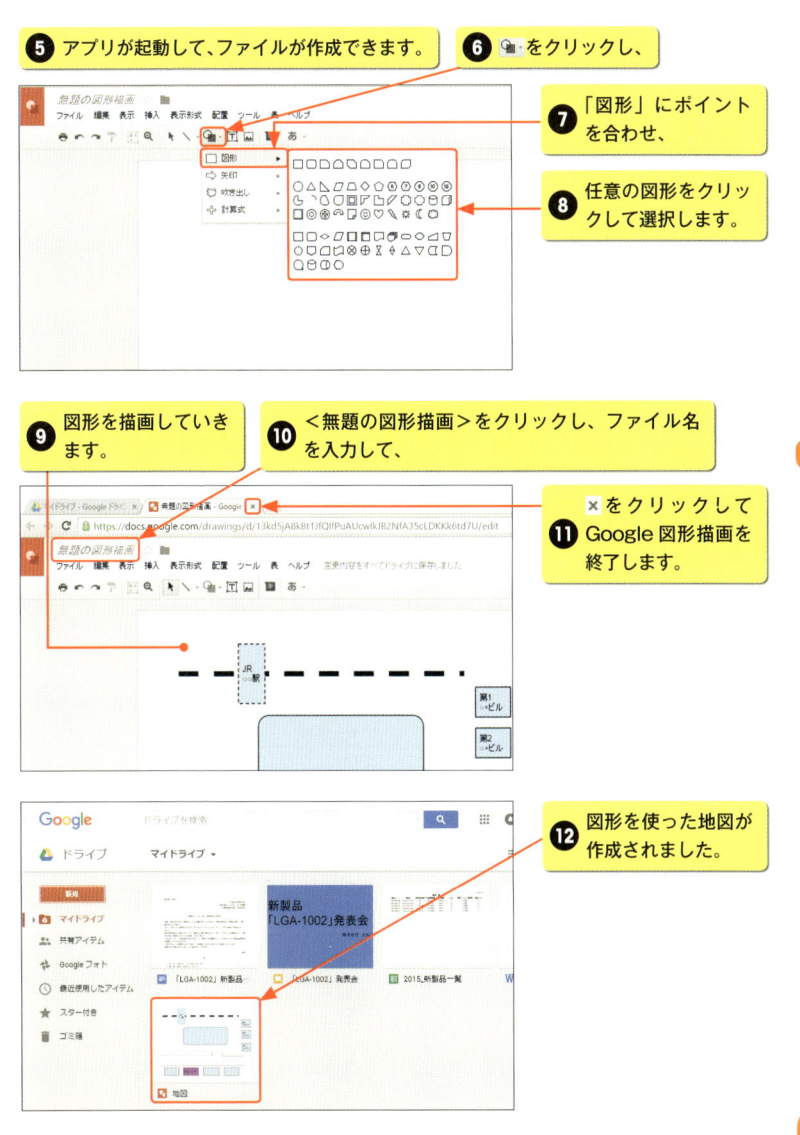

12 図形を使った地図が作成されました。

Memo 図形描画を編集する

図形描画を編集するには、編集するファイルをクリックして選択し、⋮をクリックし、「アプリで開く」にポイントを合わせ、＜Google図形描画＞をクリックします。

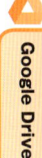

第2章 Google Driveの活用

Google Drive

Google Drive 第2章 Google Driveの活用

Section 120

お気に入りのファイルにスターを付ける

Google Drive上に保存されている、使用頻度が高い、または重要なファイルやフォルダには、「スター」という目印を付けることができます。「スター」がつけられたファイルは、「スター付き」フォルダに表示されます。

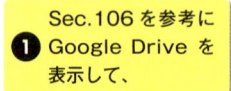

1 ファイルにスターを付ける

1. Sec.106を参考にGoogle Driveを表示して、

2. スターを付けるファイルを右クリックし、

3. ＜スターを付ける＞をクリックします。

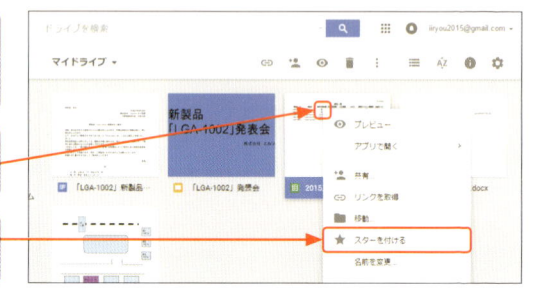

4. ファイルにスターが付けられます。

5. ＜スター付き＞をクリックします。

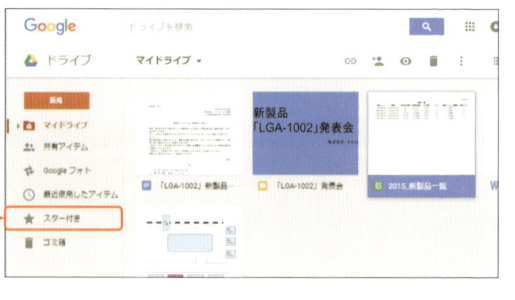

6. スターが付いたファイルが表示されます。

Google Drive 第2章 Google Driveの活用

Section 121
Gmailの添付ファイルをGoogle Driveに保存する

Gmailで送受信したメッセージの添付ファイルを、Google Driveに保存することができます。Google Driveに保存すると、複数のユーザーと共有できるだけでなく、誤ってメールを削除してしまった際にも安心です。

1 Gmailの添付ファイルを保存する

① P.218手順❷の画面で＜Gmail＞をクリックし、保存するファイルが添付されたメールをクリックして表示します。

② 保存する添付ファイルにポイントを合わせ、

③ をクリックします。

④ ファイルがGoogle Driveに保存されます。

⑤ Sec.106を参考にGoogle Driveを表示します。

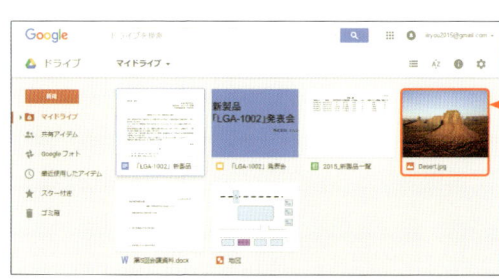

⑥ 「マイドライブ」フォルダに添付ファイルが保存されました。

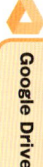

Google Drive 第2章 Google Driveの活用

Section 122

Webページを
Google Driveに保存する

Google Chrome用の拡張機能である「Googleドライブに保存」をインストールすれば、WebページやファイルをGoogle Driveに直接保存することができます。

1 「Googleドライブに保存」を利用する

1 Google Chromeで「https://chrome.google.com/webstore/detail/save-to-google-drive/gmbmikajjgmnabiglmofipeabaddhgne」にアクセスして、＜CHROMEに追加＞をクリックします。

2 ＜拡張機能を追加＞をクリックすると、Google Chromeに「Googleドライブに保存」の拡張機能がインストールされます。

❸ Webページを開き、Google Drive に保存したい画像を右クリックし、

❹ 「Googleドライブに保存」にポイントを合わせ、

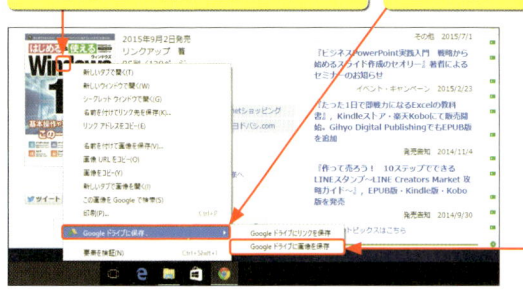

❺ ＜Googleドライブに画像を保存＞をクリックします。

❻ 画像が保存されます。＜閉じる＞をクリックします。

❼ Sec.106を参考にGoogle Driveを表示します。

❽ Google Driveに画像が保存されたことが確認できます。

Memo

Webページを画像ファイルとして保存する

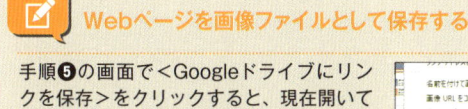

手順❺の画面で＜Googleドライブにリンクを保存＞をクリックすると、現在開いているWebページが、画像ファイルとしてGoogle Driveに保存できます。

第2章 Google Driveの活用

Google Drive

245

Google Drive 第2章 Google Driveの活用

Section 123 Officeからファイルを直接Google Driveに保存する

「Google ドライブ プラグイン for Microsoft Office」プラグインをインストールすると、Office製品の＜名前を付けて保存＞の保存先で「Google Drive」を選択できるようになります。

1 Google ドライブ プラグイン for Microsoft Officeをインストールする

❶ Web ブラウザで「https://tools.google.com/dlpage/driveforoffice」にアクセスし、＜ダウンロード＞をクリックします。

❷ ＜同意してインストール＞をクリックします。

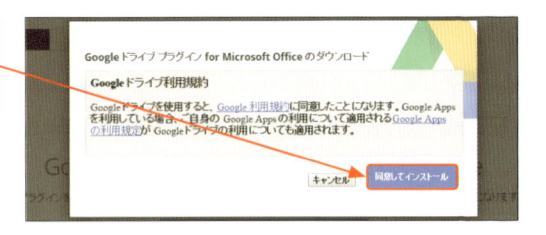

❸ 「Google ドライブ プラグイン for Microsoft Office」のファイルが「ダウンロード」フォルダにダウンロードされます。

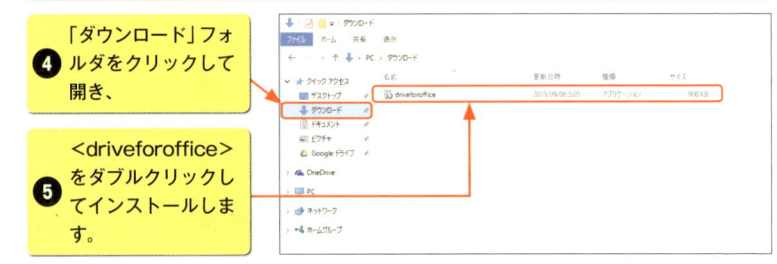

❹ 「ダウンロード」フォルダをクリックして開き、

❺ ＜driveforoffice＞をダブルクリックしてインストールします。

2 Officeから直接Google Driveにファイルを保存する

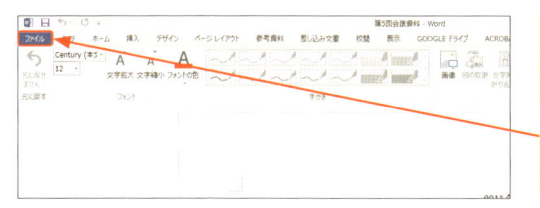

① 保存したいOfficeファイルをOfficeソフトで開きます。

② <ファイル>をクリックします。

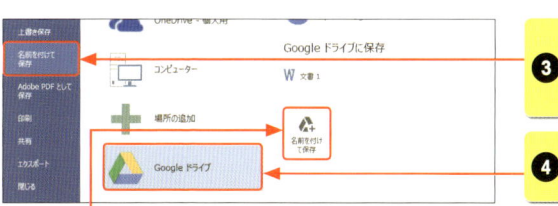

③ <名前を付けて保存>をクリックします。

④ <Googleドライブ>をクリックし、

⑤ <名前を付けて保存>をクリックし、ファイル名を入力して保存します。

3 Officeで直接Google Driveのファイルを開く

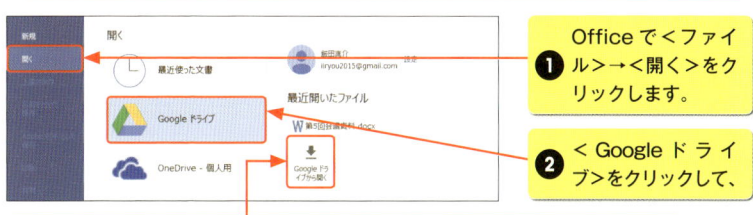

① Officeで<ファイル>→<開く>をクリックします。

② <Googleドライブ>をクリックして、

③ <Googleドライブから開く>をクリックし、任意のファイルを選択します。

④ Google Driveに保存されているファイルが開きます。

Memo 初めて利用する場合

Google ドライブ プラグイン for Microsoft Officeを初めて利用するとき、Googleアカウントへのログインが求められます。Googleアカウントにログインして、リクエストを許可しましょう。

第2章 Google Driveの活用

Google Drive

Google Drive 第2章 Google Driveの活用

Section 124 Googleマップのマッピングデータを管理する

「Google マイマップ」を使って、よく利用する場所の地図をGoogle Driveに保存することができます。地図には、複数のレイヤを登録できるため、複数の地図をまとめて1つのファイルで管理することができます。

1 Google マイマップで地図を管理する

1. Sec.106 を参考に Google Drive を表示します。
2. <新規>をクリックし、
3. 「その他」にポイントを合わせ、
4. <Googleマイマップ>をクリックします。
5. アプリが起動します。
6. マイマップに登録する住所を入力し、
7. 🔍 をクリックして検索します。
8. <無題の地図>をクリックし、任意の地図タイトルを入力して、
9. <保存>をクリックします。

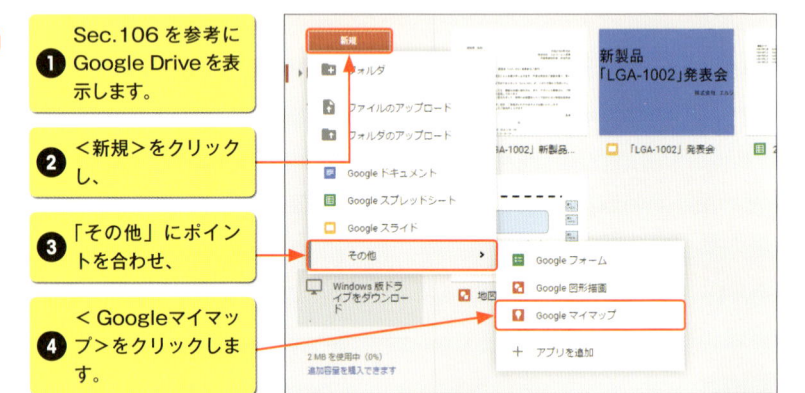

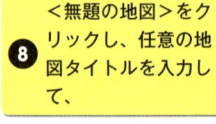

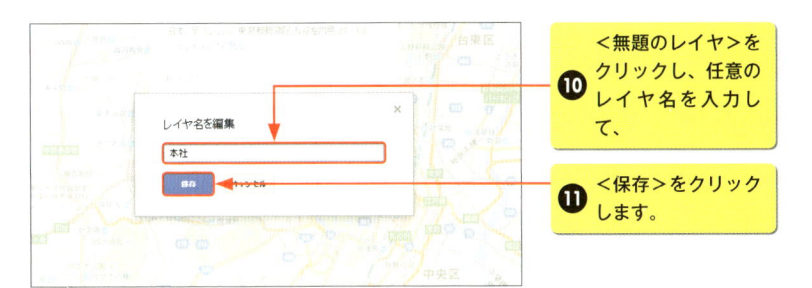

⑩ <無題のレイヤ>をクリックし、任意のレイヤ名を入力して、

⑪ <保存>をクリックします。

⑫ <地図に追加>をクリックします。

⑬ 地図が設定されます。

⑭ ×をクリックしてGoogle マイマップを終了します。

⑮ 地図が保存されました。

第2章 Google Driveの活用

Google Drive

249

Google Drive 第2章 Google Driveの活用

Section 125

ファイルを検索する

Google Drive上に保存されている多くのファイルやフォルダから、特定のファイルを開きたいときは、検索ボックスにキーワードを入れて検索できます。表示された一覧から、目的のファイルをかんたんに選択することが可能です。

1 ファイルを検索する

1. Sec.106を参考にGoogle Driveを表示します。
2. 検索ボックスにキーワードを入力し、
3. 表示された一覧から開くファイルをクリックします。
4. ファイルがプレビュー画面で表示されます。

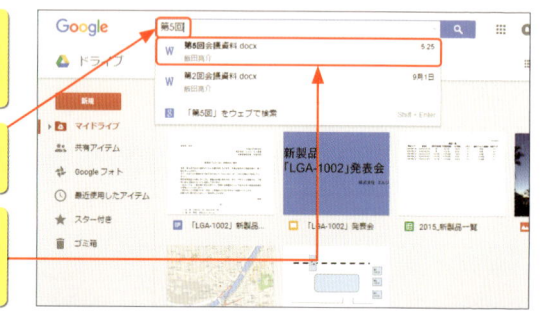

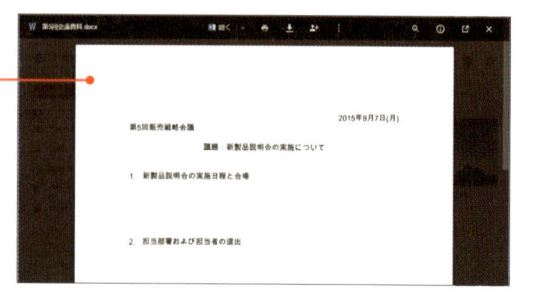

Memo 検索したファイルをアプリで開く

検索したファイルをアプリで開くには、プレビュー画面上の▼クリックし、一覧から開きたいアプリをクリックして選択します。

Google Drive 第2章 Google Driveの活用

Section 126 ファイルの履歴を管理する

Google Driveでは、変更されたファイルを「版」として管理できます。なお、Google形式ではないファイルの場合は、保存できる版に限りがあり、1ファイルあたり100以上の版は、30日が経過すると自動的に削除されます。

1 ファイルの履歴を管理する

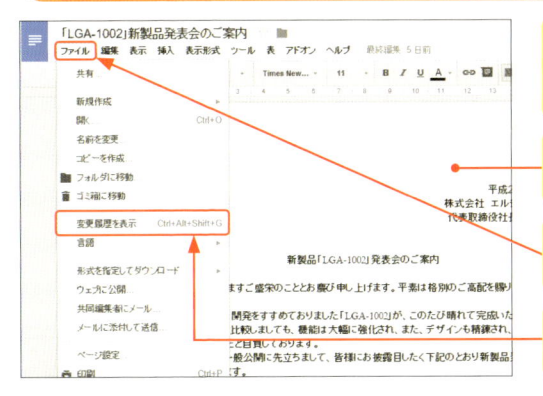

① Sec.106を参考に、Google Driveを表示します。

② 履歴を確認したいファイルを開き、

③ <ファイル>をクリックし、

④ <変更履歴を表示>をクリックします。

⑤ 「変更履歴」が表示されます。

⑥ ファイルを変更前の状態に戻したい場合は、戻したいファイルの履歴をクリックします。

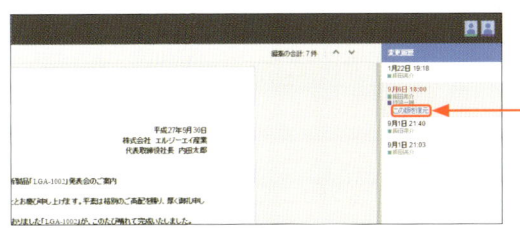

⑦ <この版を復元>をクリックします。

251

Google Drive 第2章 Google Driveの活用

Section 127 ファイルを印刷する

Google Drive上に保存されたファイルは、印刷することができます。必要に応じて、「プリンター」、「ページ数」、「部数」、「余白」などを設定しましょう。なお、アプリによって可能になる設定もあります。

1 ファイルを印刷する

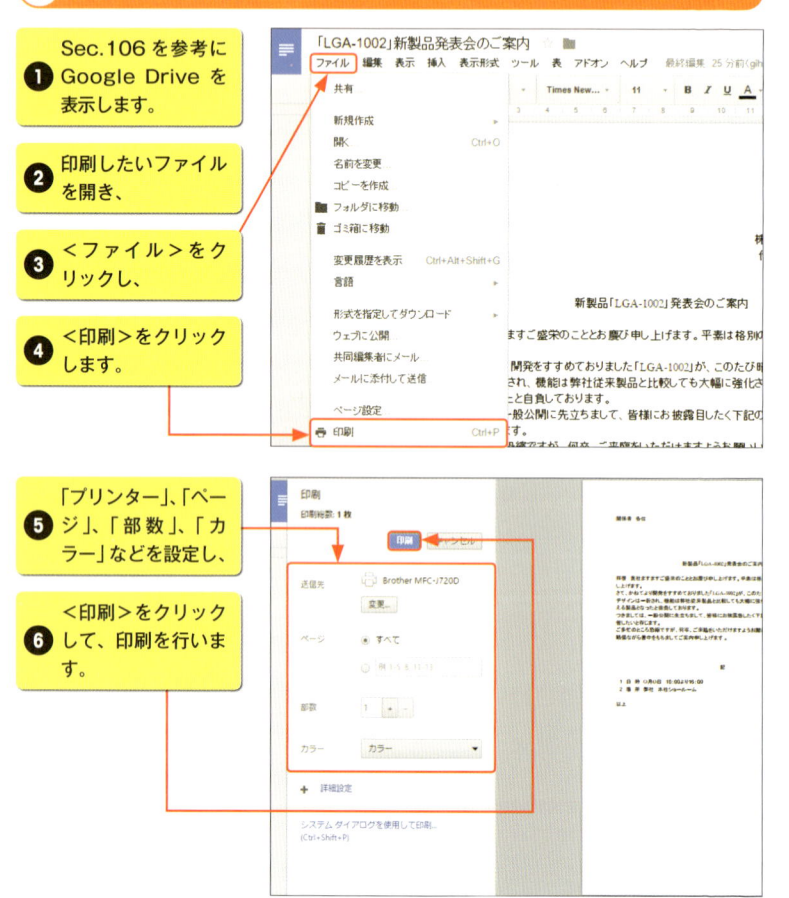

1. Sec.106を参考にGoogle Driveを表示します。
2. 印刷したいファイルを開き、
3. <ファイル>をクリックし、
4. <印刷>をクリックします。

5. 「プリンター」、「ページ」、「部数」、「カラー」などを設定し、
6. <印刷>をクリックして、印刷を行います。

Section 128 パスワードを変更する

Google Drive 第2章 Google Driveの活用

Googleアカウントのパスワードは、Google DriveやGmailなど、さまざまなGoogleサービスで共通に使用します。パスワードを忘れて再設定する場合だけでなく、セキュリティを強化するためにも、パスワードは定期的に変更しましょう。

1 パスワードを変更する

❶ Web ブラウザで Google アカウントのサイト（https://myaccount.google.com/）にアクセスします。

❷ <ログインとセキュリティ>をクリックします。

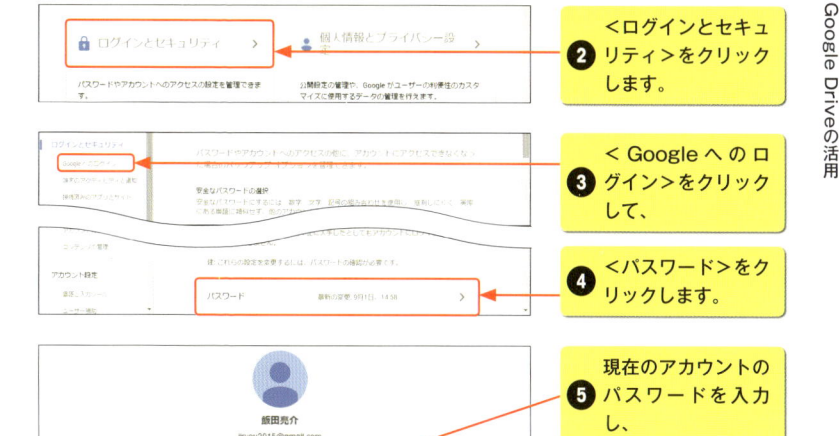

❸ < Google へのログイン>をクリックして、

❹ <パスワード>をクリックします。

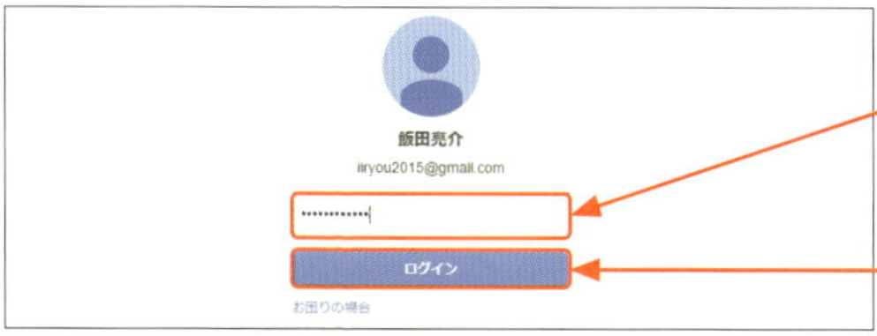

❺ 現在のアカウントのパスワードを入力し、

❻ <ログイン>をクリックします。

❼ 「新しいパスワード」に新しいパスワードを入力し、

❽ 「新しいパスワードを確認」に再度、手順❼で入力した新しいパスワードを入力します。

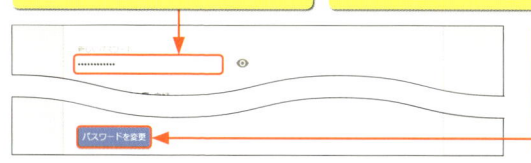

❾ <パスワードを変更>をクリックすると、パスワードが変更できます。

Google Drive 第2章 Google Driveの活用

Section 129
Google Driveの容量を増やす

Google Driveの初期容量は15GBです。写真や動画を保存したり、大量のファイルのバックアップを行うと、空き容量が足りなくなる場合があります。その際に、必要な容量を追加購入することが可能です。

1 容量を追加する

1. Sec.106を参考に、Google Driveを表示し、
2. <容量をアップグレード>をクリックします。
3. 任意の容量を選択し、<選択>をクリックします。
4. 「Google ウォレットの設定」画面が表示されます。
5. 「氏名」、「郵便番号」、「クレジットカードまたはデビットカード」などを設定し、
6. <同意して続行>をクリックします。

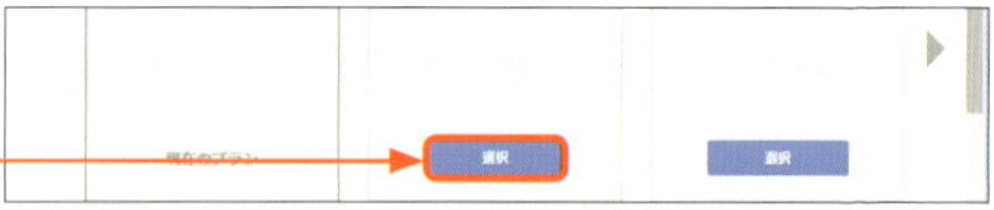

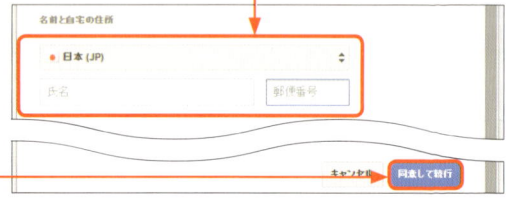

Memo プランの選択

ストレージの容量は、無料で提供される15GBのほかに、100GB、1TB、10TB、20TB、30TBが選択できます。手順❸の画面で ▶ をクリックすると10TB、20TB、30TBが表示できます。

OneDrive 編

第 1 章

OneDriveの基本操作

Section 130

OneDriveとは？

OneDriveは、Microsoftが提供するクラウドストレージサービスです。複数のパソコン間でかんたんにファイルを共有することができます。また、Webブラウザ上でOfficeファイルの閲覧・作成・編集も可能です。

1 OneDriveでできること

● Microsoft の提供するクラウドストレージサービス

OneDrive は、Microsoft の提供するクラウドストレージサービスです。Microsoft アカウントがあれば、標準で5GB の容量を無料で利用できます。Windows 8.1 ／ Windows 10 には、標準で OneDrive アプリがプレインストールされているため、かんたんにファイルの作成・編集を行うことが可能です。

● パソコン、スマートフォン、タブレットとの連携

OneDrive アプリがインストールされている Windows や Mac には「OneDrive」フォルダが存在します。パソコンに Microsoft アカウントでサインインすると、パソコンと OneDrive が連携され、フォルダ内にファイルを作成すると、自動的に OneDrive にアップロードされ、同期されます。OneDrive にアップロードされたファイルは、ほかのデバイスからでも、閲覧・編集することができます。

● オンラインでファイルの編集や管理が可能

OneDrive 上のファイルは共有設定をすることで、ほかのユーザーの閲覧・ダウンロード・編集が可能になります。また、Office 製品がインストールされていない環境でも、Web ブラウザから「Microsoft Office Online」を使用して、ファイルを閲覧・作成・編集できます。「Microsoft Office Online」 に は、Word Online、Excel Online などがあり、さまざまなデバイスからアクセスして作業できます。

OneDrive 　第1章　OneDriveの基本操作

Section 131

Windows版OneDrive をインストールする

Windows 8.1、Windows 10 のパソコンでは、OneDrive はプレインストールされています。インストールが必要な場合は、OneDriveのダウンロードサイトを利用します。

1　Windows版OneDriveをインストールする

① Web ブラウザで OneDrive のダウンロードサイト（https://onedrive.live.com/about/ja-jp/download/）にアクセスします。

②「OneDrive」の<今すぐダウンロード>をクリックします。

③「OneDriveSetup.exe」の▼をクリックし、

④ <開く>をクリックします。

⑤ ファイルが実行され、インストールされます。

Memo エクスプローラーに表示される「OneDrive」フォルダ

OneDriveがインストールされていると、エクスプローラーに「OneDrive」フォルダが表示され、Web版OneDriveと同期できるようになります。なお、本書ではWeb版OneDriveの操作のみ解説します。

257

OneDrive 第1章 OneDriveの基本操作

Section 132 WebブラウザからOneDriveを利用する

OneDriveは、Webブラウザ上のOneDriveかOneDriveをインストールしたパソコンのエクスプローラーで操作をします。Microsoftアカウントでサインインできる環境があれば、外出先でもかんたんにOneDriveを利用できます。

1 WebブラウザからOneDriveを利用する

① WebブラウザでOneDriveのWebサイト（https://onedrive.live.com/about/ja-jp/）にアクセスし、

② <サインイン>をクリックします。

③ Microsoftアカウントを入力し、

④ <次へ>をクリックします。

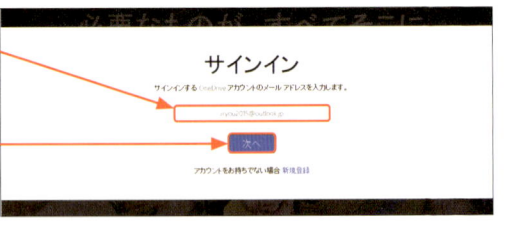

⑤ Microsoftアカウントのメールアドレスを入力し、

⑥ パスワードを入力して、

⑦ <サインイン>をクリックします。

⑧ Web版OneDriveが表示されます。

2 ファイルをアップロードする

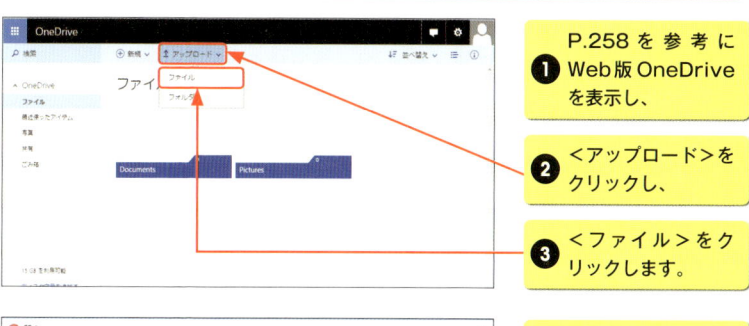

1. P.258を参考にWeb版OneDriveを表示し、
2. <アップロード>をクリックし、
3. <ファイル>をクリックします。
4. アップロードするファイルをクリックし、
5. <開く>をクリックします。
6. 選択したファイルがアップロードされました。

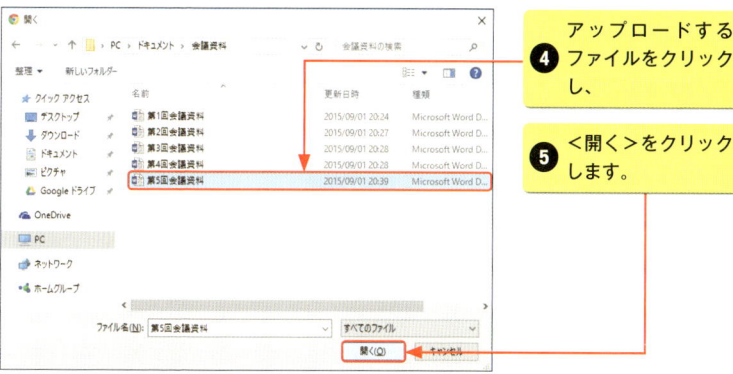

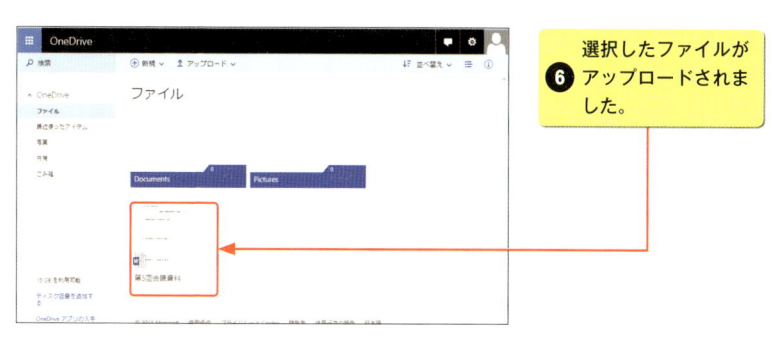

Memo Microsoftアカウントとは

Microsoftアカウントは、OneDriveなどのMicrosoftのWebサービスの利用に必要となります。Windows 8.1/10のサインインにも必要なので、すでに作成済みの場合もあります。詳しくは、P.292を参照してください。

第1章 OneDriveの基本操作

OneDrive

OneDrive 第1章 OneDriveの基本操作

Section 133 ファイルの一覧ビューを変更する

Web版OneDriveでは、ファイルの表示形式を変更できます。「縮小表示」ではファイルがタイルで表示され、縮小表示画像でファイルの中身が確認できます。「詳細表示」ではファイルの詳細を確認しながら操作できます。

1 ファイルの一覧ビューを変更する

① P.258を参考にWeb版OneDriveを表示し、

② ≡をクリックします。

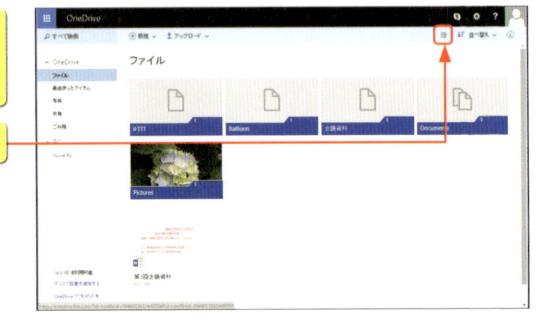

③ 詳細ビューに切り替わります。

④ ＜並べ替え＞をクリックします。

Memo ファイルの並べ替え順序をカスタマイズする

任意のフォルダをクリックしてファイルの一覧を表示し、＜並べ替え＞をクリックすると、＜並べ替え順序を変更＞というカテゴリが表示されます。＜並べ替え順序を変更＞をクリックすると、ファイルをドラッグして好きな場所に移動することが可能です。＜並べ替え順序を保存＞をクリックすると、並べ替え順序が保存されます。

5 任意のカテゴリ（ここでは＜サイズ＞）をクリックします。

6 ファイルが並べ替えられました。

7 ＜並べ替え＞をクリックします。

8 現在の並べ替えのカテゴリが確認できます。

Hint
並べ替えのカテゴリ

並べ替えのカテゴリには「名前」、「変更日」、「サイズ」があります。その場に応じた並べ替えのカテゴリを選択することで、ファイルが見つけやすくなります。またそれらの並べ替えの順序は「昇順」もしくは「降順」から選択できます。

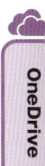

OneDrive 第1章 OneDriveの基本操作

Section 134

Webブラウザから Wordファイルを編集する

OneDrive内に保存された文書は、「Word Online」または<Word>アプリで閲覧し、編集することが可能です。「Word Online」は、インターネット環境があれば、いつでも編集できます。

1 WebブラウザからWordファイルを編集する

1 P.258を参考にWeb版OneDriveを表示し、

2 編集するファイルをクリックします。

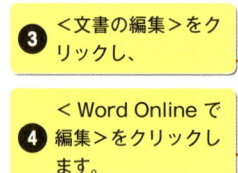

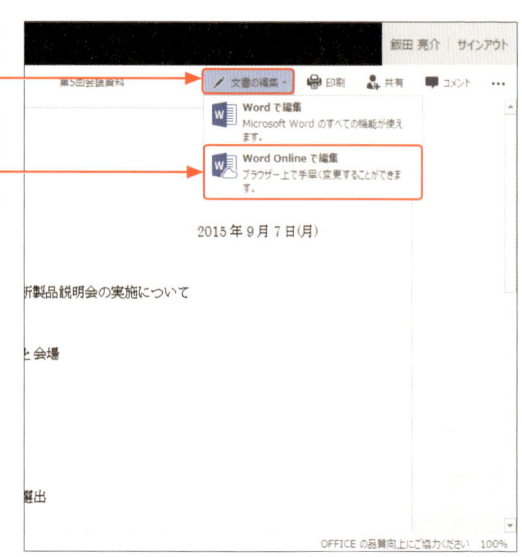

3 <文書の編集>をクリックし、

4 <Word Onlineで編集>をクリックします。

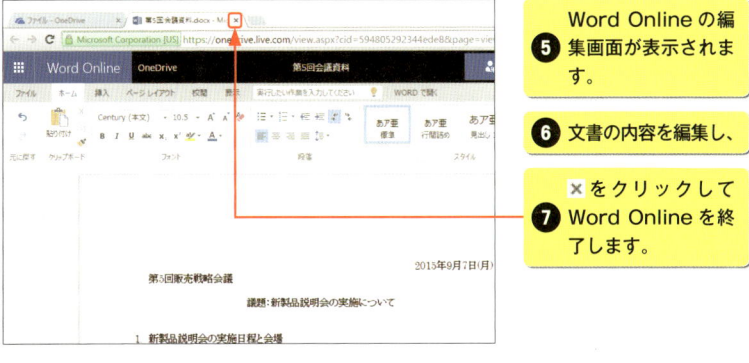

⑤ Word Onlineの編集画面が表示されます。

⑥ 文書の内容を編集し、

⑦ ×をクリックしてWord Onlineを終了します。

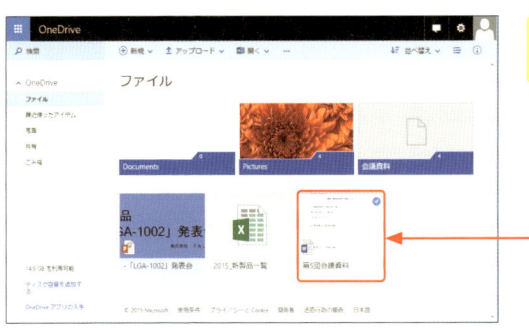

⑧ 編集したファイルが保存されました。

Hint

文書をWordで編集する

OneDrive上に保存された文書は、Officeの<Word>アプリで編集することも可能です（あらかじめ<Word>アプリのインストールが必要）。P.262手順❸の画面で<Wordで編集>をクリックするか、もしくはOneDriveの「ファイル」画面で編集したいファイルを右クリックし、<Wordで開く>をクリックします。なお、<Word>アプリは起動する前に、確認画面が表示されます。

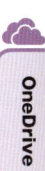

第1章 OneDriveの基本操作

OneDrive

OneDrive 第1章 OneDriveの基本操作

Section 135

Webブラウザから Excelファイルを編集する

OneDrive内に保存された表計算ファイルは、「Excel Online」または＜Excel＞アプリで閲覧・編集できます。「Excel Online」ではオンライン上で、＜Excel＞アプリと同様に関数の使用グラフの作成ができます。

1 WebブラウザからExcelファイルを編集する

① P.258を参考にWeb版OneDriveを表示し、

② 編集するファイルをクリックします。

③ Excel Onlineの編集画面が表示されます。

Memo Excel Onlineでファイルを新規作成する

手順①の画面で＜新規＞をクリックすると、ファイルを新規作成できます。Excel Onlineの新規ファイルには＜Excelブック＞と＜Excelアンケート＞の2つが存在し、用途によって使い分けることができます。アンケートを作成する際は＜Excelアンケート＞をクリックして選択しましょう。

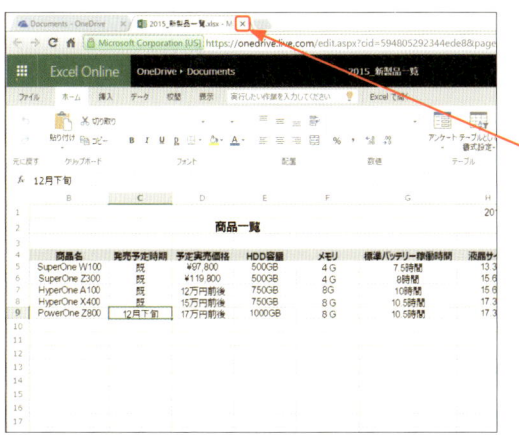

④ データの内容を編集し、

⑤ ×をクリックして Excel Online を終了します。

⑥ 編集したファイルが保存されました。

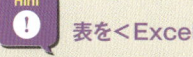

Hint

表を<Excel>アプリで編集する

OneDrive内に保存された表計算ファイルは、Officeの<Excel>アプリで編集することも可能です(あらかじめ<Excel>アプリのインストールが必要)。OneDriveの「ファイル」画面で編集するファイルを右クリックし、<Excelで開く>をクリックします。なお、<Excel>アプリは起動する前に、確認画面が表示されます。

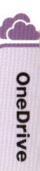

第1章 OneDriveの基本操作

OneDrive

265

OneDrive 第1章 OneDriveの基本操作

Section 136 WebブラウザからPowerPointファイルを編集する

OneDrive上に保存されたスライドは、「PowerPoint Online」または＜PowerPoint＞アプリで閲覧・編集・プレゼンテーションの実行が可能です。「PowerPoint Online」は、オンライン上でいつでも編集できます。

1 WebブラウザからPowerPointを編集する

1. P.258を参考にWeb版OneDriveを表示し、

2. 編集するファイルをクリックします。

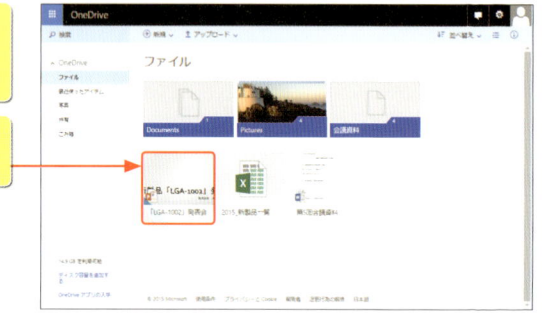

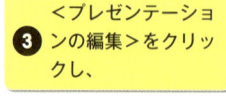

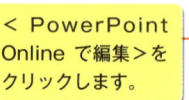

3. ＜プレゼンテーションの編集＞をクリックし、

4. ＜PowerPoint Onlineで編集＞をクリックします。

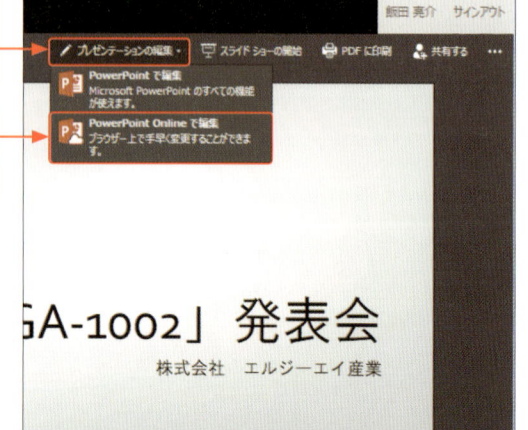

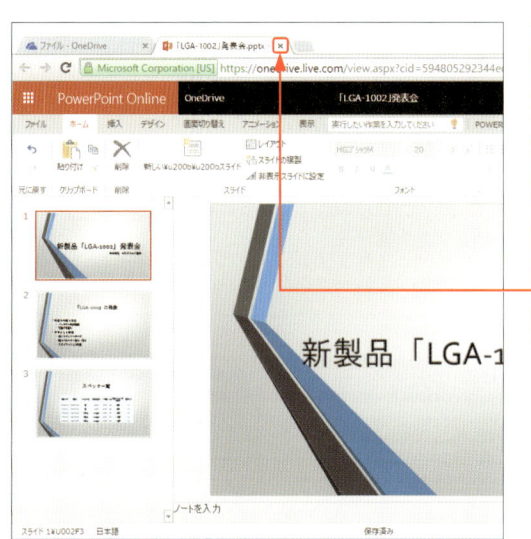

⑤ PowerPoint Onlineの編集画面が表示されます。

⑥ スライドの内容を編集し、

⑦ ×をクリックしてPowerPoint Onlineを終了します。

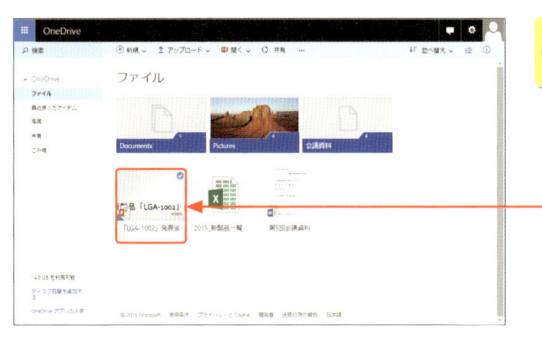

⑧ 編集したファイルが保存されました。

Hint

スライドを＜PowerPoint＞アプリで編集する

OneDrive上に保存されたスライドは、Officeの＜PowerPoint＞アプリで編集することも可能です（あらかじめ＜PowerPoint＞アプリのインストールが必要）。P.266手順❸の画面で＜PowerPoint で編集＞をクリックするか、もしくはOneDriveの「ファイル」画面で編集するファイルを右クリックし、＜PowerPoint で開く＞をクリックします。なお、＜PowerPoint＞アプリは起動する前に、確認画面が表示されます。

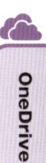

第1章 OneDriveの基本操作

OneDrive

267

OneDrive 第1章 OneDriveの基本操作

Section 137 ファイルを共有する

OneDriveで作成またはアップデートされたファイルは、ほかのユーザーと共有できます。共有されたユーザーにファイルの編集を許可することで、共同作業が可能になります（Sec.149参照）。

1 ほかのユーザーとファイルを共有する

① P.258を参考にWeb版OneDriveを表示し、

② 共有するファイルを右クリックし、

③ ＜共有＞をクリックします。

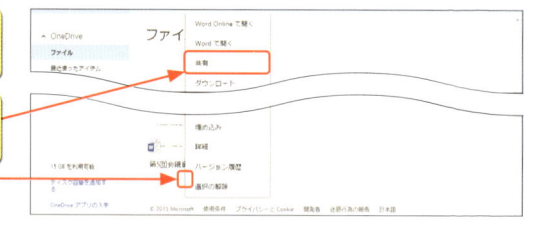

④ 共有するユーザーのメールアドレスを入力し、

⑤ メッセージを入力して、

⑥ ＜受信者に編集を許可する＞をクリックします。

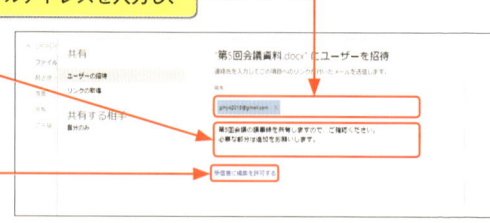

⑦ ＜受信者に表示のみ可能＞もしくは＜受信者に編集を許可する＞のいずれかを選択し、

⑧ ＜受信者に Microsoft アカウントでのサインインを求める＞もしくは＜受信者に Microsoft アカウントは不要＞のいずれかを選択して、

⑨ ＜共有＞をクリックします。

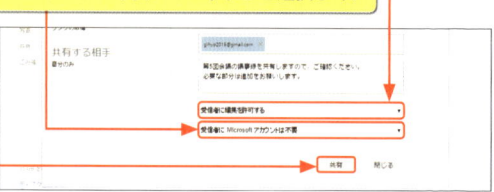

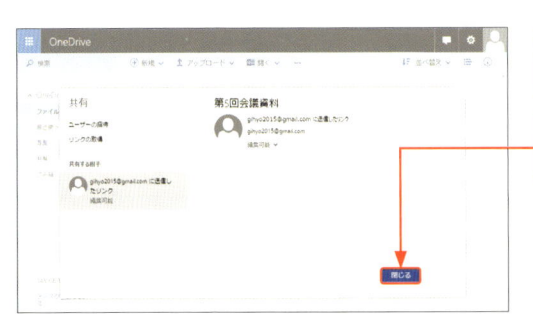

⑩ 共有ファイルへのリンクが送信されます。

⑪ <閉じる>をクリックします。

2 共有ファイルへのリンクを受信する

① 共有ファイルへのリンクが添付されたメールを表示し、

② <OneDriveで表示>をクリックします。

③ 共有ファイルがMicrosoft Office Onlineで表示されます。

Memo 共有する条件

OneDriveでファイルを共有するには、共有するユーザーのメールアドレスが必要になります。

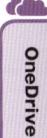

OneDrive 第1章 OneDriveの基本操作

Section 138

共有するユーザーを追加/削除する

OneDrive上のファイルを共有するユーザーは変更することが可能です。共有するユーザーは「共有」画面から設定できます。共有が必要なくなったユーザーは削除するようにしましょう。

1 共有するユーザーを追加する

① P.258を参考にWeb版OneDriveを表示し、

② ファイルを右クリックして、

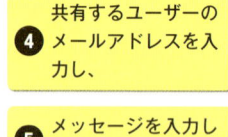

③ <共有>をクリックします。

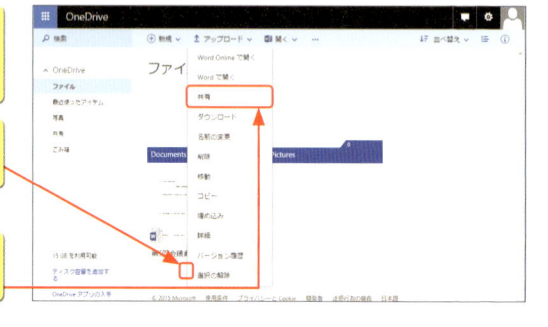

④ 共有するユーザーのメールアドレスを入力し、

⑤ メッセージを入力して、

⑥ <共有>をクリックします。

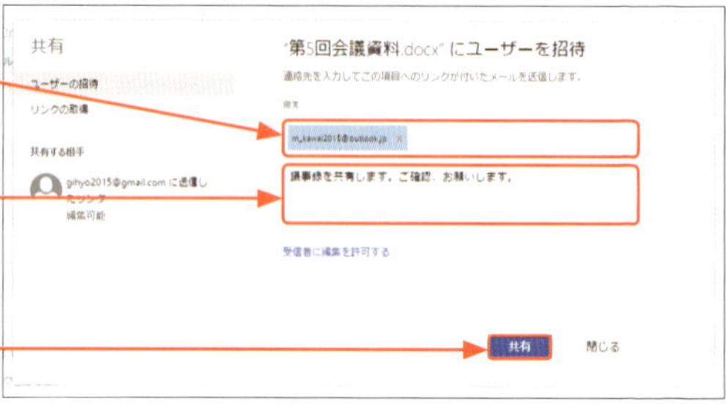

⑦ 相手に共有ファイルへのリンクが送信され、ユーザーが追加されます。

⑧ <閉じる>をクリックします。

② 共有するユーザーを削除する

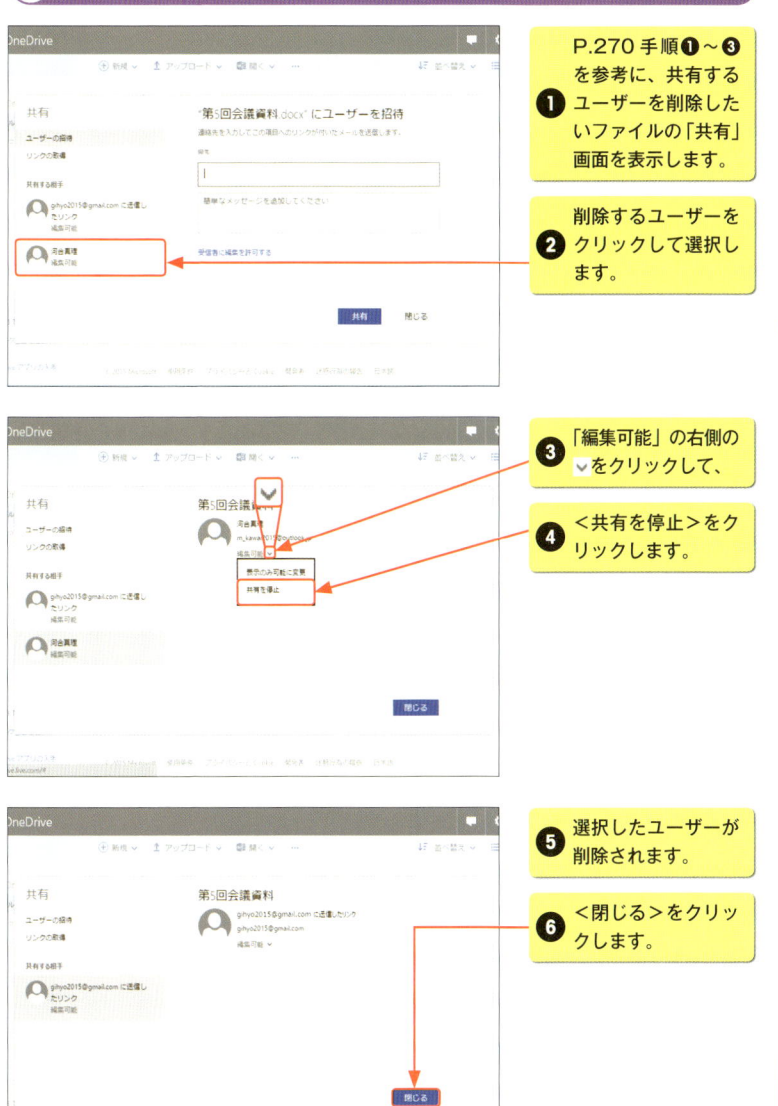

① P.270手順❶~❸を参考に、共有するユーザーを削除したいファイルの「共有」画面を表示します。

② 削除するユーザーをクリックして選択します。

③ 「編集可能」の右側の⌄をクリックして、

④ <共有を停止>をクリックします。

⑤ 選択したユーザーが削除されます。

⑥ <閉じる>をクリックします。

第1章 OneDriveの基本操作

OneDrive

271

OneDrive 第1章 OneDriveの基本操作

Section 139
iPhone版OneDriveをインストールする

OneDriveにはスマートフォン用のアプリがあり、外出先からでもOneDriveのさまざまな機能を利用できます。ここでは、iPhone版OneDriveのインストールの方法を紹介します。

1 iPhone版OneDriveをインストールする

① iPhoneのホーム画面で<App Store>をタップし、画面下部のメニューから<検索>をタップします。

② 検索欄に「OneDrive」と入力し、

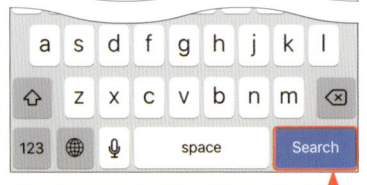

③ <Search>をタップします。

④ 検索結果が表示されます。「OneDrive」の<入手>をタップすると<インストール>に変わるので、<インストール>をタップします。

⑤ Apple IDのパスワードを入力して、

⑥ <OK>をタップすると、インストールが開始されます。「Apple App」画面が表示された場合は、<後で試す>をタップします。

272

OneDrive > 第1章 > OneDriveの基本操作

Section 140

Android版OneDriveをインストールする

Andoroidスマートフォンにも＜ OneDrive ＞アプリは対応しており、機能として大きな違いはありません。ここでは、Android版OneDriveのインストールの方法を紹介します。

1 Android版OneDriveをインストールする

❶ P.60 手順❶を参考に Play ストアを起動し、＜ Google Play ＞をタップします。

❷ ＜ OneDrive ＞と入力し、

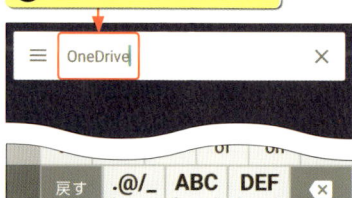

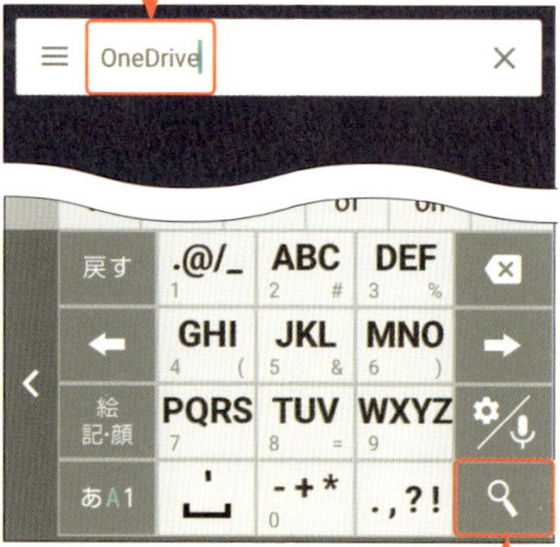

❸ 🔍 をタップします。

❹ ＜ OneDrive ＞をタップします。

❺ ＜インストール＞をタップします。

❻ ＜同意する＞をタップすると、インストールが開始されます。

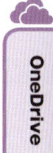

OneDrive > 第1章 > OneDriveの基本操作

Section 141 スマートフォン用アプリでOfficeファイルを閲覧・編集する

スマートフォン用のMicrosoft Officeのアプリをインストールすると、スマートフォンからでもアプリを使用し、Officeファイルを編集することが可能になります。

1 スマートフォン版OneDriveを設定する

① Sec.024 もしくは Sec.025 を参考に＜ OneDrive ＞アプリをインストールしたら、＜開く＞をタップするか、ホーム画面に追加されたアイコンをタップします。

OneDrive
Microsoft Corporation
3+
アンインストール / 開く

② OneDrive が起動したら、＜今すぐサインイン＞をタップします。

1つの場所ですべてを管理
スワイプして詳細情報へ、または **今すぐサインイン**

③ Microsoft アカウントのメールアドレスを入力し、

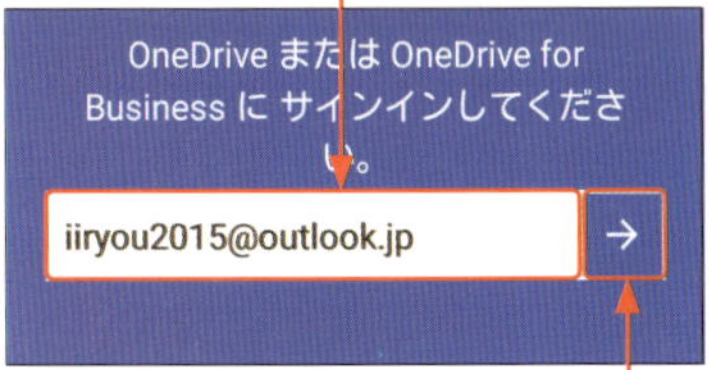

OneDrive または OneDrive for Business に サインインしてください。
iiryou2015@outlook.jp →

④ →をタップします。

⑤ サインイン画面が表示されます。

⑥ 自動的に入力されているMicrosoftアカウントを確認し、

⑦ パスワードを入力して、

Microsoft アカウント 詳細
iiryou2015@outlook.jp
パスワード
••••••••••••
サインイン
アカウントにアクセスできない場合

⑧ ＜サインイン＞をタップします。

⑨ 「写真や動画をアップロード」画面が表示されるので、＜今はしない＞をタップします。

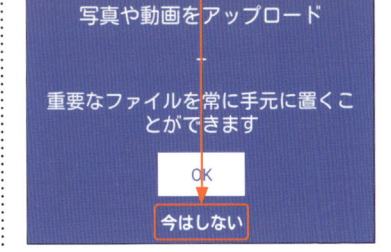

写真や動画をアップロード
重要なファイルを常に手元に置くことができます
OK
今はしない

2 Officeファイルを閲覧・編集する

あらかじめスマートフォン用のMicrosoft Officeアプリをインストールしておきます（P.276Memo参照）。

❶ P.274手順❶を参考にOneDriveを起動します。

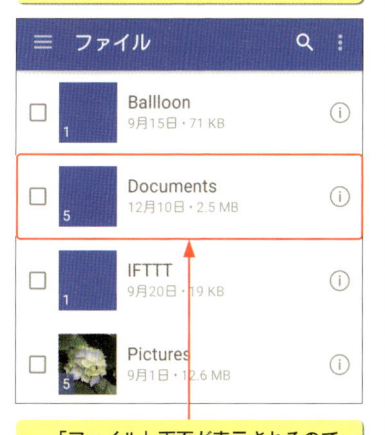

	ファイル	
☐	Balloon 9月15日・71 KB	ⓘ
☐	Documents 12月10日・2.5 MB	ⓘ
☐	IFTTT 9月20日・19 KB	ⓘ
☐	Pictures 9月1日・12.6 MB	ⓘ

❷ 「ファイル」画面が表示されるので、編集したいファイルが保存されているフォルダをタップします。

❸ 編集したいファイル（ここではExcelファイル）をタップします。

	Documents	
☐	2015_新製品一覧 9月22日・9 KB	ⓘ
☐	「LGA-1002」発表会 9月22日・523 KB	ⓘ
☐	プレゼンテーション 9月8日・1.2 MB	ⓘ
☐	第5回会議資料 9月22日・42 KB	ⓘ

❹ 「サインイン」画面が表示されます。Microsoftアカウントを入力し、

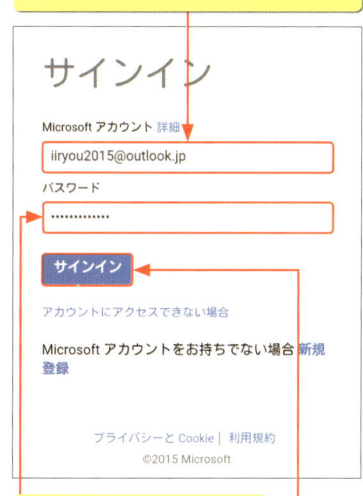

サインイン

Microsoft アカウント 詳細

iiryou2015@outlook.jp

パスワード

....

[サインイン]

アカウントにアクセスできない場合

Microsoft アカウントをお持ちでない場合 新規登録

プライバシーと Cookie ｜ 利用規約
©2015 Microsoft

❺ パスワードを入力して、

❻ <サインイン>をタップします。

❼ ファイルが表示され、編集することもできます。

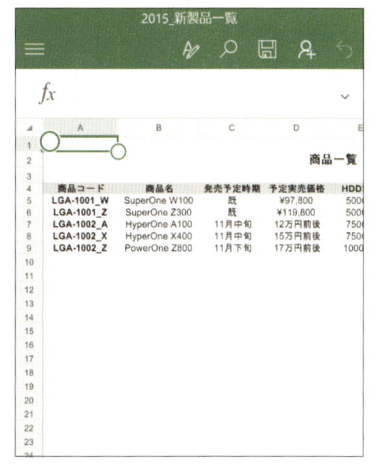

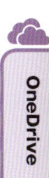

第1章 OneDriveの基本操作

OneDrive

8 ファイルの内容を編集したら📄をタップして上書き保存します。

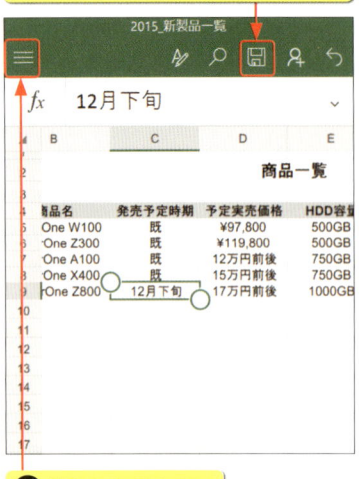

9 ☰をクリックして、

10 <閉じる>をクリックします。

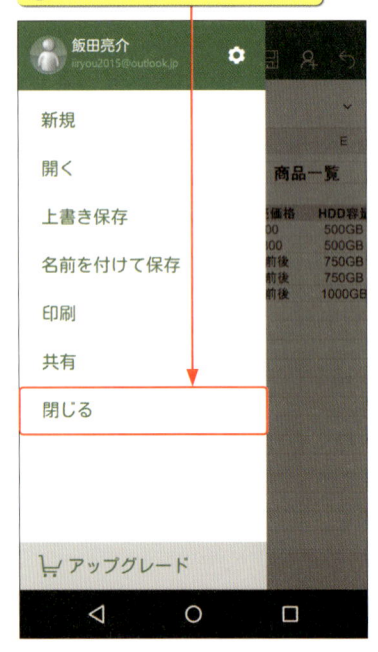

11 編集したファイルが保存されました。

Memo スマートフォン用のMicrosoft Officeアプリ

OneDrive上に保存したOfficeファイルを開くためには、あらかじめスマートフォン用のMicrosoft Officeアプリをインストールする必要があります。それぞれのファイルに対応した、スマートフォン用のMicrosoft OfficeアプリをP.272の要領で検索してインストールしましょう。

OneDrive 編

第 2 章

OneDriveの活用

OneDrive 第2章 OneDriveの活用

Section
142

ファイルを検索する

OneDrive上に保存されたファイルやフォルダは、キーワードを使って検索することが可能です。検索ボックスにキーワードを入力すると、入力したキーワードに関連したファイルやフォルダが検索結果として表示されます。

1 ファイルを検索する

1. P.258を参考にWeb版OneDriveを表示し、
2. <検索>をクリックします。

3. 検索したいファイルやフォルダのキーワードを入力し、Enterを押します。

4. 入力したキーワード(ここでは「第5回」)に関連した検索結果が表示されます。

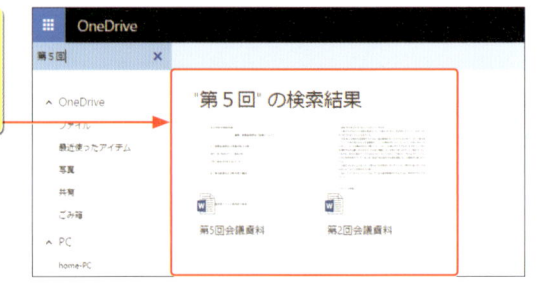

OneDrive 第2章 OneDriveの活用

Section 143 ファイルの履歴を管理する

OneDriveでは、ファイルの履歴を管理できます。ファイルに加えられた変更が時系列順に表示され、クリックすると変更前のファイルの内容が表示されます。また、ファイルを変更前の状態に戻すことも可能です。

1 ファイルの履歴を管理する

1. P.258を参考にWeb版OneDriveを表示し、
2. 履歴を表示したいファイルを右クリックし、
3. <バージョン履歴>をクリックします。
4. 画面左に「バージョン履歴」が表示されます。
5. 「以前のバージョン」の任意の更新日時をクリックすると、
6. 変更前のファイルが表示されます。

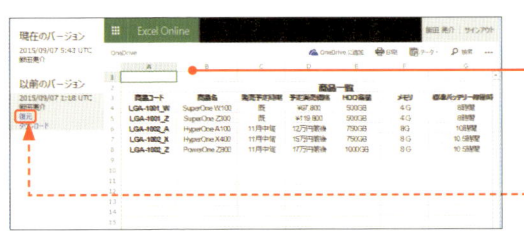

ファイルを変更前の状態に戻したい場合は、<復元>をクリックします。

OneDrive 第2章 OneDriveの活用

Section 144

ファイルを印刷する

OneDrive上に保存されたOfficeファイルは、「Microsoft Office Online」で表示し、印刷することができます。必要に応じて「送信先」、「ページ」、「部数」、「カラー」などの設定を変更しましょう。

1 ファイルを印刷する

① P.258を参考にWeb版OneDriveを表示し、

② 印刷したいファイルをクリックします。

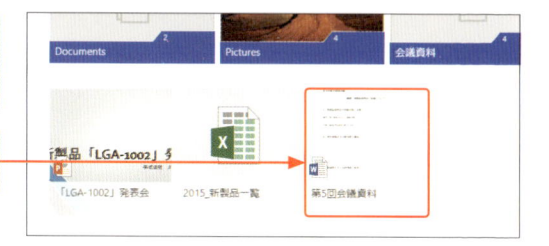

③ ファイルが表示されます。

④ <印刷>をクリックします。

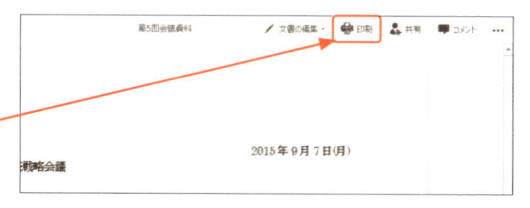

⑤ 「送信先」(プリンター)、「ページ」、「部数」、「カラー」などを設定し、

⑥ <印刷>をクリックして、印刷します。

OneDrive 第2章 OneDriveの活用

Section 145 削除したファイルをもとに戻す

OneDrive上のファイルやフォルダは、削除するとOneDrive上の「ごみ箱」に移動します。「ごみ箱」内にあるファイルは、復元することが可能です。誤ってファイルやフォルダを削除してしまった場合は、「ごみ箱」から復元しましょう。

1 削除したファイルをもとに戻す

1. P.258を参考にWeb版OneDriveを表示し、
2. 削除したいファイルにポイントを合わせ、
3. をクリックしてチェックを付け、
4. Delete を押して削除します。
5. <ごみ箱>をクリックします。
6. もとに戻したいファイルにポイントを合わせ、
7. をクリックしてチェックを付けて、
8. <復元>をクリックします。

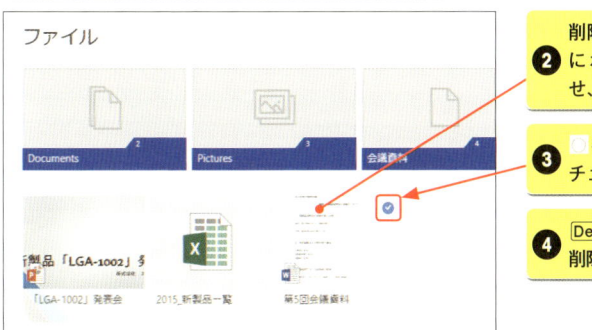

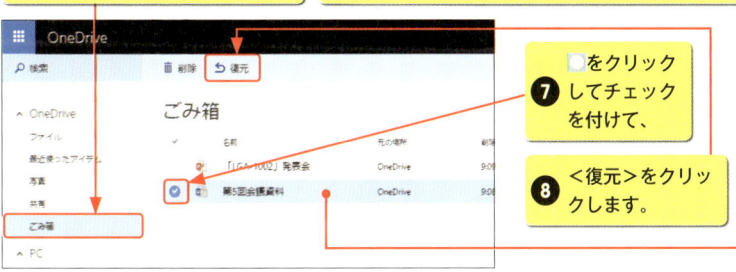

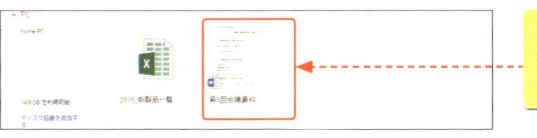

削除したファイルが保存されていたフォルダに復元されます。

OneDrive 第2章 OneDriveの活用

Section 146

写真をアルバムにしてスライドショーで見る

OneDrive上に保存された画像ファイルを選択し、アルバムを作成することができます。作成したアルバムはOneDrive上に保存され、スライドショーで見ることも可能です。

1 写真をアルバムにしてスライドショーで見る

1. P.258を参考にWeb版OneDriveを表示し、
2. <写真>をクリックします。

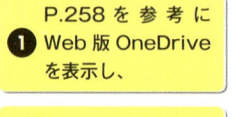

3. <アルバム>をクリックし、
4. <新しいアルバム>をクリックします。

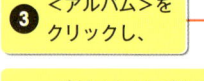

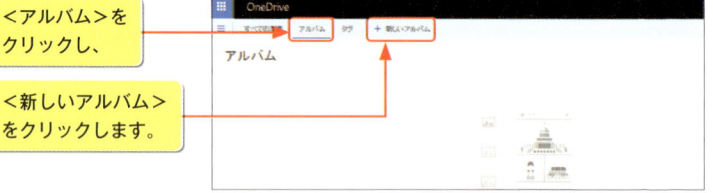

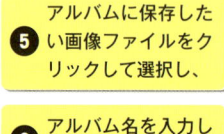

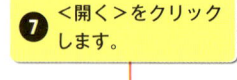

5. アルバムに保存したい画像ファイルをクリックして選択し、
6. アルバム名を入力して、
7. <開く>をクリックします。

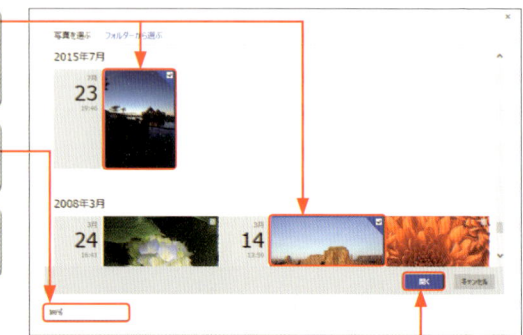

8 選択した画像ファイルでアルバムが作成されます。

9 作成したアルバムをクリックします。

10 アルバムが表示されます。

11 表示したい画像ファイルをクリックします。

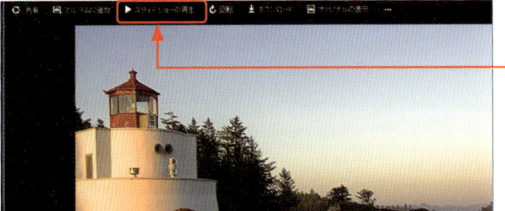

12 <スライドショーの再生>をクリックします。

13 スライドショーが全画面で再生されます。

全画面表示を終了したい場合は<全画面表示を終了>をクリックします。

スライドショーを終了したい場合は<スライドショーの終了>をクリックします。

第 2 章 OneDriveの活用

OneDrive

283

OneDrive　第2章　OneDriveの活用

Section 147 写真にタグを付ける

OneDrive上に保存された画像ファイルは、自動的にタグが付けられますが、オリジナルのタグを付けることも可能です。付けたタグによって画像ファイルをグループ分けできます。

1 写真にタグを付ける

① P.258を参考にWeb版OneDriveを表示し、

② タグを付けたい画像ファイルにポイントを合わせ、

③ ○をクリックしてチェックを付けます。

④ ⓘをクリックして、

⑤ <タグの追加>をクリックします。

⑥ 「タグの追加」画面が表示されます。

⑦ タグ名を入力し、

⑧ <追加>をクリックします。

⑨ 画像ファイルに新しいタグが追加されます。

Section 148 写真を共有する

OneDrive > 第2章 OneDriveの活用

OneDriveで作成したアルバムは、ほかのユーザーと共有できます。共有したユーザーは、写真をスライドショーで見たり、パソコンに保存したりすることができます。

1 写真を共有する

1. P.258を参考にWeb版OneDriveを表示し、
2. P.282手順②～③を参考に「アルバム」を表示します。
3. 共有したいアルバムをクリックして表示し、
4. <共有>をクリックします。
5. 共有するユーザーのメールアドレスを「宛先」に入力し、
6. 必要に応じてメッセージを入力して、
7. <共有>をクリックします。
8. アルバムがほかのユーザーと共有されます。
9. <閉じる>をクリックします。

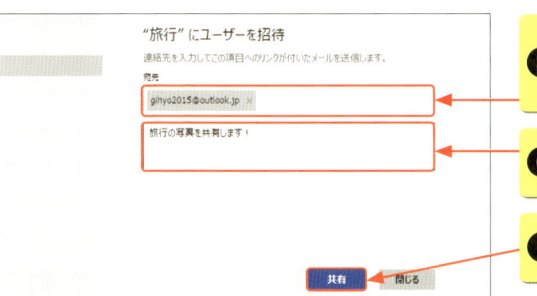

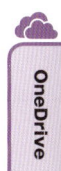

OneDrive 第2章 OneDriveの活用

Section 149 ほかのユーザーとOfficeファイルを共同編集する

OneDriveでは、ほかのユーザーと共有したファイルは、共有したユーザーのそれぞれのパソコンで編集できます。編集された内容はすぐにファイルに反映され、常に最新の状態に更新されます。

1 ほかのユーザーとOfficeファイルを共同編集する

1. P.258を参考にWeb版OneDriveを表示し、
2. <共有>をクリックし、
3. 編集するファイルをクリックして表示します。 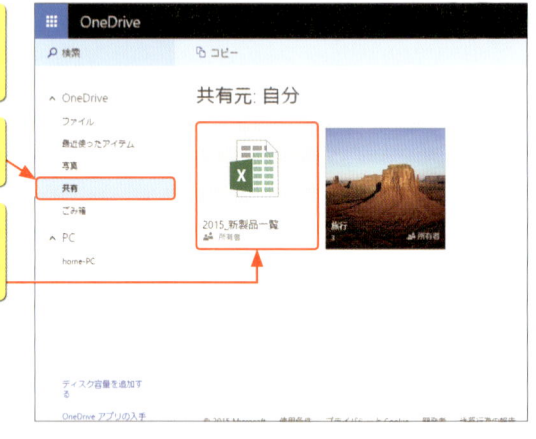
4. 今現在何人のユーザーが同じファイルを編集しているか、画面右上に表示されます。
5. ▼をクリックします。

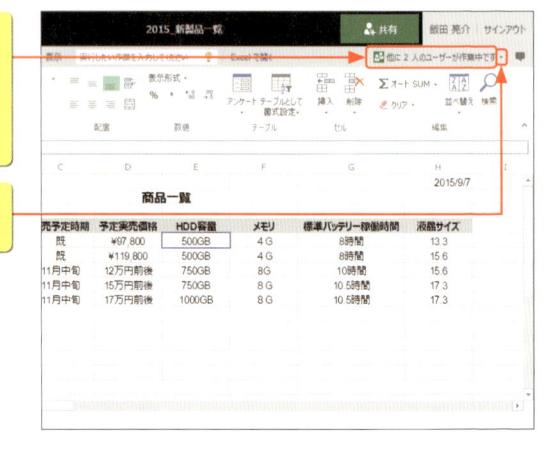

⑥ 今現在同じファイルで作業している共有ユーザーの一覧が表示されます。

⑦ 共有しているユーザーの変更が反映されます。

⑧ 共有しているユーザーがファイルを閉じると、共有ユーザーの表示が消えます。

> **Memo**
>
> ### Officeファイルを共同編集するための前提条件
>
> ほかのユーザーとOfficeファイルを共同編集するには、あらかじめ共有するユーザーを招待する必要があります。Sec.137~138を参考に共有したいユーザーを設定しましょう。

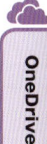

OneDrive　第2章　OneDriveの活用

Section 150

パスワードを変更する

Microsoftアカウントのパスワードは、セキュリティ強化のためにも、定期的に変更しましょう。「パスワードを72日おきに変更する」のオプションを設定すると、72日間隔で強制的にパスワードの変更画面が表示されるようになります。

1 パスワードを変更する

1. P.258を参考にWeb版OneDriveを表示し、
2. 👤をクリックし、
3. <アカウント設定>をクリックします。

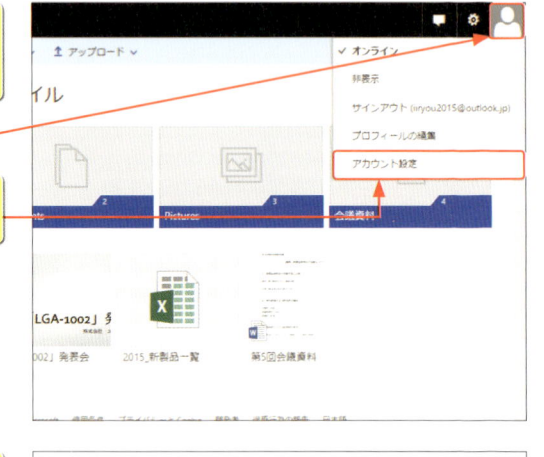

4. <パスワードの変更>をクリックします。

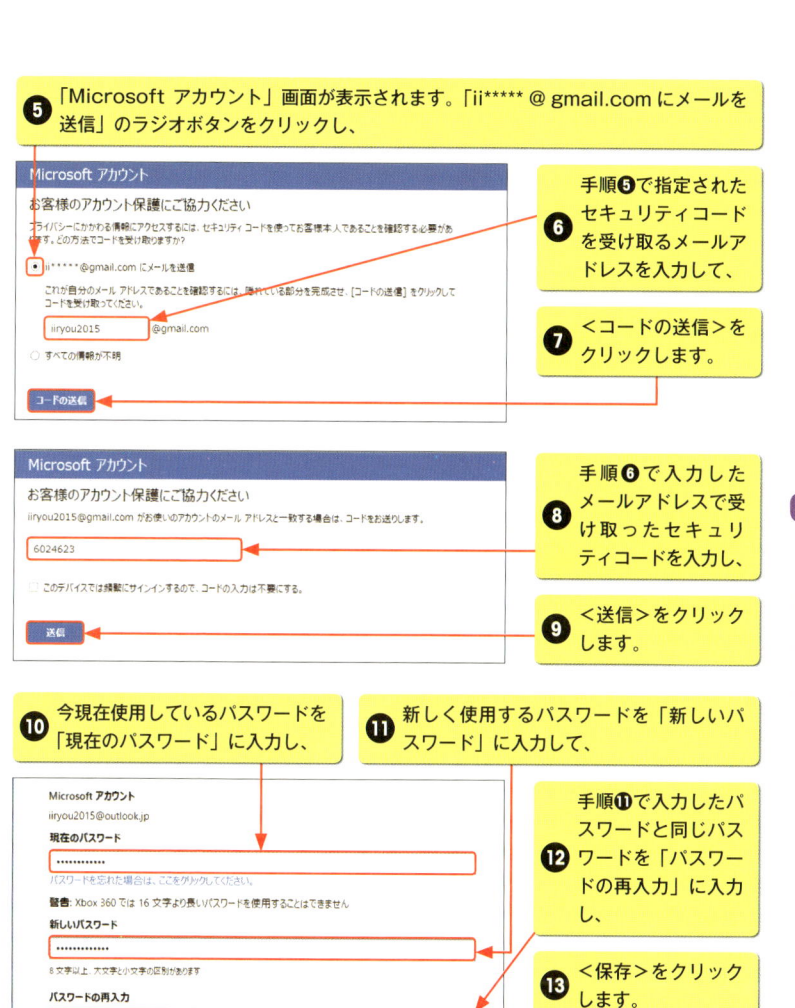

❺「Microsoft アカウント」画面が表示されます。「ii*****@gmail.com にメールを送信」のラジオボタンをクリックし、

Microsoft アカウント

お客様のアカウント保護にご協力ください

プライバシーにかかわる情報にアクセスするには、セキュリティ コードを使ってお客様本人であることを確認する必要があります。どの方法でコードを受け取りますか?

- ● ii*****@gmail.com にメールを送信

  これが自分のメール アドレスであることを確認するには、隠れている部分を完成させ、[コードの送信] をクリックしてコードを受け取ってください。

  | iiryou2015 | @gmail.com |

- ○ すべての情報が不明

[コードの送信]

❻ 手順❺で指定されたセキュリティコードを受け取るメールアドレスを入力して、

❼ <コードの送信>をクリックします。

Microsoft アカウント

お客様のアカウント保護にご協力ください

iiryou2015@gmail.com がお使いのアカウントのメール アドレスと一致する場合は、コードをお送りします。

| 6024623 |

☐ このデバイスでは頻繁にサインインするので、コードの入力は不要にする。

[送信]

❽ 手順❻で入力したメールアドレスで受け取ったセキュリティコードを入力し、

❾ <送信>をクリックします。

---

❿ 今現在使用しているパスワードを「現在のパスワード」に入力し、

⓫ 新しく使用するパスワードを「新しいパスワード」に入力して、

Microsoft アカウント
iiryou2015@outlook.jp

現在のパスワード

| .... |

パスワードを忘れた場合は、ここをクリックしてください。

警告: Xbox 360 では 16 文字より長いパスワードを使用することはできません

新しいパスワード

| .... |

8 文字以上、大文字と小文字の区別があります

パスワードの再入力

| .... |

☐ パスワードを 72 日おきに変更する

[保存] [キャンセル]

⓬ 手順⓫で入力したパスワードと同じパスワードを「パスワードの再入力」に入力し、

⓭ <保存>をクリックします。

Memo: パスワードを72日おきに変更する

手順❿の画面で「パスワードを72日おきに変更する」のチェックボックスをクリックしてチェックを付けると、パスワードを変更した日から72日後にパスワード変更画面が表示されます。

OneDrive 第2章 OneDriveの活用

Section 151 無料でOneDriveの容量を増やす

OneDriveは、5MBの容量を無料で利用することができます。無料でクラウドストレージサービスの容量を追加するには、キャンペーンや「紹介特典」を利用する方法があります。

1 無料で容量を増やす

1. P.258を参考にWeb版OneDriveを表示し、

2. <ディスク容量を追加する>をクリックします。

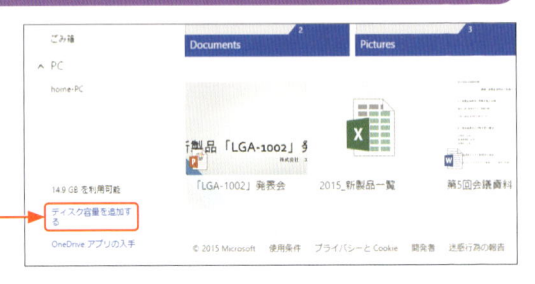

3. 「紹介特典（0％達成）」の<無料ストレージを取得>をクリックします。

4. OneDriveを利用していない招待するユーザーのメールアドレスを入力し、

5. <招待>をクリックします。

Memo 無料で容量を追加する

ユーザーをOneDriveに招待すると、招待したユーザー、招待されたユーザーにそれぞれ、0.5MBの容量が追加されます。「紹介特典」の使用は10名まで可能です。

OneDrive 第2章 OneDriveの活用

Section 152

有料でOneDriveの容量を増やす

OneDriveは、追加のディスクを購入してクラウドストレージサービスの容量を増やすことが可能です。有料の容量のプラン（月ごとの料金）には100GB、200GBなどがあります。

1 有料で容量を増やす

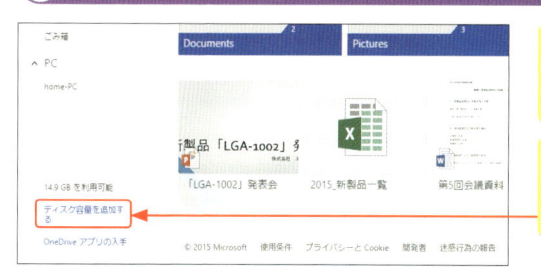

① P.258を参考にWeb版OneDriveを表示し、

② ＜ディスク容量を追加する＞をクリックします。

③ ＜追加のディスク容量を購入する＞をクリックします。

④ 「プラン」画面が表示されます。

⑤ 購入したいプランの＜選択＞をクリックして、

⑥ Microsoftアカウントにサインインして、購入の手続きを行います。

Memo: Office 365を利用して容量を増やす

月額課金制の「Office 365 solo」など、Office 365サービスを利用すれば、OneDriveで1TB（1,000GB）の容量を利用することができます。

Memo: Microsoftアカウントの取得

Microsoftアカウントは、Microsoftが提供する個人認証アカウントです。OneDrive以外にも、さまざまなサービス・アプリで使用できるため、ぜひ取得しておきましょう。Windows 8.1/10の場合、Microsoftアカウントは基本的に初期設定時に取得しているため、新たに取得する必要はありません。ただし、Windows 8.1/10より以前のWindowsでは、Microsoftアカウントを取得する必要があります。
また、Windows 8.1/10であっても、別のMicrosoftアカウントを使用したい場合は、新たにMicrosoftアカウントを取得しましょう。

❶ Webブラウザで Microsoft アカウントのサイト（https://www.microsoft.com/ja-jp/msaccount/default.aspx）にアクセスし、

❷ ＜Microsoft アカウントに登録しよう＞をクリックします。

❸ 任意の情報を入力し、

＜新しいメールアドレスを作成＞をクリックすると「outlook.jp」「outlook.com」「hotmail.com」からドメイン名を選択してMicrosoft アカウントを作成できます。既存のメールアドレスをMicrosoft アカウントとして使用したい場合は、そのまま既存のメールアドレスを「ユーザー名」に入力します。

❹ ＜アカウントの作成＞をクリックします。

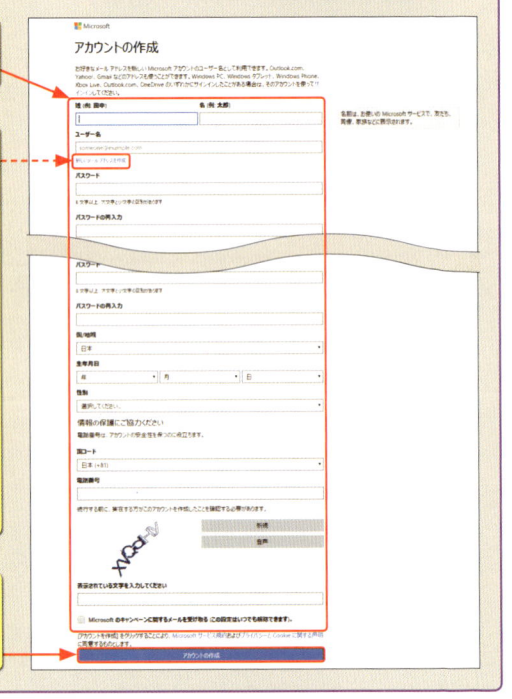

連携編

Appendix

クラウドストレージ
サービスの連携

連携　Appendix　クラウドストレージサービスの連携

Section 153

IFTTTでクラウドストレージサービスを自動連携する

IFTTTでは対応しているWebサービス間の組み合わせ（レシピ）によってさまざまな連携が可能です。クラウドストレージサービス間で連携することで、今まで手動で行っていたバックアップの作成などをIFTTTが自動で行ってくれます。

1 IFTTTでできること

　IFTTTは、クラウドストレージサービスやSNS、メールアプリなどのWebサービスを自動的に連携することができるWebサービスです。「レシピ」を作成することで、今まで手動で行っていたクラウドストレージサービス間のバックアップの作成などがかんたんにできます。なお、本書執筆時点でIFTTTは、英語表記にしか対応していません。

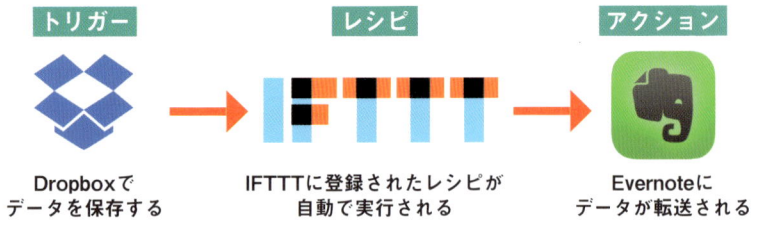

トリガー　　　　　　　　　**レシピ**　　　　　　　　　**アクション**

Dropboxで　　　　　IFTTTに登録されたレシピが　　　Evernoteに
データを保存する　　　　自動で実行される　　　　　データが転送される

● レシピ

　「レシピ」とは、Webサービス間の連携設定のことです。「トリガー」にあたるWebサービスの処理が実行されることで、「アクション」に指定されたWebサービスの処理が自動的に行われます。
　たとえば、「Dropboxに保存したデータをEvernoteに転送する」というレシピを登録すると、「Dropboxでデータを保存する」という操作（トリガー）を行うことで、「Dropboxに保存したデータがEvernoteに自動的に転送される」という操作（アクション）が自動的に実行されるようにIFTTTが設定されます。

● トリガー

　「トリガー」とは、指定したWebサービスで行う処理のことです。
　たとえば、「Dropboxに保存したデータをEvernoteに転送する」という「レシピ」の場合、「Dropboxにデータを保存する」という処理が「トリガー」にあたります。

● アクション

「アクション」とは、「トリガー」に指定した Web サービスで行われた処理によって自動的に別の Web サービスで実行される処理のことです。

たとえば、「Dropbox に保存したデータを Evernote に転送する」という「レシピ」の場合、「Evernote にデータを転送する」という処理が「アクション」にあたります。

2 IFTTTでクラウドストレージサービス間の連携を行う

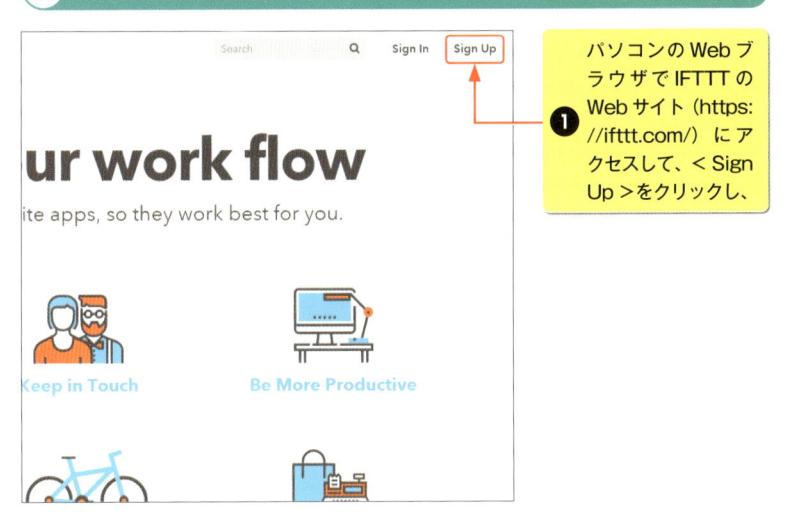

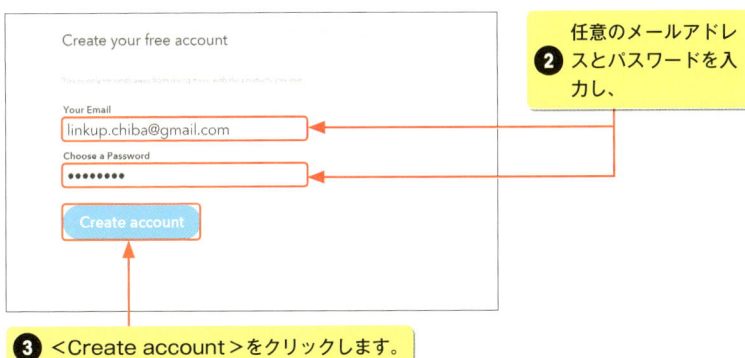

① パソコンの Web ブラウザで IFTTT の Web サイト（https://ifttt.com/）にアクセスして、＜Sign Up ＞をクリックし、

② 任意のメールアドレスとパスワードを入力し、

❸ ＜Create account ＞をクリックします。

チュートリアルが表示されたら、＜ this ＞→＜ that ＞→＜ Continue ＞→＜ Continue ＞の順にクリックし、任意のクラウドストレージサービスを3つクリックして選択し、＜ Continue ＞をクリックします。

295

④ 検索ボックスに連携したいクラウドストレージサービスを2つ(ここでは「Dropbox Evernote」)入力し、

⑤ 🔍をクリックします。

⑥ 検索結果が表示されます。

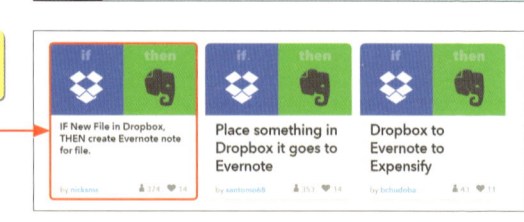

- IF New File in Dropbox, THEN create Evernote note for file.
- Place something in Dropbox it goes to Evernote
- Dropbox to Evernote to Expensify

⑦ 手順④で選択した2つのクラウドストレージサービス間で行いたいレシピ(ここでは< IF New File in Dropbox,THEN create Evernote note for file.(Dropboxに新しいファイルを保存した場合、Evernoteにデータが転送され、ノートが作成される)>)をクリックします。

⑧ < Connect >をクリックし、各クラウドストレージサービスの指示に従ってIFTTTとの連携を許可し、< Done >をクリックします。

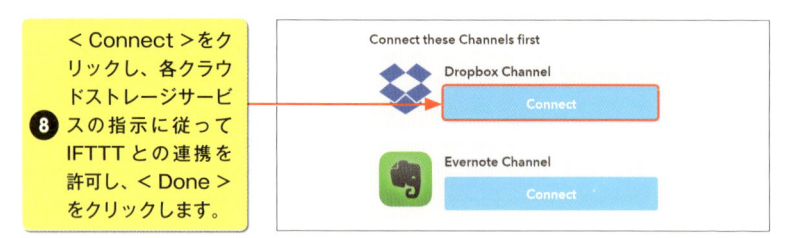

Connect these Channels first
- Dropbox Channel — Connect
- Evernote Channel — Connect

⑨ 「Subfolder name」に任意のフォルダ名(ここでは「/Evernote」)と入力し、

⑩ 「Notebook」に任意のノートブック名を入力し、

⑪ 「Tags」に任意のタグを入力し、

- Subfolder name: /Evernote
- Title
- Notebook: IFTTT Dropbox
- Tags: IFTTT, Dropbox

⑫ < Add >をクリックします。

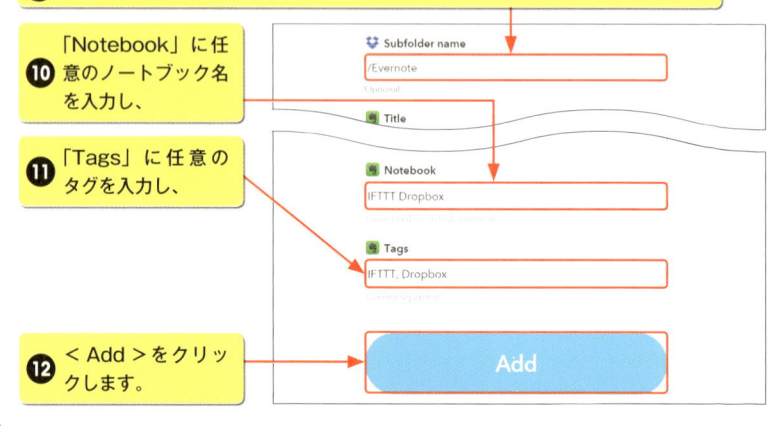

Appendix クラウドストレージサービスの連携

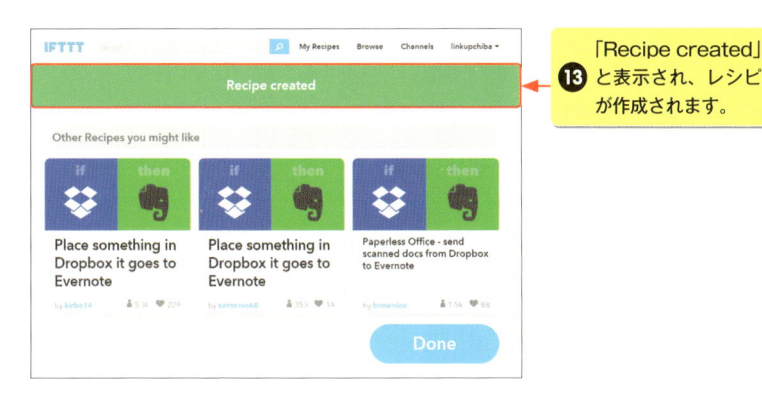

「Recipe created」と表示され、レシピが作成されます。 ⓭

3 自動連携されたかを確認する

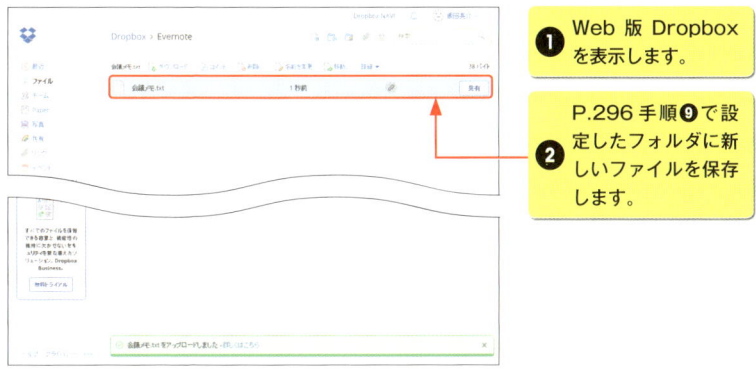

❶ Web版 Dropboxを表示します。

❷ P.296 手順❾で設定したフォルダに新しいファイルを保存します。

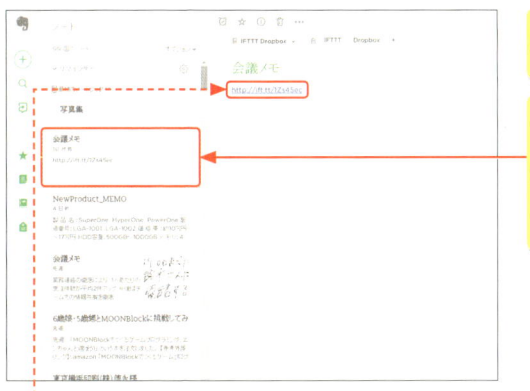

❸ Web版 Evernoteを表示します。

❹ Dropboxに保存したファイルのリンクがEvernoteに転送されたことが確認できます。

リンクをクリックすると、ファイルが表示されます。

Appendix クラウドストレージサービスの連携

連携

297

連携 > Appendix > クラウドストレージサービスの連携

Section 154

Dropboxに保存したファイルをOneDriveにも保存する

IFTTTでは、レシピを自分で作成することができます。ここでは、「ファイルが保存された場合、別のクラウドストレージサービスにもそのファイルを追加する」というレシピを作成してみます。

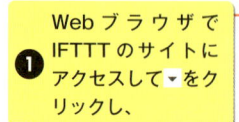

1 レシピを作成する

① Webブラウザで IFTTTのサイトにアクセスして▼をクリックし、

② < Create >をクリックし、

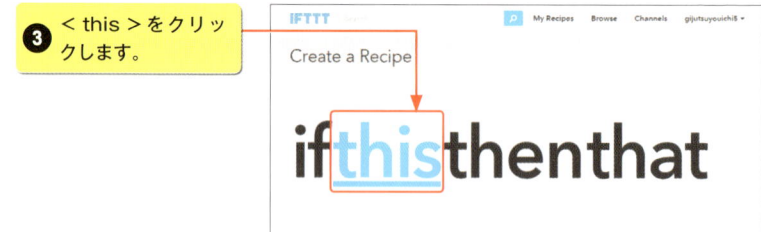

③ < this >をクリックします。

④ 「Dropbox」と入力して検索し、

⑤ < Dropbox >をクリックします。

298

6. 「Please connect the (クラウドストレージサービスの名前) Channel.」画面が表示された場合は各クラウドストレージサービスの指示に従ってIFTTTとクラウドストレージサービスをリンクさせます。

7. 「Choose a Trigger」画面が表示されます。

8. < New file in your folder >（指定のフォルダに新しいファイルが保存された場合）をクリックします。

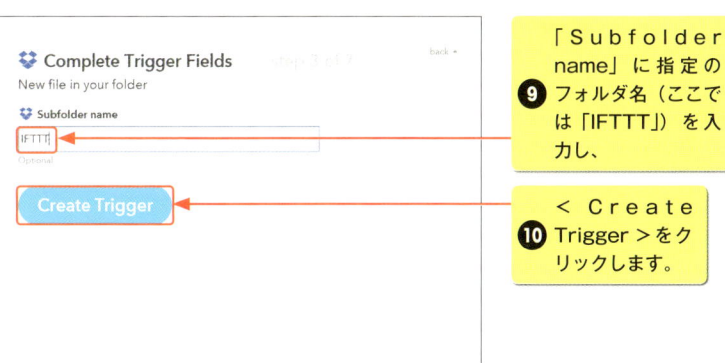

9. 「Subfolder name」に指定のフォルダ名（ここでは「IFTTT」）を入力し、

10. < Create Trigger >をクリックします。

11. < that >をクリックします。

⑫ 「OneDrive」と入力して検索し、

⑬ < OneDrive > をクリックします。

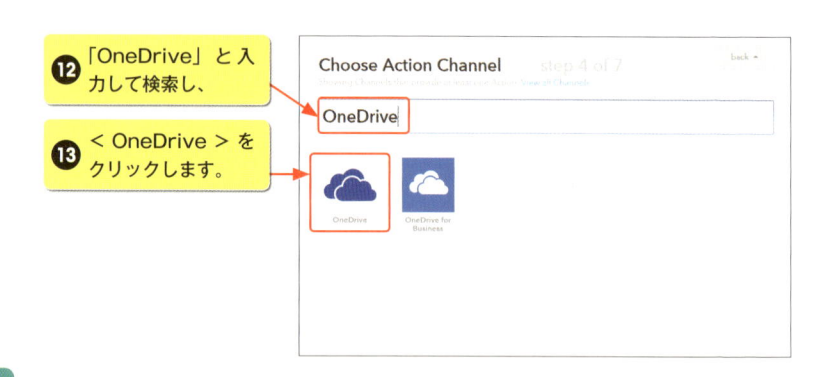

Choose Action Channel　step 4 of 7

OneDrive

⑭ 「Please connect the (クラウドストレージサービスの名前) Channel.」画面が表示された場合は各クラウドストレージサービスの指示に従ってIFTTTとクラウドストレージサービスをリンクさせます。

⑮ 「Choose an Action」画面が表示されます。

Choose an Action　step 5 of 7

Add file from URL
This Action will download a file at a given URL and add it to OneDrive at the path you specify. NOTE: 30 MB file size limit.

⑯ ここでは < Add file from URL > (URLからファイルを追加する) をクリックします。

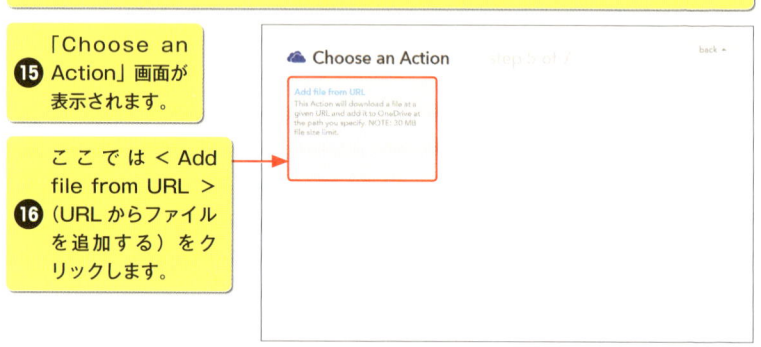

⑰ 「Complete Action Fields」画面が表示されます。

⑱ 任意の設定を行い、

「File URL」ではファイルのURLを指定でき、「File name」ではファイルのファイル名を指定でき、「OneDrive folder path」では、保存先のフォルダを指定できます。ここでは、とくに変更しなくても大丈夫です。

Complete Action Fields　step 6 of 7
Add file from URL

File URL
FileUrl

File name
FilenameNoExt

OneDrive folder path
IFTTT/Dropbox

⑲ <Create Action>をクリックします。

Create Action

Appendix クラウドストレージサービスの連携

300

⓴ 次の画面で＜ Create Recipe ＞をクリックすると、レシピが作成されます。

2 レシピの動作を確認する

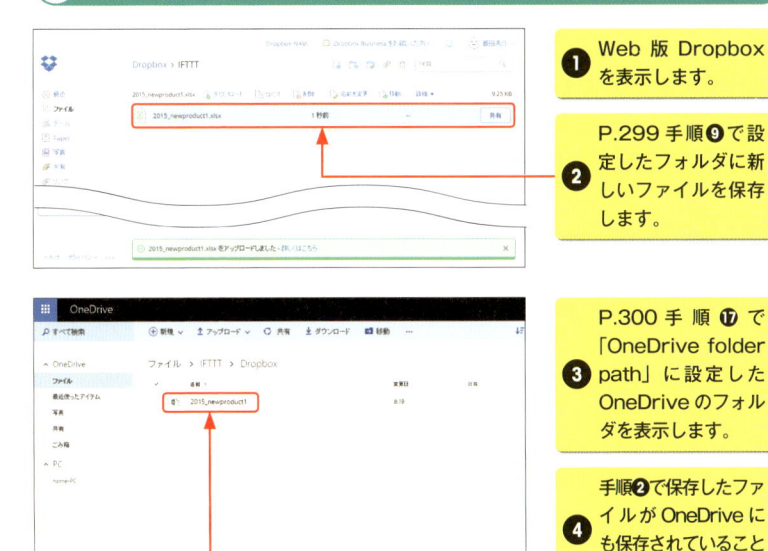

① Web 版 Dropbox を表示します。

② P.299 手順❾で設定したフォルダに新しいファイルを保存します。

③ P.300 手順⓱で「OneDrive folder path」に設定した OneDrive のフォルダを表示します。

④ 手順❷で保存したファイルが OneDrive にも保存されていることが確認できます。

Memo 「Check now」機能を利用する

IFTTTでは、即時に同期がとれないことがあり、同期に時間がかかるときもあります。その場合は、＜ My Recipes ＞をクリックし、IFTTTで即時に同期したいレシピをクリックして開き、＜ Check Now ＞をクリックして、手動で同期を実行しましょう。

連携 > Appendix クラウドストレージサービスの連携

Section 155

Evernoteで作成したノートを Google Driveに保存する

IFTTTでは、Evernote作成したノートをほかのクラウドストレージサービス（Dropbox、OneDrive、Google Driveなど）に保存することができます。Evernoteのノートのバックアップとして利用可能です。

1 レシピを作成する

① WebブラウザでIFTTTのサイトにアクセスして▼をクリックし、

② < Create >をクリックし、

③ < this >をクリックします。

④ 「Evernote」と入力して検索し、

⑤ < Evernote >をクリックします。

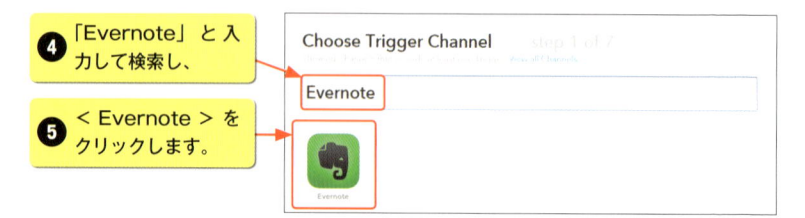

Memo 連携するファイルのファイル名

ファイル名に日本語を使用すると文字化けすることがあるので、半角英数字をファイル名に使用しましょう。

302

6 「Please connect the（クラウドストレージサービスの名前）Channel.」画面が表示された場合は各クラウドストレージサービスの指示に従って IFTTT とクラウドストレージサービスをリンクさせます。

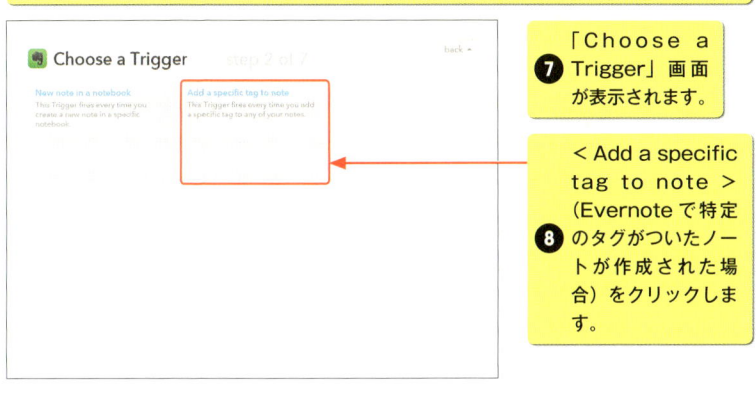

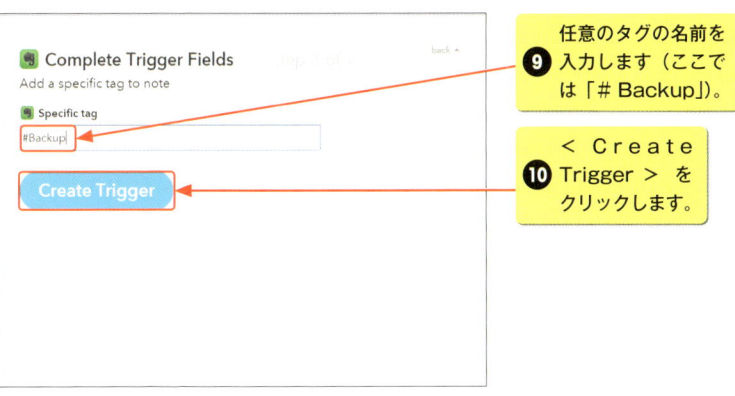

7 「Choose a Trigger」画面が表示されます。

8 ＜ Add a specific tag to note ＞（Evernote で特定のタグがついたノートが作成された場合）をクリックします。

9 任意のタグの名前を入力します（ここでは「# Backup」）。

10 ＜ Create Trigger ＞ をクリックします。

11 ＜ that ＞をクリックします。

⓬ Evernote で作成したノートを保存したいクラウドストレージサービス（ここでは「Google Drive」）を入力して検索し、

⓭ < Google Drive > をクリックします。

Choose Action Channel

Google Drive

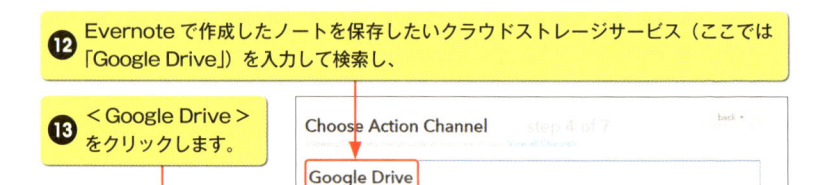

⓮ 「Please connect the（クラウドストレージサービスの名前）Channel.」画面が表示された場合は各クラウドストレージサービスの指示に従って IFTTT とクラウドストレージサービスをリンクさせます。

⓯ 「Choose an Action」画面が表示されます。

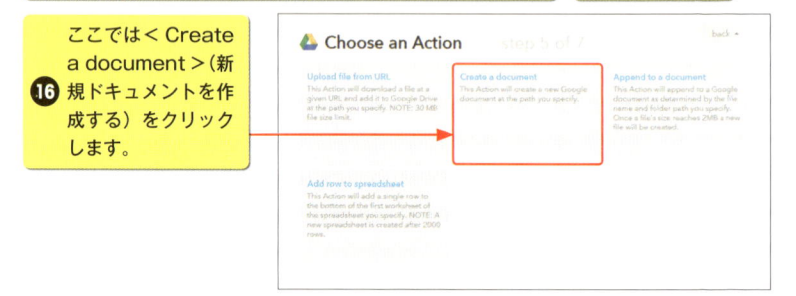

⓰ ここでは< Create a document >（新規ドキュメントを作成する）をクリックします。

Choose an Action

Upload file from URL
This Action will download a file at a given URL and add it to Google Drive at the path you specify. NOTE: 30 MB file size limit.

Create a document
This Action will create a new Google document at the path you specify.

Append to a document
This Action will append to a Google document as determined by the file name and folder path you specify. Once a file's size reaches 2MB a new file will be created.

Add row to spreadsheet
This Action will add a single row to the bottom of the first worksheet of the spreadsheet you specify. NOTE: A new spreadsheet is created after 2000 rows.

⓱ 「Complete Action Fields」画面が表示されます。

⓲ 任意の設定を行い、

「Document name」では作成されるドキュメント名が指定でき、「Content」では作成されるドキュメントの構成が指定でき、「Drive folder path」では保存されるフォルダが指定できます。ここでは、とくに変更しなくても大丈夫です。

Complete Action Fields
Create a document

Document name
Title

Content
\<b> Title \</b>\
BodyHTML \
\
Tags: Tags \
CreatedAt \
\<a href=" PublicUrl " target="_blank">Open in Evernote\</a>

Drive folder path
IFTTT/Evernote

⓳ <Create Action> をクリックします。

Create Action

Appendix クラウドストレージサービスの連携

304

❷⓪ <Create Recipe>をクリックすると、レシピが作成されます。

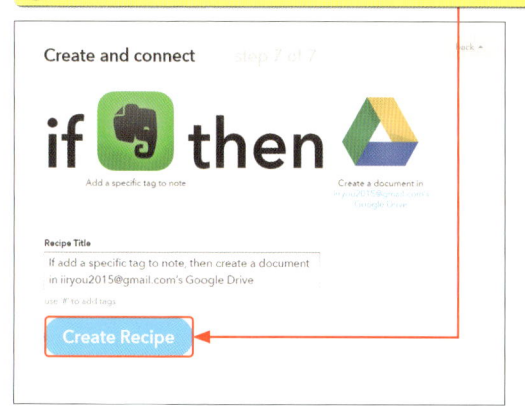

2 レシピの動作を確認する

❶ Web版Evernoteを表示します。

❷ P.303手順❾で設定したタグを付けたノートを作成します。

❸ P.304手順⓲で「Drive folder path」に設定したGoogle Driveのフォルダを表示します。

❹ 手順❷で作成されたノートがGoogle Driveの新規ドキュメントとして保存されていることが確認できます。

305

連携 > Appendix > クラウドストレージサービスの連携

Section 156 クラウドストレージサービスを一元管理する

「cloudGOO」はスマートフォンでクラウドストレージサービスを一元管理できる有料アプリです。対応したサービスをまとめて管理できます。また、接続したクラウドストレージサービスの容量の確認も可能です。

1 cloudGOOとは？

「cloudGOO」は、スマートフォンで複数のクラウドストレージサービスの管理をまとめて行える有料アプリです。複数のサービスと接続し、接続したサービスに保存されているファイルすべてを閲覧できます。また、接続したサービス全体の容量も確認できるため、複数のクラウドストレージサービスを1つのサービスのように扱うことができます。接続できるクラウドストレージサービスは、iPhone版とAndroid版とで少し違いがありますが、機能として大きな違いはありません。ここでは、Android版cloudGOOで解説します。

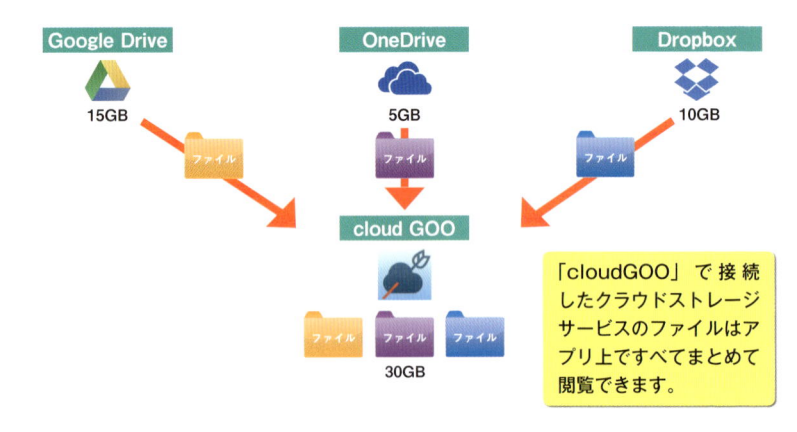

Google Drive 15GB
OneDrive 5GB
Dropbox 10GB

cloud GOO 30GB

「cloudGOO」で接続したクラウドストレージサービスのファイルはアプリ上ですべてまとめて閲覧できます。

Memo 接続したクラウドストレージサービス全体の容量を確認する

<cloudGOO>アプリは、接続したクラウドストレージサービス全体をあわせた最大容量と使用容量の確認ができます。対応するサービスを追加することで、この容量を増やすことが可能です。

Your total available cloud storage:
0% full. Using 36.28 MB of 30 GB

2 クラウドストレージサービスを追加する

① あらかじめ＜ cloudGOO ＞アプリをスマートフォンで購入し、インストールしておきます。

② ホーム画面で＜ cloudGOO ＞アプリをタップして、

③ ＜ Get Started ＞→＜ Create an account ＞の順にタップします。

Sign in

email

password

Sign in

Forgot Password?

Create an account

④ 登録したいアカウントのメールアドレスを入力し、

⑤ パスワードを入力して、

Create Account

iiryou2015@gmail.com

....

....

⑥ 再度、手順⑤で入力したパスワードを入力し、

⑦ 「I accept the Terms of Service」のチェックボックスをタップしてチェックを付けて、

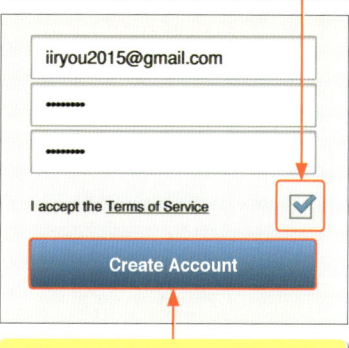

iiryou2015@gmail.com

....

....

I accept the Terms of Service ☑

Create Account

⑧ ＜ Create Account ＞をタップします。

⑨ ＜ OK ＞をタップします。

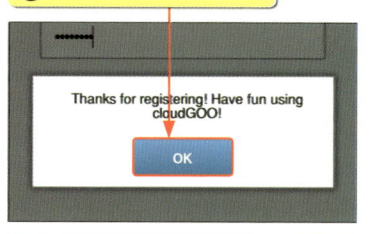

Thanks for registering! Have fun using cloudGOO!

OK

⑩ ＜ Add a drive ＞をタップします。

1 Click "Add a drive"

➕ Add a drive

2 Choose your cloud drive provider

3 Enter your cloud drive credentials

Appendix　クラウドストレージサービスの連携

連携

307

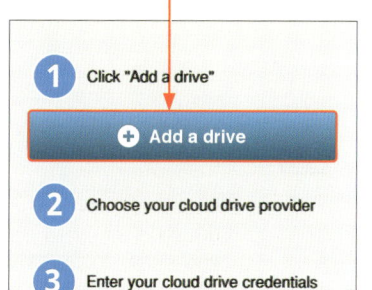

⑪ 任意のクラウドストレージサービス（ここでは< Google Drive >）をタップします。

⑭ 次の画面で< ALLOW >をタップします。

⑫ 任意の Google アカウントをタップして選択し、

⑬ < OK >をタップして、

⑮ 手順⑫で選択した Google アカウントのメールアドレスを確認し、

⑯ 任意のクラウドストレージサービスの名前（ここでは「My Google Drive」）を入力して、

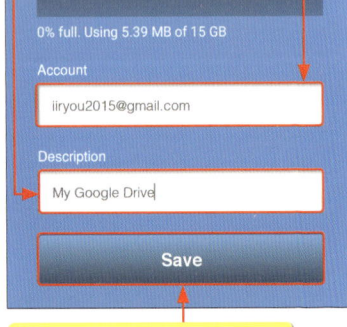

⑰ < Save >をタップします。

Appendix クラウドストレージサービスの連携

308

18 ⚙をタップし、

19 ＜My Drives＞をタップします。

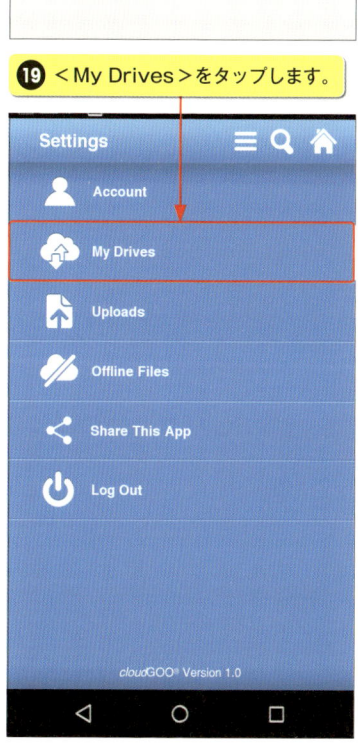

20 連携されているクラウドストレージサービスが表示されます。

21 ＜Add a drive＞をタップします。

22 別の任意のクラウドストレージサービスをタップします。

23 以降、各クラウドストレージサービスの指示に従い、クラウドストレージサービスを登録します。

Appendix クラウドストレージサービスの連携

連携

309

3 クラウドストレージサービスを一元管理する

1 P.309 手順⑱の画面を表示します。

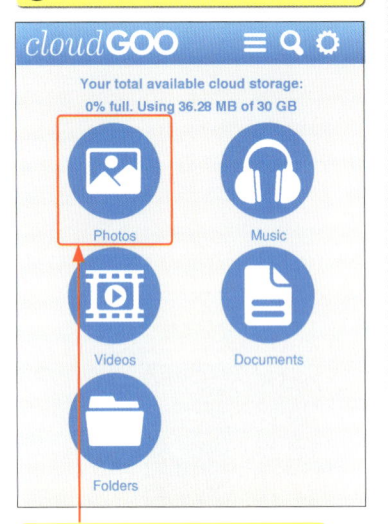

2 <Photos>をタップします。

3 登録したクラウドストレージサービスに保存されているすべての画像ファイルが一覧で表示されます。

4 任意の画像ファイルをタップします。

5 画像ファイルが表示されます。

6 🏠をタップし、手順❶の画面に戻ります。

Memo <cloudGOO>アプリから画像ファイルを操作する

手順❺の画面で各アイコンをタップすると、<cloudGOO>アプリから画像ファイルを操作できます。

🗑	画像を削除できます。
⬇	画像をダウンロードできます。
🗐	画像をほかのクラウドストレージサービスにコピーできます。
⇅	画像をほかのクラウドストレージサービスに移動できます。
⋖	画像をほかのアプリと共有できます。
✎	画像のファイル名を変更できます。

Appendix クラウドストレージサービスの連携

❼ < Documents >をタップします。

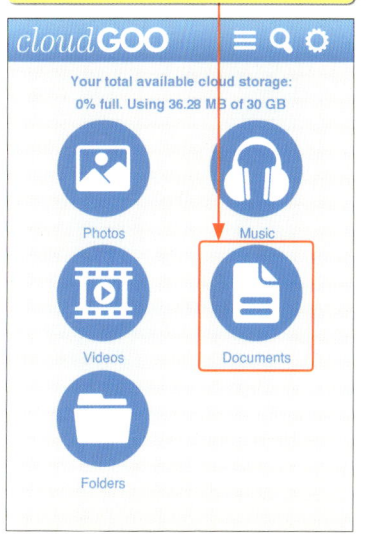

❽ 登録したクラウドストレージサービスに保存されているすべてのドキュメントファイルが一覧で表示されます。

❾ 任意のファイルをタップします。

❿ 手順❾で選択したファイルに対応したアプリの一覧が表示されます。

⓫ 任意のアプリをタップします。

⓬ ファイルが表示されます。

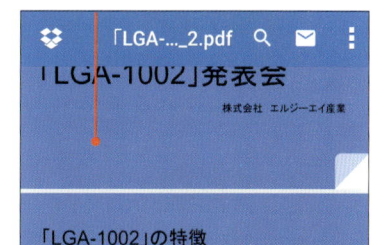

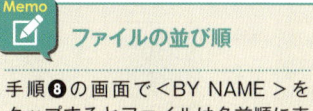

Memo ファイルの並び順

手順❽の画面で<BY NAME >をタップするとファイルは名前順に表示され、<BY DATE >をタップするとファイルが日付順に表示され、<BY TYPE >をタップするとファイルの種類ごとに表示されます。閲覧したいファイルが見つけやすい並び順にしましょう。

Appendix クラウドストレージサービスの連携

連携

311

連携 > Appendix > クラウドストレージサービスの連携

Section 157 GoodReaderでクラウドストレージサービスのファイルを閲覧する

「GoodReader」は、さまざまなファイルを閲覧できるiPhone用の有料アプリです。クラウドストレージサービスにアクセスして、ファイルを直接操作・閲覧することもできます。

1 GoodReaderとは？

＜ GoodReader ＞アプリは、クラウドストレージサービスに保存してあるさまざまなファイルを閲覧できる iPhone 用のアプリです。

● ファイルにアクセスする

＜ GoodReader ＞アプリからのアクセスを許可すると、連携したクラウドストレージサービスに保存しているファイルやフォルダにアクセスが可能になります。

● ファイルを閲覧する

連携したクラウドストレージのファイルはすべて＜ GoodReader ＞アプリで閲覧することができます。また、ファイルを閲覧しやすくする機能もあります。ここでは主な機能を紹介します。

◐	明るさの調整	🔍	検索
📄	テキストのみ表示	🔄	画面の向きのロック・解除

● PDF ファイルに注釈を付ける

＜ GoodReader ＞アプリでは PDF ファイルに注釈を付けることができます。それぞれの注釈機能を把握し、POF ファイルに注釈を付けましょう。ここでは主な注釈機能を紹介します。

💬	コメント	abc▲	文字列の挿入
abc	マーカー	―	直線の作成
abc	下線	→	矢印の作成
abc	波線	□	図形の作成（四角）
abc	取り消し線	○	図形の作成（円）

2 クラウドストレージサービスにアクセスする

1 あらかじめ＜GoodReader＞アプリを App Store で購入し、インストールしておきます。

2 ホーム画面で＜GoodReader＞をタップして、

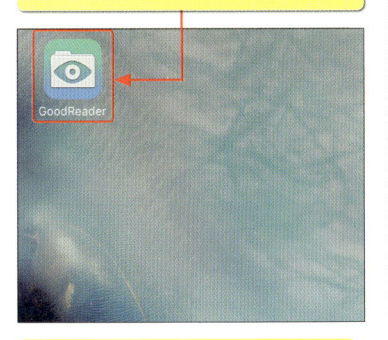

3 ＜No, thanks＞をタップします。

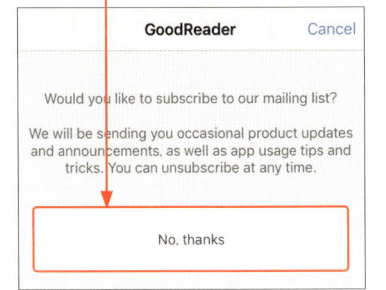

GoodReader

Would you like to subscribe to our mailing list?

We will be sending you occasional product updates and announcements, as well as app usage tips and tricks. You can unsubscribe at any time.

No, thanks

4 ＜Connect＞をタップし、

My Documents
- Downloads (0) (no backing up to iTunes or iCloud)
- iCloud (0)

5 ＜Add＞をタップして、

Create New Connection
- Popular Mail Servers
- Mail Server (IMAP, POP3)
- Dropbox
- OneDrive
- Google Drive
- SugarSync
- box.com
- WebDAV Server
- FTP Server
- SFTP Server
- AFP Server

6 任意のクラウドストレージサービス（ここでは＜OneDrive＞）をタップします。

7 「Readable Title」に任意のクラウドストレージサービスの名前を入力し、

ONEDRIVE
Readable Title OneDrive

8 ＜Add＞をタップします。

Appendix クラウドストレージサービスの連携

313

⑨ 「Known Servers:」に表示されたサービス（ここでは＜OneDrive＞）をタップします。

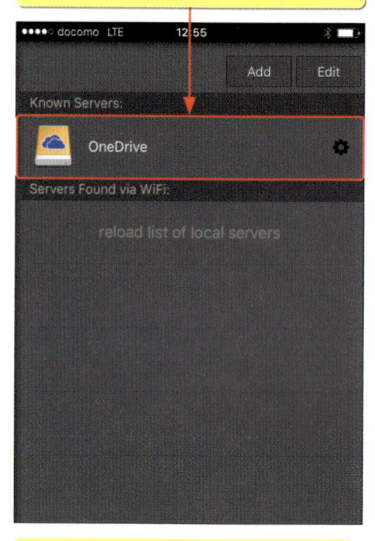

⑩ 「サインイン」画面が表示されます。

⑪ Microsoft アカウントのメールアドレスを入力し、

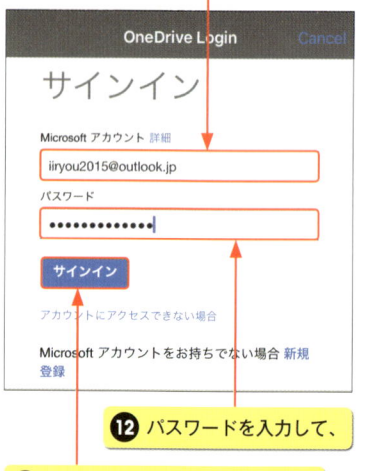

⑫ パスワードを入力して、

⑬ ＜サインイン＞をタップします。

⑭ 「このアプリがあなたの情報にアクセスすることを許可しますか？」画面が表示されます。

⑮ 画面を上方向にスワイプして、

⑯ ＜はい＞をタップします。

⑰ クラウドストレージサービスにアクセスできるようになり、フォルダの一覧が表示されます。

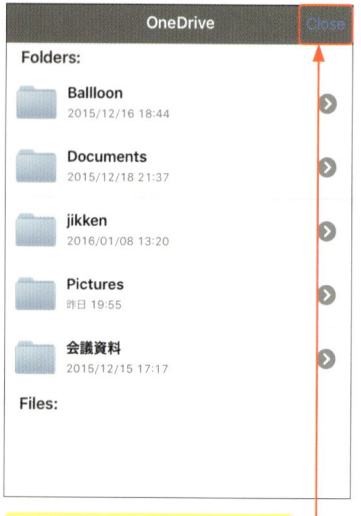

⑱ ＜Close＞をタップします。

3 クラウドストレージサービスのファイルを閲覧する

P.313 ~ P.314を参考にアクセスしたいクラウドストレージサービスを設定します。

① P.314手順❾の画面で任意のクラウドストレージサービスをタップします。

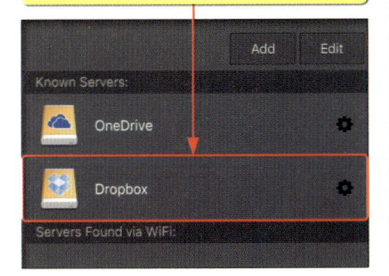

Add　Edit

Known Servers:
- OneDrive ⚙
- Dropbox ⚙

Servers Found via WiFi:

② 閲覧したいファイルが保存されているフォルダの❷をタップします。

- プレゼン資料　2015/11/25 11:42 ❷
- 書類　2016/01/22 14:50 ❷

Files:
- Dropbox スタートガイド.pdf

③ 閲覧したいファイルをタップし、

< Dropbox　書類　Close

Folders:
Files:
- 1020見積書.pdf　2016/01/22 14:50　91 KB
- 研修会のお知らせ.odt

Sync　Share　Download

④ < Download >をタップします。

---

⑤ 任意のファイルのダウンロード先のフォルダ（ここでは< Downloads >）をタップします。

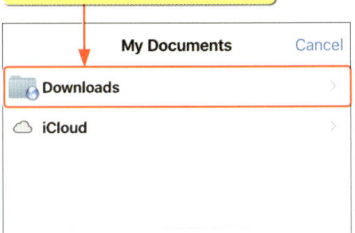

My Documents　Cancel
- Downloads >
- iCloud >

⑥ < Download file here >をタップします。

+ folder　　　Download file here

Memo 新規フォルダを作成する

手順❺もしくは手順❻の画面で<+ folder >をタップすると、新規フォルダの作成画面が表示されます。任意のフォルダ名を入力し、< OK >をタップしましょう。

- Downloads >
- iCloud >

Enter New Folder Name

資料

Cancel　OK

⑦ 「Downloading has started」画面が表示されるので、<OK>をタップします。

⑧ <Close>をタップします。

⑨ ≪をタップします。

⑩ P.315手順❺で選択したフォルダをタップします。

P.315手順❸で選択したファイルがダウンロードされていることが確認できます。

⑪ ファイルをタップします。

機能の紹介画面が表示された場合、<OK>もしくは<Close>をタップしましょう。

⑫ ファイルが閲覧できます。

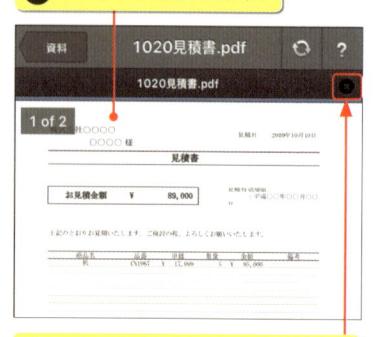

⑬ ■をタップすると、ファイルが閉じます。

Appendix クラウドストレージサービスの連携

316

④ PDFファイルに注釈を付ける

① P.315 ~ P.316 を参考に PDF ファイルをダウンロードして表示し、注釈を付けたい箇所を長押しすると、注釈機能のメニューが表示されます。

② 文字列の場合は注釈を付けたい箇所を●をスワイプして調整し、

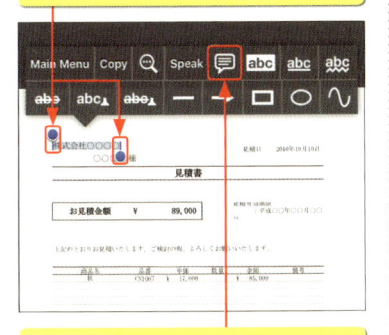

③ 任意の注釈機能（詳しくは P.312 参照）をタップします（ここではコメント）。

④ 注釈をファイルに上書きする場合は＜ Save to this file ＞をタップし、ファイルをコピーしてそのコピーしたファイルに注釈を付けたい場合は＜Create an annotated copy＞をタップします。

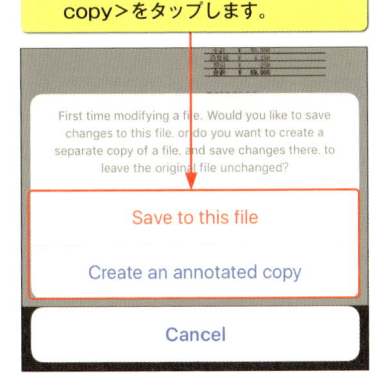

First time modifying a file. Would you like to save changes to this file, or do you want to create a separate copy of a file, and save changes there, to leave the original file unchanged?

Save to this file

Create an annotated copy

Cancel

⑤ ＜ Set name ＞をタップし、

⑥ 任意の注釈作成者名を入力し、

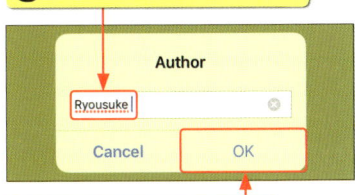

Author

Ryousuke

Cancel　　OK

⑦ ＜ OK ＞をタップします。

⑧ 任意の内容を入力し、

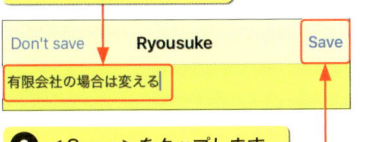

Don't save　**Ryousuke**　Save

有限会社の場合は変える

⑨ ＜ Save ＞をタップします。

⑩ ＜ OK ＞をタップします。

Memo 「Warning」画面が表示された場合

デフォルトで存在する「Downloads」フォルダに保存されているファイルに注釈を付ける場合は、手順❹のあとに「Warning」画面が表示されます。それぞれ任意のファイルのバックアップに関しての選択肢をタップしましょう。

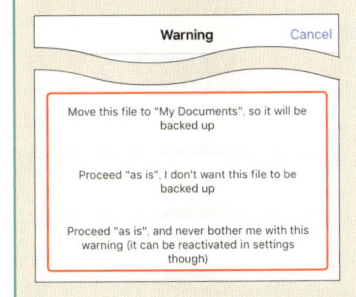

Warning　Cancel

Move this file to "My Documents", so it will be backed up

Proceed "as is", I don't want this file to be backed up

Proceed "as is", and never bother me with this warning (it can be reactivated in settings though)

Appendix クラウドストレージサービスの連携

連携

INDEX

記号・数字・アルファベット

!Reminder	207
#タグ	207
@ノートブック	207
2段階認証	126, 210
Adobe Acrobat	90
Check now	301
cloudGOO	306
Android版Dropbox	60
Android版Evenote	138
Android版Google Drive	232
Android版OneDrive	273
AppStore	58
Dropbox	15, 26
Dropbox Automator	86
Dropbox Folder Sync	103
Dropbox Pro	106
Evenote	16, 132
Evenoteの有料プラン	196
Excel	222, 264
Excel Online	264
Gmail	80, 243
GoodReader	312
Google アカウント	214
Google Chrome	238, 244
Google Drive	17, 216
Google図形描画	240
Googleスプレッドシート	222
Googleスライド	224
Googleドキュメント	220
Google ドライブ プラグイン for Microsoft Office	246
Googleマップ	248
IFTTT	294
iPhone版Dropbox	58
iPhone版Evenote	139
iPhone版Google Drive	231
iPhone版OneDrive	272
JSバックアップ	96
Microsoft	256
Microsoft Office	92, 256
Microsoft Office Online	70, 256
Microsoftアカウント	70, 276
NoteLedge	96
OneDrive	18, 256
Playストア	60
PowerPoint	224, 266
PowerPoint Online	266
Send To Dropbox	84
Sidebooks	96
Titanium Media Sync	94
ToDoリスト	186
URL Droplet	82
Web2PDF	89
Webカメラ	152
Web版Dropbox	30
Web版Evernote	134
Web版Google Drive	218
Web版OneDrive	258
Windows版Dropbox	36
Windows版Evernote	136
Windows版OneDrive	257
Word	220, 262
Word Online	262

あ 行

アカウント	28, 134, 217, 292
アクション	295
アルバム	120, 122, 124, 282
イベント	52
印刷	252, 280
音声	156

か行

- カード ……………………………… 206
- 買い物リスト ……………………… 190
- カタログ ……………………… 72, 176
- キャッシュ ………………………… 130
- 共有期間 …………………………… 107
- クラウドストレージサービス …… 14
- クラウドフォトアルバム ………… 24
- クラウドメモ ……………………… 22
- 公開範囲 …………………………… 229
- コメント …………………………… 62

さ行

- サマリー …………………………… 206
- ショートカットキー ……………… 182
- スクリーンショット ……… 88, 158, 183
- スター ……………………………… 242

た行

- タグ …………………………… 160, 284
- タスクトレイ ……………………… 38
- チェックボックス ………………… 186
- チャット …………………………… 198
- 手書きメモ ………………………… 184
- デジカメ写真 ……………………… 112
- 転送用アドレス …………………… 207
- テンプレートファイル ………… 74, 178
- 同期 …………………………… 39, 146
- トリガー …………………………… 294

な行

- ノート ……………………………… 143
- ノートブック ……………………… 160
- ノートリスト ……………………… 206
- ノートリンク ……………………… 202
- ノートを暗号化 …………………… 204

は行

- パスワードの変更 … 124, 214, 253, 288
- ビジネス文書 ……………………… 76
- ファイルの共同編集 ……………… 286
- ファイルの共有 ………… 42, 226, 268
- ファイルの公開 …………………… 228
- ファイルの同期 ……………… 39, 146
- ファイルリクエスト ……………… 98
- プレゼン資料 ………………… 72, 176

ま行

- マージ機能 ………………………… 200
- マッピングデータ ………………… 248
- 無料で容量を増やす ………… 104, 290
- 名刺 ………………………………… 180
- メールでDropboxに保存 ………… 84
- メールでEvernoteに保存 ………… 207

や行

- 有料プラン ……… 106, 196, 254, 291

ら行

- リスト ……………………………… 206
- リマインダー ………………… 187, 188
- レシピ ……………………………… 294
- レシピを作成 ……………………… 298

わ行

- ワークチャット …………………… 198

319

■ お問い合わせの例

FAX

1 お名前
技術 太郎

2 返信先の住所またはFAX番号
03-XXXX-XXXX

3 書名
今すぐ使えるかんたん PLUS⁺
Dropbox & Google Drive &
OneDrive & Evernote 完全大事典

4 本書の該当ページ
62 ページ

5 ご使用のOSとWebブラウザ
Windows 10
Google Chrome

6 ご質問内容
手順②の操作ができない

今すぐ使えるかんたんPLUS⁺
Dropbox & Google Drive
& OneDrive & Evernote
完全大事典

2016年3月25日　初版　第1刷発行

著者●リンクアップ
発行者●片岡 巖
発行所●株式会社 技術評論社
　　　東京都新宿区市谷左内町 21-13
　　　電話　03-3513-6150　販売促進部
　　　　　　03-3513-6160　書籍編集部
編集●リンクアップ
担当●田中秀春
装丁●菊池 祐（ライラック）
本文デザイン・DTP●リンクアップ
製本／印刷●図書印刷株式会社

定価はカバーに表示してあります。

落丁・乱丁がございましたら、弊社販売促進部までお送りください。交換いたします。
本書の一部または全部を著作権法の定める範囲を超え、無断で複写、複製、転載、テープ化、ファイルに落とすことを禁じます。

©2016 リンクアップ

ISBN978-4-7741-7916-2　C3055
Printed in Japan

お問い合わせについて

本書に関するご質問については、本書に記載されている内容に関するもののみとさせていただきます。本書の内容と関係のないご質問につきましては、一切お答えできませんので、あらかじめご了承ください。また、電話でのご質問は受け付けておりませんので、必ずFAXか書面にて下記までお送りください。
なお、ご質問の際には、必ず以下の項目を明記していただきますようお願いいたします。

1 お名前
2 返信先の住所またはFAX番号
3 書名
　（今すぐ使えるかんたん PLUS⁺
　Dropbox & Google Drive & OneDrive &
　Evernote 完全大事典）
4 本書の該当ページ
5 ご使用のOSとWebブラウザ
6 ご質問内容

なお、お送りいただいたご質問には、できる限り迅速にお答えできるよう努力いたしておりますが、場合によってはお答えするまでに時間がかかることがあります。また、回答の期日をご指定なさっても、ご希望にお応えできるとは限りません。あらかじめご了承くださいますよう、お願いいたします。ご質問の際に記載いただきました個人情報は、回答後速やかに破棄させていただきます。

問い合わせ先

〒162-0846
東京都新宿区市谷左内町 21-13
株式会社技術評論社　書籍編集部
「今すぐ使えるかんたん PLUS⁺
Dropbox & Google Drive & OneDrive & Evernote
完全大事典」質問係
FAX番号　03-3513-6167

URL　http://book.gihyo.jp